大巴山 道地中药材生产技术与应用

曹学东　周益权　陈志强　于素华　安绪华　主编

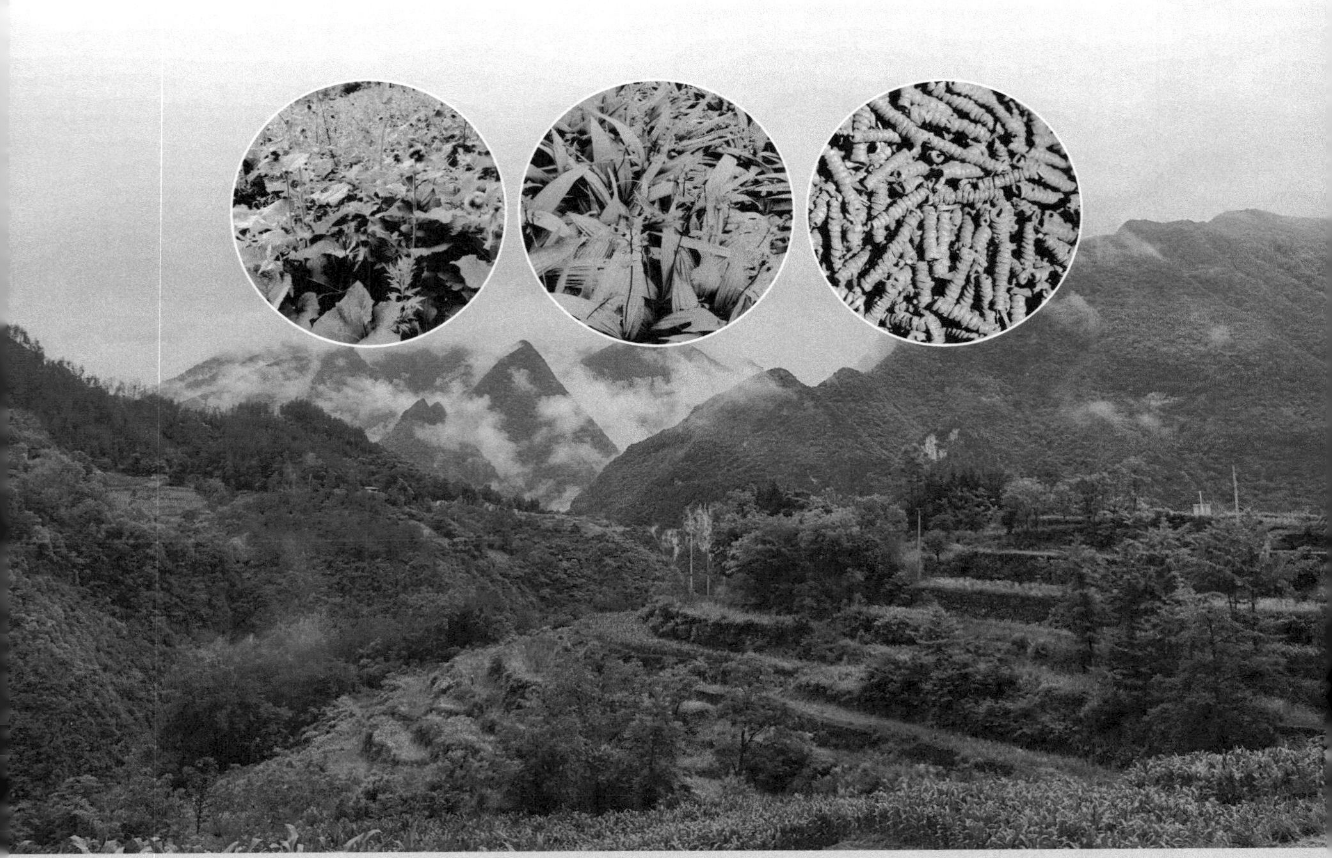

中国农业科学技术出版社

图书在版编目（CIP）数据

大巴山（城口）道地中药材生产技术与应用 / 曹学东等主编 . -- 北京：中国农业科学技术出版社，2024.6. -- ISBN 978-7-5116-6909-4

Ⅰ . S567

中国国家版本馆 CIP 数据核字第 20245UG374 号

责任编辑　李　华
责任校对　李向荣
责任印制　姜义伟　王思文

出 版 者	中国农业科学技术出版社 北京市中关村南大街 12 号　邮编：100081
电　　话	（010）82109708（编辑室）（010）82106624（发行部） （010）82109709（读者服务部）
网　　址	https://castp.caas.cn
经 销 者	各地新华书店
印 刷 者	北京建宏印刷有限公司
开　　本	185 mm×260 mm　1/16
印　　张	16.5
字　　数	371 千字
版　　次	2024 年 6 月第 1 版　2024 年 6 月第 1 次印刷
定　　价	65.00 元

◆版权所有·侵权必究◆

《大巴山（城口）道地中药材生产技术与应用》

编委会

主　任：张继军　董奕锋　王勇德　吴　鹏　高仁茂
副主任：滕远东　何国兵　张国进　高　军　陈　杰
　　　　施玉普　周　亮　张　芬　王　超　黄　锡
委　员：王成伟　王　广　吴　婧　滕远贵　郑　磊
　　　　陈良丰　庞　飞　李　飞　李心忠　王双玉
　　　　曾　艳　杨灵祥　李永富　黄座登　周益权
　　　　袁永建

编写人员

主　编　曹学东（沂南县农业技术推广中心）
　　　　周益权（重庆市中药研究院）
　　　　陈志强（平邑县农业农村局）
　　　　于素华（沂南县检验检测中心）
　　　　安绪华（临沂市农业技术推广中心）
副主编　刘　成（重庆第二师范学院）
　　　　孙家艾（临沭县农业农村局）
　　　　高洪翠（沂南县农业农村局）
　　　　刘本菊（沂南县农业技术推广中心）
　　　　叶陈娟（重庆市中药研究院）
　　　　潘　瑞（重庆市中药研究院）
　　　　谭　倩（山东畜牧兽医职业学院）
　　　　张华清（平邑县畜牧发展促进中心）
　　　　马同兴（沂南县界湖街道畜牧兽医站）
　　　　谭小梅（重庆中医药学院）
　　　　付心泳（莒南县乡村振兴服务中心）
参　编（按姓氏笔画排序）
　　　　王　文（城口县林业局）

冉欣禾（重庆第二师范学院）
冉家华（重庆第二师范学院）
宁　红（城口县农业技术推广中心）
朱　艳（沂南县大庄镇畜牧兽医站）
向　博（城口县中药产业工作专班）
刘　英（城口县林业局）
刘　娟（巫溪县种植业发展服务中心）
刘小波（城口县林业局）
刘世仙（巫溪县种植业发展服务中心）
李　臣（沂南县农业农村局）
李虹宇（城口县农业农村委员会）
李润孜（重庆第二师范学院）
杨见伟（城口县市场监督管理局）
杨永静（城口县中药产业工作专班）
吴　敏（城口县农业技术推广中心）
邹恩江（沂南县苏村镇农业和财经服务中心）
张　兵（临沂市高新区罗西街道农业综合服务中心）
张　波（城口县农业技术推广中心）
张德鑫（巫溪县种植业发展服务中心）
陈永春（巫溪县种植业发展服务中心）
范　琪（沂南县铜井镇农业和财经服务中心）
范鹏飞（沂南县农业技术推广中心）
欧阳金（重庆第二师范学院）
罗贤凤（城口县农业农村委员会）
庞　姗（城口县农业技术推广中心）
胡曦月（城口县农业技术推广中心）
钟仁昀（城口县中药产业工作专班）
夏佳翔（沂南县人民医院）
徐　进（重庆中医药学院）
徐建玲（沂南县农业技术推广中心）
黄运兰（城口县林业局）
黄座登（城口县林业局）
程浩林（沂南县农业农村局）

前 言

"秦岭无闲草,巴山产好药"。城口被誉为"大巴山生态药谷""中国绿色生态中药材示范县",全县有1 000余种可供开发利用的药用植物,盛产川贝母、石斛、天麻、灵芝等珍稀名贵药材,独活、淫羊藿、川党参、云木香、杜仲、厚朴、黄柏、连翘、大黄等药材,已实现规模化种植且品质优异。

近年来,随着大健康战略深入实施、中医药科技的发展、中药材栽培、开发技术的完善提高及国际社会对中药材的认可,各级政府对中药产业高度重视与大力支持,有力地推动了各地中药材产业的发展。城口县委、县政府全面加大对中药产业的发展力度,把中药产业作为全县农村经济发展的主导产业,实施了高质量建设城口"大巴山药谷"的系列措施。2020年10月,城口县与重庆市中药研究院合作共建重庆大巴山中药研究院,与西南大学、重庆中医院学院建立深度合作机制,推动县域中药材产业研发创新能力的大幅提升,全县中药材种植规模稳步扩大,基地建设日益规范,中药加工项目有序进行。目前,全县60%以上村社区集体经济收益都有中药产业的贡献,全县共有中药材资源36.4万亩,建有规范化种苗基地、种植基地187个。培育市、县级龙头企业10家,全产业链产值超过10亿元,占县域GDP比重约为17%,全县中药材市场主体400余家。2.2万余农户参与中药产业发展,年户均增收8 000余元。中药产业已经成为当地乡村产业振兴的举旗产业。但在巩固脱贫攻坚成果,助力乡村振兴工作全面推进工作中,发现大部分中药材种植户仍然存在专业化水平不高,对市场了解不清晰,绿色防控管理不到位等不足。不少药农对中药材缺乏一些基本的常识和理解,导致了药材质量不稳定、药农收入得不到保障等问题,急需在全县范围内对药农进行科普教育培训,以提高中药材种植技术,从而保障中药材质量。

结合近年来的工作实践,编者组织长期在一线指导生产的技术人员,集中药材基础知识及大巴山区道地中药材资源编写本书。本书是根据城口县中药产业发展形势需要,结合城口县实际情况和多年来生产实践经验,编写的指导城口县中药材种植生产的实用性技术资料,本书对城口县药农科学种植提供了技术支撑,对提高城口县药农的认识、规范中药材种植、提高中药材产量和品质具有深远的意义，可作为相关专业技术人员的参考资料，新型职业农民、药农的培训教材，也可为其他地区的中药材发展提供参考。

本书共分5章。第一章总论介绍了中药材产业的基础概念、发展现状、产业存在的问题及对策，中药材种植模式，林下种植设施栽培模式。第二章中药材种植技术概论，主要包括土肥水管理、病虫害防治技术，中药材采收、加工、包装、储藏等基础知识。第三章城口道地中药材发展条件和发展规划。第四章介绍大巴山区城口县内有一定规模和种植发展基础的44种道地中药材。主要从概况、种子种苗繁育技术、种植技术、采收技术、产地加工包装技术方面进行了重点介绍。第五章介绍中药材在畜牧养殖方面的应用。

本书内容参考了最新的科研成果、吸收了传统种植经验，同时结合生产实际，在写作风格上强调通俗易懂，突出可读性，指导性和实用。本书既涵盖中药材基础知识，又包括了城口县道地中药材品种种植技术；是城口县中药材生产中很好的工具书。希望本书能在正确指导中药材的专业化选种、栽培、植保、采收、产地加工等生产相关工作给予一定帮助，为产业兴旺提供科技支撑，助力乡村振兴中发挥积极的作用。此书的编撰出版成功，是鲁渝协作，临沂—城口两地农技人员共同努力的结晶，同时得到了山东省现代农业技术体系中草药创新团队首席专家王志芬研究员的指导，在此一并致谢！

由于编者能力和水平有限，难免有不当和疏漏之处，敬请广大读者予以指正。

编 者

2024年3月

目 录

第一章 概述 ··· 1
 第一节 道地药材 ·· 1
 第二节 中药生态农业 ·· 3
 第三节 中药材种植业发展对策 ·· 6
 第四节 中药材种植模式 ·· 11
 第五节 林下中药材种植 ·· 16
 第六节 中药材设施栽培 ·· 19

第二章 中药材种植技术概论 ·· 22
 第一节 中药材种植的土、肥、水管理 ··· 22
 第二节 中药材病虫害防治技术 ·· 29
 第三节 中药材采收与产地加工 ·· 33

第三章 城口道地中药材发展概况 ·· 38
 第一节 城口中药材产业发展条件 ·· 38
 第二节 城口"大巴山药谷"发展概况 ··· 42

第四章 城口道地中药材种植技术 ·· 45
 第一节 箭叶淫羊藿 ·· 45
 第二节 天麻 ·· 54
 第三节 独活 ·· 65
 第四节 连翘 ·· 69
 第五节 川贝母(太白贝母) ·· 73
 第六节 曲茎石斛 ·· 78
 第七节 云木香 ·· 84
 第八节 药用大黄 ·· 91
 第九节 杜仲 ·· 95
 第十节 川黄柏 ·· 103
 第十一节 厚朴 ·· 108
 第十二节 南五味子 ·· 113

第十三节　黄连 …………………………………………………………… 118
第十四节　川党参 ………………………………………………………… 123
第十五节　黄精 …………………………………………………………… 128
第十六节　川牛膝 ………………………………………………………… 135
第十七节　川芎 …………………………………………………………… 139
第十八节　南沙参 ………………………………………………………… 142
第十九节　附子 …………………………………………………………… 145
第二十节　金银花 ………………………………………………………… 149
第二十一节　麦冬 ………………………………………………………… 154
第二十二节　山茱萸 ……………………………………………………… 156
第二十三节　当归 ………………………………………………………… 160
第二十四节　玄参 ………………………………………………………… 164
第二十五节　天冬 ………………………………………………………… 167
第二十六节　百部 ………………………………………………………… 171
第二十七节　鱼腥草 ……………………………………………………… 176
第二十八节　前胡 ………………………………………………………… 180
第二十九节　半夏 ………………………………………………………… 183
第三十节　七叶一枝花 …………………………………………………… 188
第三十一节　小茴香 ……………………………………………………… 191
第三十二节　款冬花 ……………………………………………………… 194
第三十三节　葛根 ………………………………………………………… 197
第三十四节　何首乌 ……………………………………………………… 200
第三十五节　百合 ………………………………………………………… 203
第三十六节　芍药 ………………………………………………………… 207
第三十七节　蒲公英 ……………………………………………………… 211
第三十八节　益母草 ……………………………………………………… 213
第三十九节　车前子 ……………………………………………………… 216
第四十节　猪苓 …………………………………………………………… 218
第四十一节　灵芝 ………………………………………………………… 222
第四十二节　蜜环菌 ……………………………………………………… 226
第四十三节　茯苓 ………………………………………………………… 229
第四十四节　羊肚菌 ……………………………………………………… 235

第五章　中药材在中兽药中的应用 ……………………………………… **240**

参考文献 ……………………………………………………………………… **255**

第一章

概　述

第一节　道地药材

道地药材是我国传统的优质中药材的代名词，《中华人民共和国中医药法》对道地药材做出了明确的定义，即"经过中医临床长期应用优选出来的，产在特定地域，与其他地区所产同种中药材相比，品质和疗效更好，且质量稳定，具有较高知名度的中药材"。同时第23条明确提出"国家建立道地中药材评价体系，支持道地中药材品种选育，扶持道地中药材生产基地建设，加强道地中药材生产基地生态环境保护，鼓励采取地理标志产品保护等措施保护道地中药材"。2016年国务院印发《中医药发展战略规划纲要（2016—2030年）》提出制定国家道地药材目录，加强道地药材良种繁育基地和规范化种植养殖基地建设。2018年12月18日农业农村部联合国家药品监督管理局、国家中医药管理局下发了《全国道地药材生产基地建设规划（2018—2025年）》，对道地药材的遴选方法、各区域主要道地药材品种、各道地产区主要发展方向等均做了详细的规定，对具有鲜明中医药文化特点的道地药材发展起到积极的作用。

一、道地药材的科学内涵

在古代，药材以野生为主体来源，药材资源及其分布受到生态环境的影响或制约，而当时物种分类虽有区域，但难以细化，在长期的临床实践中，人们认识到不同区域物种分布的不同，所含的有效成分存在差异，从而导致其疗效也不同，因此经过漫长的临床优选，逐渐形成了通过产地来将相关因素加以固定的方法。可见，古代人们通过产地这一结合了种质、生境、加工等多因素的综合方法，对药材进行质量控制，找到了"产地—物种—生境—生产—采收—疗效"之间的关联，具有深邃的科学内涵，化繁为简，将诸多影响因素统一到地域上加以控制，至今仍沿用。

现代众多学者从生态地理因子、种植栽培、采收、加工、炮制、成分、药效等各个方面对道地药材开展了大量的相关研究,逐步提出道地药材的科学内涵,"道地药材"的形成是基因型与环境之间相互作用的产物,而"环境胁迫"是其产生的内在动力,最终呈现出独特的化学特征。道地药材在历史上均存在产地变迁。然而道地药材这个"优选"的过程历经漫长的临床实践,以临床疗效为最高评判指标,同时也受到自然、社会、人文等其他因素的综合影响。在当前药材逐步转变为以栽培为主流的情况下,在经济利益的驱动下,无序引种现象十分普遍,也逐步暴露出质量差异,日益显示出产地固定的巨大优势,因此"道地药材"将发挥其应有的、更大的价值。

二、道地药材的分布

自古以来,以相近的地域特征作为道地药材区域划分方式,出产道地药材的产区称道地产区(或称地道产区)。这些产区具有特殊的地质、气候、生态条件。"道地药材"表示方法通常为"地名+药材名",如川药、怀药等。部分受生境气候约束较大或者需要特殊土质、生产较为集中的药材呈现较窄的分布,如热阳春砂、广藿香、浙贝母等,部分药材分布相对较广,但受选育、种植、采收与加工因素影响而呈现多个产区,如杭白药、亳药、怀菊等,部分多基源药材在不同区域各自成为道地药材,如温郁金、川郁金、广郁金等。此外,受野生因素制约的药材道地区域呈现逐步萎缩的情况,如川羌活等,而栽培药材因人工干预等因素呈现逐步扩散状态。

三、道地药材的传承

道地药材是中医临床长期应用优选出来的品质佳、疗效好的药材。体现古代医家智慧的药材质量综合性控制方法,至今仍有巨大的指导意义。随着农业科技的进步,交通的发展,物种的迁移速度加快,受自然制约的情况得到很大程度的改善,加之经济发展,道地药材在新形势下面临着新的挑战与机遇。因此新的历史时期应充分挖掘道地药材的科学内涵,传承道地药材文化精髓,为新时期中医药发展提供有力保障。

道地药材被用作优质药材的代名词,是经过历史上临床疗效检验而被评价为品质优良的药材,因此在道地药材的传承上首要的是疗效评价。随着中药材产业的发展,原有传统道地产区难以满足社会对中药材日益增长的需求,种植范围必然呈现逐步扩大的态势,部分非适宜区域也在生产,从而影响了药材质量,因此以道地药材为参照,开展高品质药材的生产,将为中药材的发展提供有力借鉴。鼓励采用生态种植模式,采用绿色环保的采收与加工技术,来提升道地中药材品质。

传承道地药材适宜产区固定的精髓,最重要的是通过产地予以固定。虽然种苗、栽培措施等可以改变,但一个地域的生境却无法改变,这种非人为可控因素通常是影响药材品质的关键,这也是道地药材的精髓,因此,开展适宜区域规划对中药材产业的良性发展会起到积极的指导作用。

第二节 中药生态农业

中药生态农业是以生态学和生态经济学原理为基础，现代科学技术与传统农业技术相结合，以社会、经济、生态效益为指标，应用生态系统的整体、协调、循环、再生原理，结合系统工程方法设计，通过生态与经济的良性循环，实现能量的多级利用和物质的循环再生，达到生态和经济发展的循环及经济效益、生态效益和社会效益的统一，使农业资源得到合理使用的新型农业发展模式。凡是把生态效益列入发展目标，并且自觉地把生态学原理运用于生产中的农业，都可以称为生态农业，如在生产中完全或基本不用人工合成的肥料、农药、生长调节剂和畜禽饲料添加剂，而采用有机肥满足作物营养需求的种植业，或采用有机饲料满足畜禽营养需求的养殖业。生态农业是在宏观层面描述农业的发展模式，而生态种植更多地强调一种具体的种植方式。对中药生产而言，中药生态农业应是指包含各种药用植物生产的农业模式，而中药材生态种植则更多是指具体某种药用植物的生产方式。中药材生态种植模式是指由适用于某种中药材生态种植的一套完整、相对固定，可在同种或同类中药材生产中复制的技术体系，如"天然林（人工林）—淫羊藿林下种植模式""独活—马铃薯套种生态种植模式"等。

一、中药生态农业的发展优势

发展中药生态农业是有效控制中药材栽培土壤污染及连作障碍，确保中药材产量和质量，保障人们用药安全及促进农业可持续发展的关键，是保护中药农业，减少农残、重金属污染，保障中药材栽培土壤可持续利用，解决土地退化严重、农业资源短缺与农业生态环境恶化的现状，实现经济、社会和环境的和谐发展，促进生态文明的重要组成部分。

二、中药材具有独特的品质特征

中药材更加重视中药材的品质，比如大量施肥通常会提高中药材的产量，但却会降低中药材的质量，因此，从质量角度考虑，在中药材生产过程中不应使用化肥。也可以采用生态种植技术适度减少病虫害，将病虫害控制在安全线以内，这不仅符合生态种植的要求，也可以提高中药材品质，同时也是对环境的保护。

三、中药材农业生产的独特生境要求

由于中药材通常是多年生的，为了避免与粮食争夺土地资源，中药材多栽培在山坡或土壤贫瘠的土地上或欠发达地区，生产基地基础设施薄弱，小规模分散经营占主体地位。近些年由于企业或农场的参与，一些中药材生产规模有很大提升，但因受连作障碍、病虫害等干扰，中药材种植规模还是较小。

四、中药农业具有独特的应用

由于农村劳动力转移和生产成本大幅上升，造成农业生产成本逐年提高，我国农业生产的比较效益较低问题日益严重。而中药农业则不同，因为多数中药材的原产地为中国，其生产、加工及使用的理论、方法、技术基本都掌握在我国劳动人民手中，中药材生产基本不存在国际市场带来的竞争压力。在中药材生产中，通过开展生态种植，由于劳动投入增加可能造成的成本增加，或由于不使用化肥、农药，造成的产量降低，可以通过品质提升带来的价值抵消掉。与此同时，基于精细耕作的中药生态农业需要较大的人力投入，既解决农业剩余劳动力、增加农民收入，更可促进中药生态农业的发展。

五、发展中药生态农业的重要性

药用植物在野外状态下，很少会大范围暴发病虫害，其主要原因是生态系统稳定，形成完整的食物链，或者是所处生境不利于病虫害发生。例如林缘、林下的药用植物虽然面临湿度较大，具有病虫害高发的小生境，但由于林中生物及其土壤微生物都具有很大的生物多样性，形成了复杂完整的食物链，因此，大部分药用植物都很少发病。路旁、山坡地、荒地的生境简单，物种单一，但由于通常干旱，温差大，不利于各类病虫害微生物的生长，限制了病虫害发生。可见，长期面对同类环境胁迫导致了药用植物的适应性，即药用植物的形态结构和生理机能与其赖以生存的特定环境条件相适应。

六、中药材种植的"拟境栽培"

拟境栽培是指中药材种植过程中，尽可能模拟野生生境，完成整个生长发育周期的栽培模式。拟境栽培的难点和关键是"模拟"药用植物野生生境，尤其是道地药材原始生境。拟境栽培不是简单的仿野生栽培，栽培过程中需要充分理解和应用生态系统原理，利用科学设计和巧妙的人为干预，优化中药农业生态系统的功能和服务，充分体现"天地人药合一"的中药生态农业的特点和优势。在中药材生长的整个生命周期中，都要模拟药用植物原生境中所面临的各种环境因子，尽量减少人为干扰，不使用化肥、农药、除草剂、植物生长调节剂，尽可能不耕作、不除草，科学进行密度设计和管理，以及灌溉、剪枝等田间管理，在了解药用植物生物学特性及中药材品质形成特性的基础上，科学引入各类适宜共生，或有利于药用植物病虫害综合防治、杂草控制，以及中药材品质形成的伴生植物及动物，如鸡、鸭、鹅、羊等。

七、西南地区中药材生态种植模式

西南地区包括重庆、四川、贵州、云南等地，地形以盆地和高原为主，属于亚热带季风气候区和亚热带高原气候区，是川药、云药、贵药等主产区。西南地区优势道地药材品种主要有川芎、川续断、川牛膝、黄连、川黄柏、川厚朴、川椒、川乌、川木香、三七、天麻、滇黄精、滇重楼、川党参、川丹皮、茯苓、铁皮石斛、丹参、白芍、川郁金、川白芷、川麦冬、川枳壳、川杜仲、干姜、大黄、当归、佛手、独活、青皮、姜黄、龙胆、云木香、青蒿等。该地区代表性中药材生态种植模式主要有川芎、附子等药粮套作轮作种植模式，黄柏—芍药间套作种植模式，麦冬—玉米、独活—玉米间套作种植模式，三七、黄精、重楼等林下种植模式，大黄仿野生种植模式，天麻—冬荪循环种植模式等。该区域适合发展中药材间套作和林下生态种植。

（1）川芎—水稻水旱轮作种植模式。川芎—水稻水旱轮作能够改变农田土壤生态环境，农田生物群落发生变化，减少病虫草害的发生，而且川芎生长期内稻草即腐烂还田，起到以草增肥、保湿、调温、抗病虫等多重作用，有效减少农药、化肥和劳动力成本，改善了川芎生长环境，当季川芎增产效果显著。

（2）黄柏—芍药间套作种植模式。黄柏为高大的落叶乔木，树种生态适应性强，常见于野外荒坡上。芍药忌连作，在与黄柏间套作采收之后，可改换其他品种的药材继续与黄柏间套作。黄柏与芍药间套作在种植上可以形成田园生态综合体，种植区内形成景观示范，开展旅游休闲活动，有利于生态环境的可持续发展。该种植模式可推广应用到黄精、重楼、白芍、麦冬、厚朴、南沙参、连翘等中药材间套作种植。

（3）重楼林下种植模式。重楼宜阴畏晒，喜湿忌燥，林下种植为重楼提供足够的荫蔽生长空间，不仅能克服重楼单一种群种植的自毒作用，提高土地的利用率，还能使植物具有较高的光能利用效率，提高重楼成活率。林地宜以针叶树种，如马尾松、杉木等为主。林木与重楼互利共生，具有较高的生态价值和经济价值。这种林下种植模式可推广应用到淫羊藿、三七、天麻、黄精、白及、铁皮石斛等中药材的林下种植。

（4）天麻—冬荪循环种植模式。根据中药材及其非药用部位在生态系统中的能量流动和物质循环规律，构建物质及能量良性循环的资源利用体系，使系统中的废弃物多次循环利用，提高能量的转换率和资源利用率，保证生产体系的高效循环和有效产出。天麻和冬荪循环利用菌棒资源是基于天麻采收后，废弃的菌材能够为冬荪食用菌的生长提供优良的物质基础。这种循环种植模式不仅能获得与野生天麻品质相近的药材，还能增加冬荪的产量，提高土地资源和木材的重复利用率。

第三节　中药材种植业发展对策

一、中药材种植业主要问题

我国中药材产业尚处在成长期，现阶段在中药材种植过程中仍然存在栽培技术落后、种植区域不合理、产地加工不规范、优质种子种苗缺乏、机械化水平低、标准化基地不足、地区差异化定位和重点品种选择不够精准等一系列问题。

种植分散，规模化、标准化生产程度低。中药材种植仍以小农生产方式为主，种植分散，成片种植少，集约化程度较低，难以形成标准化，在市场交易中难以形成气候。农药残留、重金属超标、道地性不能保障、有效成分低等问题，质量参差不齐，导致中药材品质下降。

种业发展滞后、中药材种业一体化协同体系还未形成。目前，我国中药材良繁体系还不健全，种业发展落后，中药材种子种苗商品化和育、繁、推一体化建设缓慢。

先进技术相对落后，导致病虫害加重、农药残留、重金属超标、采收不应季、产量偏低等一系列问题。

布局缺乏科学规划。市场供需信息闭塞，部分地区存在盲目引种，跟风种植市场热销中药材等问题，导致部分药材种源混乱、品种变异、品质降低，中药材道地性不突出。

品牌打造和产业集成滞后。中药材种植集约化程度低，中药材产业的种植、产地初加工、生产、流通、产品开发等环节尚未形成有效的协作整合，中药材产业上、下游脱节，没有形成大品种、大品牌、大产业链。中药材产业资源优势未能有效转化为市场优势和区域经济优势。

缺乏高端技术人才，科技支撑有待加强。中药材科技研究高层次人才团队缺乏，企业为主体的产学研合作研发体系尚未形成，中药材关键共性技术研究创新平台建设还需加强。

二、中药材种植业发展机会

农业是中药材产业可持续发展的基础，过去中药农业发展相对落后，野生药材资源的过度采挖，制约了中药工业的稳定可持续发展。与化学药、生物药的原料和普通农产品存在本质不同的是，中药材作为中药工业中药原材料，其品类多，不仅要求产量，还有疗效好、生态适宜性等要求，这对中药农业提出了更高的要求。要以"有序、安全、有效"为目标，以科技创新驱动中药材生产"八化发展"，即产地道地化、种源良种化、种植生态化、生产机械化、产业信息化、产品品牌化、发展集约化、管理法制化。

优化产业组织模式，缩短交易环节，国家于2002年开始实施中药材规范化种植工作，鼓励生产企业组织建立中药材生产种植基地，因较好的经济效益、惠农政策和产业带动作用，受国家产业扶贫工作的大力推广，形成了"企业+合作社+基地+农户"的中药材生产加工组织模式。中药材产地初加工企业或合作社通过对中药材进行干燥、分等和分销，卖给具备经营资质的中药材经销商，再转到中药材交易市场。以往中药企业主要通过到药材市场采购获得工业原料，在"企业+合作社+基地+农户"的模式下，通过订单生产实现原料药的精准生产对接，压缩了传统药材市场交易份额，同时也降低了采购成本。这是当前中药材种植最为普及的产业组织模式。

国家自推行GAP认证以来，所有以公司化运作的生产基地，从生产管理到采收、加工，其人工成本极高且质量得不到保障。经过多年的探索实践，逐渐形成"企业+合作社+基地+农户"的相对稳定的产业模式。

随着中药材种植面积不断扩张，优质种子种苗的需求大大增加，相比风险极高的种植环节，中药材优质的种子种苗培育，已成为中药农业创新突破关键，成为当前中药种植业中利润最高点。

中药材产业的最前端是中药种质资源保护和育种，一般由科研机构和高校掌握关键技术，一部分特殊稀缺药材的培育技术掌握在育种机构手里，通过培育新品种，转让新品种经营权获得高额利润。种子种苗机构通过生产销售稀缺种子种苗，获得较高利润。

种子种苗是中药材种植产业发展的源头与动力。通过实施"道地药材生态种植及质量保障"工作，支持开展道地药材良种繁育基地建设，根据当地优势品种开展科学研究、转化应用等工作，从源头上保障优质种苗供应。按照《全国道地药材生产基地建设规划（2018—2025年）》等有关要求，加强道地药材种子基地建设，积极推进中药材新品种选育、良种繁育和技术推广等工作，促进重要中药材种子标准化生产。

三、中药材种植产业发展方向

（一）整体向上的趋势不变

随着公众对合成药物的副作用和抗药性的担忧增加，天然药物因其安全性和有效性受到了越来越多的关注。中草药作为天然药物的主要来源，其需求也随之增加。

（二）规模适度化

依据地形特征，推行适度规模化。推广中药材适度规模化，便于中药材集中种植、集中管理、集中采收，可以提高中药材成品质量。逐步采用合作社、种植大户及公司承包土地等形式将零散土地与零散种植集中起来，同时避免大面积土地流转，进而实现统筹管理、合理布局，统一使用现代化、机械化的种植方式，有效提高种植效率。通过实现集中生产，促进种植过程中的统一管理，按照生产要求，统一种子种苗和田间管理及采收。实现主体经营单位建立生产有规范、来源可追溯、去向可查证的中药材质量追溯体系，进一步提升中药材质量，保障中药材的安全、有效、稳定、可控。

（三）技术标准化

推动道地药材主产区规模化种植基地规范化种植技术，加强主体单位机械化生产、优良品种选育、种苗繁育、病虫害防治等"卡脖子"关键技术，夯实技术基础，形成标准流程，服务实际生产。对种植散户、合作社、家庭农场，普及新型种植理念和种植模式，全方面提升我国中药种植技术。

（四）模式生态化

加大宣传教育，促进中药材种植生态化，山区应采用林下种植、拟境栽培、野生抚育等生态种植模式，在森林、退耕还林地及宜林荒山、荒地、荒滩等区域开展林下中药材生态种植成为中药材生产的核心模式，实现生态与经济效益双赢。

（五）全程数字化

随着信息技术的蓬勃发展，"互联网+"中药材模式成为新选择。运用"互联网+"信息技术贯穿中药行业上游种植、中游加工、仓储到贸易、物流直至终端服务等环节，从而建立完善的"追根溯源"体系，客户通过"扫一扫"或新型方式可以追溯到药品的源头，完善的追溯体系将在一定程度上解除消费者对于中药材产地和安全性的质疑，促进行业规范化发展。

（六）运营品牌化

品牌化对于中药材种植产业发展意义重大，是解决中药材生产供给侧结构性改革难题的重要抓手。在竞争白热化、行业快速更迭的背景下，企业应加强道地药材生态农业品牌的培育，打造"品种布局道地化、种子种苗生产专业化、田间管理标准化、种植模式生态化、采收与加工机械化"的品牌中药材产业模式。

（七）产业多元化

中草药不仅用于医疗和保健，还广泛应用于美容、饮食和畜禽养殖、宠物护理等领域，这为中草药种植提供了广泛的市场机会。探索中药材＋旅游、中药材＋养生体验、中药材＋种植园游、中药材＋文化科普、中药材＋购物等多种经营模式，拓宽中药材种植领域，把中药材种植、中药材科普、旅游度假、养生保健、中医体验、中医保健产品开发、中医文化宣传等融为一体，将中药材种植模式向多元化发展。

四、发展中药材种植业注意事项

（一）合理规划与投资

制定详细的种植计划：包括种植面积、品种选择、播种时间等，确保每个环节都科学合理。

合理投资：根据自身实力和市场需求，选择合适的投资规模和方向，避免过度扩张带来的风险。

（二）选择适合的种植品种

了解市场需求：在选择种植品种时，应优先考虑那些市场上需求量大、价格稳定且具有长期种植价值的品种。

考虑气候和土壤条件：根据所在地区的自然环境，选择适合种植的中草药品种。这样不仅可以提高种植成功率，还能确保中药材的品质。

（三）注重中药材种植效率与品质

优化种植技术：积极引进现代化的种植技术，如增施有机肥、精准灌溉等，以提高产量和降低成本。

严格控制质量：按照国家标准进行种植和加工，确保中药材的品质。同时，建立可追溯体系，以便在出现问题时能迅速回溯。

（四）拓展销售渠道

寻找合作伙伴：与加工企业、医药公司、保健品生产商等建立合作关系，为他们提供原料或定制产品。

打造品牌：通过市场推广等活动，打造自己的品牌，提高产品在市场上的竞争力。

拓展国外市场：应关注国外市场的需求，开发适合国外消费者的产品，如中草药茶、中草药浴等。

（五）关注政策与法规动态

了解政策支持：关注政府对农业发展的政策支持，如补贴、税收优惠等，为自己的中草药种植项目争取有利条件。

遵守法规：确保经营活动符合国家或地方的相关法规，避免因违规操作带来的法律风险。中草药种植作为一项具有潜力的产业，要想实现财富增长，需要关注市场动态、选择合适的品种、提高种植效率与品质、拓展销售渠道以及合理规划与投资。通过这些策略的实施，中草药种植有望为投资者带来可观的收益。

五、中药材种植业的发展对策与建议

（一）强化政策支持

强化财政政策和资金支持，加大对中药材产业发展的扶持力度。一方面加大公共财政专项资金投入，支持中药材产业快速发展，重点支持良种繁育、标准化种植基地建设、生态种养等环节。另外，建立从国家级到省级相关部门协调工作机制，发挥好产业工作专班和专家组的作用，推动产业快速发展。

（二）加大企业扶持

通过内培外引相结合，快速做大产业发展的龙头。一是加大中药材龙头企业扶持。通过政策引导，聚集优势资源，加快改革，优化内部组织结构，鼓励企业多渠道做大做强，提高核心竞争力。二是积极引进行业领军企业。主动对重点区域积极开展精准招商对接，引进一批附加值高、带动力强的重大项目，引进先进生产技术与理念，生产、销售、加工各个环节分类精细化管理，并发展一批基础较好的相关配套企业。

（三）加强道地药材生态农业集群品牌培育与宣传

品牌是一个企业竞争实力和发展潜力的集中体现。加强道地药材生态农业品牌的培育和宣传，一方面保障了中药材种子种苗、规范化种植、产品加工等重要环节的程序化实施和产品的稳定可控，同时品牌自身将极大促进经济发展，也是目前中药行业推进供给侧结构性改革的重要战略举措。企业依靠品牌效应，进一步促进相关产业集群的发展，有助于实现产业集群内部资源合理配置和有序竞争，进一步提升产业集群核心竞争力。

（四）持续推广核心中药材种植模式

我国中药材种植模式繁多，但生态种植持续发展，经济效益十分显著，持续推广中药材生态种植，一是进一步健全生态种植优惠政策，践行生态种植；二是加大生态种植宣传教育，让更多的种植者、中药农业管理者、经营者和消费者看到发展中药生态种植的优势和重大成果；三是鼓励种植大户、合作社及企业开展示范推广，在中药材适生区示范成熟的中药材生态种植模式和配套技术，改变传统认为生态种植难度大、收益低的落后认识与思维。

（五）加强生态产品及副产物综合利用开发

中药材是具有中国特色的生态产品，在提升药农收入、涵养水源、保护环境、传承文化与种植技术、维护生命健康等方面发挥着不可替代的作用。立足生态优势、基于中药材生态种植的良好势头，大力进行生态产品及其副产物的综合利用开发，也是协同推进生态友好和高质量经济发展的重要手段。在加深产业深度，增加经济效益的同时，也对推动经济社会发展全面绿色转型具有重要意义。

第四节 中药材种植模式

传统意义上的种植模式，是指一个地区或生产单位在特定的自然和社会经济条件下，为了实现作物高产高效和农业资源可持续利用，在一年内于同一农田上采用的特定作物种类与时空配置的规范化种植方式，包括间作、套作、轮作等。但中药材种植模式应加上生态种植模式、定向培育模式等多种新型种植模式，以种植出产量高、品质佳、疗效好的中药材为目标。

一、单一种植模式

（一）单作种植模式

单作是指在同一块田地上种植同一种植物的种植模式，也称清种、净种，每一阶段的种植模式亦可称为单作。如人参、当归、地黄等以单作居多，单种中药材种植量大、生理特性一致，易于田间管理和机械作业，但因缺乏生物多样性，易发生病虫草害。

（二）连作种植模式

连作是指在同一田地上连年种植相同作物的种植模式。部分中药材存在连作障碍，尤以根及根茎类药材为主，连作障碍的成因有3个，一是土壤理化性质改变，肥力下降；二是土壤病虫害加剧；三是作物的自带毒作用。连作障碍可通过与其他作物间作或轮作的方式得以缓解，但部分中药材需求量大、经济效益高，存在连作的必要。根据连作障碍的形成原因，对土壤进行人工干预，改善土壤性质，可使连作得以实现。

二、多样性种植模式

多样性种植模式，是多种作物搭配种植的种植方式，包括混作、间作、套作和轮作。与单一种植模式相比，此类种植模式能够集约化利用时间和空间，促进中药材生长，提高经济效益。

（一）混作种植模式

混作是指在同一块田地上，同时或同季节将两种或两种以上生育期相近的植物按一定比例混合撒播或同行混播的种植模式。柴胡与孜然的混作模式取得了较高经济效益，混作对作物根的生长、生物量的积累以及养分的吸收等多方面都有影响，选取适宜的作物进行混作，可实现优势互补，充分利用养分、光照等能源，防治病虫害。但混作模式下的机械化程度低，田间管理较为困难，应用不如间作广泛。

（二）间作种植模式

间作是指在同一田地上于同一生长期内，分行或分带相间种植两种或两种以上生育期相近植物的种植方式。这是一种集约化利用空间的种植模式，应选择生理特性互补、生存竞争力小的作物搭配种植，如高秆作物与矮秆作物搭配、深根系作物与浅根系作物搭配等。间作对土壤理化性质及土壤肥力均有一定影响，在一定程度上可缓解连作障碍。中药材与其他作物间作可提高产量和质量，还可改良土壤性质，改善生态环境，缓解土地资源紧张的现状，增加种植户的经济收入。根据搭配种植的作物种类，又可分为林药间作、粮药间作、果药间作以及药药间作。

1. 林药间作种植模式

中药材与非药用乔木相间种植的模式称为林药间作模式。乔木间距较宽，利用林下土地种植适宜中药材，不会阻碍乔木正常生长，同时，乔木树冠能给中药材提供一个荫蔽的生长环境，有利于喜阴中药材的生长。人参野生资源稀缺，林下参生长环境与野山参相似，在一定程度上可代替野山参使用。乔木生长周期长，收益慢，与中药材间作可增加总体经济效益。可在林下间作人参、淫羊藿、细辛，在保证药材道地性的同时，还能提高经济效益，林药间作能提高生物多样性。

2. 粮药间作种植模式

中药材与普通农作物相间种植的模式称为粮药间作模式。玉米茎秆高，与矮秆作物空间竞争小，又可起到遮阴作用，是最常用于粮药间作的农作物。玉米与独活、南沙参、丹参等多种中药材间作均有良好收益。桔梗与辣椒间作，可改善土壤微环境，减轻病虫害，提高药材产量和品质。粮药间作可有效缓解粮药争地的矛盾，实现粮药双丰收。

3. 果药间作种植模式

中药材与果树相间种植的模式称为果药间作模式。在花椒建园后的前两年间作红芪，对椒树生长影响小，且药材产量大，效益高。在果树行间间作黄精，可解决果树栽植前期无产出的问题，板栗与玉竹间作的产值比纯栗园提高3倍，且玉竹能固着土壤，与板栗间作还可缓解水土流失，在果树栽培初期合理利用空间与中药材间作，可大幅增加果树盛产期前的收入，提高果园综合效益。

4. 药药间作种植模式

两种及以上中药材相间种植的模式称为药药间作模式。川贝母根系浅，藁本根系深，两者间作能使土壤得以充分利用。丹参分别与薄荷、紫苏、苜蓿间作，根部鲜物质、干物质、活性成分含量均显著增加。药药间作不仅能充分利用资源，促进药材生长，部分药材还能起到防治病虫害的作用，减少农药的使用。

（三）套作种植模式

套作是指在前季作物生长后期的行间播种或移栽后季作物的种植方式。这是一种集约化利用空间和时间的种植模式，能缓解季节矛盾，增加复种指数。中药材与粮食作物套作，如柴胡与玉米套作，能有效避免幼苗灼烧现象，降低酷暑影响。白术套作玉米后，叶斑病、根腐病发病率降低，药材产量增加。芍药种植周期长，土地利用率低，与大豆套作，能增强土壤肥力，增加药材产量，同时获得大豆带来的收益。套作解决了茬口衔接问题，避免了土地的闲置，且前茬作物还能起到遮阴作用，促进后茬作物生长。

（四）轮作种植模式

轮作是指在同一田地上有顺序地轮换种植不同作物的种植方式。这是一种集约化利用时间的种植模式，也是防治连作障碍的有效措施。采用轮作模式种植时应尽量选取生育期衔接的2种作物，以保证作物有充分的时间积累养分。根据栽培作物的种类，又可分为药—药轮作和药—粮轮作。川牛膝与黄连轮作，可有效控制病虫害。人参和西洋参均存在严重的连作障碍，但两参轮作便可正常生长，有效地解决了老参地的问题。如菊花与小麦轮作，可在缓解连作障碍的同时减少粮药争地的矛盾。水—旱轮作应用广泛，与连续旱作相比，改善了土壤理化性质，更利于下茬作物生长。元胡、西红花、贝母等中药材与水稻轮作，均取得了良好效果。采用轮作模式，可有效避免连作障碍的发生，确保作物的产量与质量，适合集约化大规模种植。

三、人工干预的中药材种植模式

农作物普遍采用露地栽培和设施栽培的种植模式，无土栽培模式对中药材种植同样适用。但与农作物不同，中药材在保证产量的同时，还应追求有效成分的含量。为保留药性，应尽量使中药材生长在自然环境下，减少人工干预。因此，仿野生栽培、半野生栽培、野生抚育模式下的中药材道地性强，疗效佳。

（一）露地栽培模式

露地栽培是指在没有遮蔽物的土地上种植作物的方式。该模式简单易行，只需对土壤进行耕作，省却了搭建设施的费用。不足之处在于，作物受自然环境影响大，会受风、雨等不可控因素侵袭。对生长环境要求不高的中药材可采取露地栽培的模式。

（二）设施栽培模式

设施栽培是指利用大棚、温室等设施，人为创造出适宜作物生长环境的种植方式，又称保护地栽培。在人工设施所形成的小气候条件下，可打破季节限制，保护中药材免受自然条件影响。设施栽培在中药材种植中应用广泛。如铁皮石斛野生资源匮乏，目前多种植在温室大棚里。利用设施调控光照、温湿度等环境条件，可使人参生长物候期延长，病虫害威胁减轻，促进人参生长。设施栽培尤其适用于对生长环境要求苛刻的中药材种植。

（三）无土栽培模式

无土栽培是一种用营养液及其他基质代替天然土壤的种植模式。该模式具有提高作物产量和品质、减少病虫害、节省劳动力等优点。太子参无土栽培能显著防治根腐病、白绢病等土传病害，并可在一定程度上缓解因土传病害引起的连作障碍。营养液的配制是无土栽培的关键，营养不平衡会阻碍生长，影响品质和产量。铁皮石斛等中药材所需基质与营养液的配方研究已初具成效。无土栽培的不足之处在于初期投资大、所需技术人员的专业性强、对环境卫生要求高。

（四）仿野生栽培和半野生栽培模式

两者均为确保中药材道地性的新型种植模式。仿野生栽培是指在基本没有野生目标药材分布的原生环境或相类似的天然环境中，完全采用人工种植的方式，培育和繁殖目标中药材。仿野生药材品质与野生药材相近甚至更优。如仿野生淫羊藿、仿野生天麻、仿野生丹参等。仿野生栽培既保留了药材原来的生活环境特点，又通过适当的人工干预除去不利因素，故能培育出产量高、品质佳的优质药材。半野生栽培、仿野生栽培的药用植物辅以适当人工抚育和中耕、除草、施肥等管理措施，在野生资源匮乏的情况下，仿野生、半野生栽培是值得推广的模式。

（五）野生抚育模式

野生抚育是指根据中药材生长特性及对生态环境的要求，在其原生境中，人为或自然增加种群数量，以便人们采集利用，并能继续保持群落平衡的种植模式。目前，八角莲在重庆南川、华中五味子在四川平武抚育已取得成效。野生抚育通常应用于野生资源匮乏、人工种植困难的中药材，是保护野生中药资源及实现合理利用的有效方法。

四、基于新兴理念的中药材种植模式

中药材种植业不是孤立的存在，为确保中药材品质的安全、稳定、可控，需对中药材种植的全过程进行宏观调控，即规范化种植模式、无公害种植模式、绿色种植模式、有机种植模式及生态种植模式，通过科学的种植技术，以期改善生态环境，实现资源最大化利用，推动中药材种植业的可持续发展。

（一）规范化种植模式

该模式是指在传统种植经验的基础上，制定的规范化种植方式。天麻、重楼、南沙参等多种中药材都制定了规范化种植标准操作规程。从源头确保中药材质量，实施规范化种植是很有必要的。

（二）无公害种植模式

无公害种植在种植过程中可以使用人工合成的农药、化肥，但有毒有害物质残留量要控制在安全质量允许范围内。无公害栽培技术在独活、云木香等多种中药材上已得到应用。我国中药材农残超标问题突出，重金属污染严重，影响药材质量。无公害种植中，防控病虫害本着"预防为主，综合防治"的基本原则，运用农业、生物、物理防治手段代替化学防治，大幅减少了化学农药的使用。国家鼓励无公害产品向绿色、有机产品转型，无公害种植模式将逐渐被绿色及有机种植模式取代。

（三）绿色种植模式

国家对A级绿色食品和AA级绿色食品的产地环境技术条件分别做出了规定，故绿色种植应分为A级和AA级。A级绿色种植在种植过程中，允许使用农药、化肥，但对用量和残留量有比无公害种植更为严格的规定。种植地的水质、大气、土壤质量均应符合相关标准，在种植过程中，尽量使用腐熟的农家肥，减少化肥的用量。在病虫害防治方面，应以化学防治为辅，生物防治为主，AA级绿色种植要求更为严苛，与有机种植相同，不能使用任何人工合成物质。采用多样化种植方式，提高肥料利用率，绿色防控病虫害，实现用地、养地相结合，符合可持续发展的理念。

（四）有机种植模式

有机种植在种植过程中，不能使用任何农药、化肥、激素等人工合成物质以及转基因技术。可以使用诱虫灯、糖醋液等诱杀害虫，并采用小檗碱等有机生物制剂防治病害。在种植出高品质的有机中药材的同时，还避免了化学农药对耕作者身体的伤害。在有机种植前期，土壤养分供应不足，导致产量较常规种植显著下降。但随着种植年限和有机肥施用量的增加，产量逐渐上升并最终超过常规种植。有机种植对种植过程中使用的物质、土壤及周围环境有严格的要求，专业技术性强，适合集约化大规模种植，便于统一管理。

（五）生态种植模式

生态种植模式是指应用生态系统的整体、协调、循环、再生原理，结合系统工程方法设计，综合考虑社会效益、经济效益和生态效益，充分应用能量的多级利用和物质的循环再生，实现生态与经济良性循环的生态农业种植方式。生态种植模式的内涵丰富，能保护环境、合理利用资源的种植模式均可归属此类。其中与畜牧业产业结合，实现废弃物最大化利用的循环种植模式应用广泛。如黄芪茎叶含优质蛋白等多种有益成分，采挖后作为牛、羊等牲畜饲料，可提高牲畜免疫力，促进牲畜生长；牛、羊粪便腐熟后又可还田作为黄芪种植的有机肥料，实现农牧互养。"甘草+羊"循环产业链的打造，形成种养一体的循环模式。城口地广人稀，生态种植基础雄厚，药材进行生态种植已取得了良好效果。从生态学的角度看，环境友好型的生态种植对改善环境、保护资源有着积极作用。

第五节　林下中药材种植

林下中药材种植属于中药生态农业的重要组成部分，其发展背景与当前野生中药资源的日渐枯竭以及相关产业能带来巨大的社会、经济、生态等效益密切相关。城口林业产业带分布广泛，2022年底森林覆盖率达72.8%，为发展林下中药材种植提供了良好的森林生态基础，目前，林下种植中药材已经是林下经济产业的重要组成部分。相比传统的中药大田栽培，林—药复合经营模式具有节省耕地资源、减少资金投入等优点。国内对林—药复合经营模式的探索不断加深，在遵循传统中药材种植经验的基础上，结合现代农业科学技术及工作方法，逐渐形成了一些较为先进的中药材种植方案。

一、不同林地对中药材种植的影响

林下中药材生长状况的优劣往往与所在地区林地资源的品种有一定相关性。适宜的林地资源品种既能够对中药材培植有益，又能丰富林地资源的生态结构，改良土壤理化性质和有机质，从而提高单位林地的经济收入。中药林下种植所需林地资源多属乔木，部分地处寒温带、高原山地等地区为低矮灌木，铁皮石斛附生不同树种，通过比较其生长情况，得出了石斛附生树种从优到劣依次为软阔叶树种、硬阔叶树种、毛竹、针叶树种。不同树种下套种黄精，树种对黄精的存活率、生长势、病虫害、产量有影响，以花梽木套种黄精的结果最优。黄柏、厚朴等属于乔木，可以选择适宜药材搭配，不仅提高产量，还益于增加有效成分含量。黄柏搭配黄连这一组合令人最为满意，厚朴林下种植贝母，林下贝母的生长状况较佳。总之，在林—药复合经营模式的树种选择中，应当结合当地生态环境，使优势药用植物与适宜的林地资源结合，能起到令人满意的效果。

二、土壤对林下中药材生长的影响

土壤是万物赖以生长的重要载体，土壤的理化性质、酸碱程度、无机及有机物质、水分等含量变化往往对植物的生长产生直接影响。土壤在林、药生长过程中的作用不可忽略，在林—药复合经营模式中，树木与药用植物对土壤养分需求存在竞争关系，并造成土壤养分含量的下降，这些变化对药用植物的影响是值得探究的。核桃—丹参复合种植与单作丹参相比，核桃—丹参复合种植中土壤微生物的数量及种群更丰富，土壤酶活性更高。在同一生态环境下土壤与林—药复合种植存在互相作用。

三、海拔高度对林下中药材生长的影响

城口地域广阔，地形海拔落差大，海拔梯度规律是引起物种多样性的重要原因，同样也是造成林下中药材生长及有效成分含量差异的重要影响因素，通过研究发现黄芪在海拔为 1 000～1 732m 范围内总皂苷含量随海拔高度的升高而增加，黄芪适宜的种植海拔高度在 1 730m 左右。不同海拔栽培天麻，其产量及主要药用成分天麻素、对羟基苯甲醇的含量和酶活性具有差异，海拔 1 600m 的地区为天麻适宜的海拔高度。在海拔 2 800～3 000m 地区种植胡黄连，产量较多。结果表明，海拔在林—药复合经营模式中对中药材生长起到的作用不可忽略，寻找适宜的海拔高度能够利于中药材产量的提升，也有助于药材内有效成分的积累。

四、坡度与坡向对林下中药材生长的影响

林下中药材在种植过程中，药用部位的产量、保存度、有效成分会受到坡度与坡向的影响。种植坡度的陡缓对土壤水分含量变化起到重要作用，坡向向阳或背阳则决定了采光、温度等差异。不同坡度及坡向对林木的生长冠幅及森林物种的生态多样性有显著影响。比如淫羊藿种植适宜坡度为 5°～30°，重楼种植适宜坡度为 10°～30°，五味子种植适宜坡度为 20°～30°，坡地北向为优先选项，其后依次为东向、东南向或西南向、南向。优化林下中药材种植的坡度与坡向能提升其产量，期待更多相关研究介入此方面，以优化种植方案。

五、几种典型的林下中药材品种

（一）铁皮石斛

铁皮石斛属于补益药，具有滋阴清热的功效，经济价值较高。传统的道地产区集中在西南地区进行种植。野生铁皮石斛往往附生于山区树干、岩石缝等阴湿处。人工栽培的铁皮石斛经过多年探索逐渐走向仿生种植，林下栽培是其主要生产模式，具体种植方法有林下树干捆绑、林下立体盆栽、林下苗厢种植等。林下种植铁皮石斛一般选择在海拔500～1 600m的林地，附生树种可以为桢楠、木兰、枫香、杜英、榆树等，林分郁闭度0.70。选择土质疏松且富含有机质及矿物质成分的土壤为佳，pH值5.8～6.0。

（二）黄精

黄精的自然生长区域分布广泛，林下黄精种植是区域内主流的生产方式。林下黄精种植无须建造遮阳棚，既不占用农田，又利于林地资源的高效利用。例如锥栗林下种植多花黄精，结合整地、覆盖稻草等措施，3年的总收入是普通锥栗林的2.78～5.29倍，并能显著减少林地泥沙流失量，改善林地耕作层土壤的理化性质，黄精种植可选择海拔200～1 000m的林地，附生树种可以为锥栗、油茶、杉木、马尾松等，林分郁闭度在0.4～0.6。种植所需土壤为腐殖质丰富的沙土或红壤，偏酸性，土层厚度30cm左右，排水良好，坡度小于25°，坡向向阴。林下种植的黄精相较大田栽培，有效成分含量较高，因此更值得推广到拥有种植需求的相关产区。

（三）黄连

黄连在我国四川、贵州、重庆及湖南的西部地区、湖北的西部地区广泛种植。西南地区森林覆盖率高，区域内药材适宜林下生长。黄连的林下种植模式应用广泛，附生林地可以为厚朴、杉木等人工林或林相较完整的天然杂木林，郁闭度为0.5～0.8。目前林下种植黄连有单作或与其他药材间作等方式。厚朴—黄连单作模式是一种既不违反生态栽培原则，又能增加农民经济获益的种植模式，目前已经逐渐获得推广。林下黄连—贝母或玄参的间作模式，较厚朴—黄连单作模式更能促进黄连产量提升。西南地区多山地，黄连种植选择海拔在1 200～1 700m的山地且小于25°的缓坡，土壤肥沃、疏松。

总体来看，林—药复合经营模式将会随着科学技术的进步实现不断的优化，其在应用方面开发潜力巨大，它将推动中药材种植产业走上一条可持续发展的健康道路。

第六节 中药材设施栽培

一、塑料棚类型

塑料棚俗称冷棚，是利用竹木和钢材等建成拱形结构并覆盖塑料薄膜，是一种简易实用的保护地栽培设施。有利于防御自然灾害，能够提早或延迟中药材的生产供应，显著提高单位面积经济效益，具有建造容易、使用方便和投资较少的特点。

（一）小拱棚

小拱棚高度1m，跨度1.0～3.0m，长度数十米，多用于耐寒、半耐寒园艺作物早春的早熟栽培或秋延迟栽培。该种设施保温效果一般，在外界温度低于-10℃时就没有太大利用价值。

（二）中拱棚

中拱棚高度1.5～2.0m，跨度3.0～4.0m，长度数十米至上百米，有时内部设有立柱，农业生产性能好于小拱棚。

（三）大拱棚

大拱棚分为单栋大拱棚和连栋大拱棚。按大拱棚的顶部形状，分为圆拱形大拱棚和屋脊形大拱棚。按骨架材料，分钢结构大拱棚、竹木结构大拱棚和水泥结构大拱棚。在同样的外部条件下，大拱棚的内部温度、光照条件和棚内操作均好于小拱棚和中拱棚。

（四）巨型棚

巨型棚高于2m，跨度几十米至上百米，面积超过几千平方米至上万平方米。巨型棚内部设有立柱，各种性能好于大拱棚。

二、塑料棚的设计

（一）塑料棚场地的选择

选择在背风、向阳、土质肥沃、便于排灌和交通方便的地方建棚，棚内最好有自来水设备。

（二）塑料棚的方向

塑料棚的方向是指单栋塑料棚东西向延长，还是南北向延长，可参照光照强度。大、中、小拱棚多数为南北向延长；小拱棚的跨度较小，一般为1～3m，高度较低，一般在1m，棚内光照强度受塑料棚方向的影响较小，因此，小拱棚方向除南北向延长外，也有东西向延长。

（三）塑料棚的跨度

塑料棚的跨度设计要从栽培管理和建棚用材考虑，尽可能做到栽培管理方便和设施牢固耐用。一般竹竿结构塑料小拱棚跨度1～3m，竹木结构塑料大拱棚跨度8～12m，钢结构塑料大拱棚跨度8m，钢结构巨型塑料棚跨度在20m以上。

（四）塑料棚的高度

塑料棚的中高和两侧肩高，直接影响塑料棚的强度、采光、保温和管理操作。一般竹竿结构塑料小拱棚中高不高于2m；钢结构塑料大拱棚中高为2.0～2.2m，竹木结构多柱式塑料大棚多为人工操作通风，中高1.8m，最高不能超过2.2m，肩高约1.0m；钢筋焊接和钢管组装式巨型大棚，一般在设计和建造时能有较好的抗风雪能力。

（五）塑料棚的长度

塑料棚的长度受地形和塑料棚类型，机械程度高低，施肥、定植和产品搬运等影响，竹竿结构塑料小拱棚、竹木结构大拱棚和钢结构大拱棚，一般长度为80～100m。如果棚过长，后期通风效果差，棚内温度过高而影响产量。

（六）塑料棚间距

集中连片建造塑料棚，仅是单栋式结构时，南北方向棚间距为2.0m以上，东西走向的塑料棚前后间距为4.0m以上，以利通风、作业和布置排水设施，并防止早春或晚秋时后排遮阴。

三、塑料棚的环境特点

（一）小拱棚

1. 温度

小拱棚空间较小，蓄热、保温能力差。气温增加速度较快，增温能力可达

15～22℃，晴天比阴天增温快，高温季节容易造成高温危害。降温速度也快，在夜间不覆盖保温材料（草苫子或保温被等），阴天或低温时棚内外温差仅为1～3℃，遇寒流易发生冻害。如果加保温材料，保温能力可提高到6～12℃。从季节变化看，冬季是小拱棚温度最低的时间，春季逐渐升高。小拱棚温度的日变化与外界基本相同，一天中，棚内最高温度一般出现在13时左右，日出前最低。由于棚体较小，棚温的日变化幅度比较大。夜间不盖草苫保温时，一般晴天昼夜温差为20℃左右，最大可达25℃左右；阴天时昼夜温差比较小，一般为6℃左右，连阴天差别更小。小拱棚内气温分布很不均匀，在密闭情况下，中心部位地表附近温度最高，两侧温度较低，水平温差可达7～8℃；从棚的顶部放风后，棚内各部位的温差逐渐减小。小拱棚内地温变化规律与气温相似，但不如气温剧烈。从日变化看，白天土壤吸热增温，夜间放热降温。一般棚内地温比露地高5～6℃。

2. 光照

小拱棚透光性能较好，春季棚内的透光率最低为50%，但光照强度低于露地。光照强度的日变化明显，晴天日变化较大，阴天较小。

3. 湿度

在密闭情况下，小拱棚内空气相对湿度高于露地，一般为71%～100%。湿度日变化规律与气温日变化相反，白天气温升高，湿度下降；夜间气温下降，湿度上升。日变化幅度比较大，一般白天的相对湿度为40%～60%，比外界高20%左右，夜间90%以上，凌晨95%以上。晴天湿度低，阴天湿度高。

小拱棚中部的湿度比两侧高，地面水分蒸发快，容易干旱，而水蒸气在棚膜上聚集后，沿着棚膜流向两侧，常造成两侧地面湿度过高，导致地面湿度分布不均匀。

（二）中拱棚

中棚空间比大棚小，升温快，热容量少，提高延迟生产效果不如大棚。中拱棚与小拱棚一样，便于覆盖保温。如果夜间覆盖草苫，保温效果优于大棚。

（三）塑料大棚

塑料大棚的采光能力不如中拱棚和小拱棚。白天阳光照射到棚面时，除被棚面吸收和反射掉的一部分外，70%以上进入棚内。进入大棚内的光量多少，与膜的性质和质量有关。无滴膜优于普通膜，新膜优于老化膜，厚薄均匀一致的膜优于厚度不匀的膜。进入棚内的阳光大部分被地面、建材吸收和反射，光照强度与棚架类型有关，单栋钢架结构相对光照强度为72%，单栋竹木结构为62.5%，连栋钢筋混凝土结构为56.5%。塑料大棚没有外保温设备，不论直射光，还是散射光，各部位都能透过，接受阳光的条件优于日光温室。

第二章

中药材种植技术概论

第一节 中药材种植的土、肥、水管理

一、中药材栽培的土壤管理

土壤是中药材生产的基础，土壤为中药材的品质和产量形成提供合适的水、肥、气、热及支撑固定作用。做好中药材栽培过程中的土、肥、水管理工作非常重要。生产优质中药材的土壤必须具有良好的物理、化学、生物学性状和完善的土壤及水分管理制度，才能满足其生长发育和品质形成的需求。

（一）土壤质量与中药材栽培的关系

土壤质量即土壤的好坏程度，土壤质量主要包括土壤肥力质量、土壤环境质量和土壤健康质量3个方面。由于种植制度的变化，不合理地使用化肥，面源污染，一些地区的土壤质量退化问题日益突出，造成了中药材生产能力低且不稳，生产成本高，经济效益低，最后影响中药材的质量和产量。因此，提高土壤质量是中药材优质高产的保障。

（二）中药材对种植土壤的要求

不同种类的中药材对土壤的要求不同，但普遍要求土地质量要好。一般良好的土壤质量特征为上虚下实，即耕作层疏松，深度一般在30cm左右，质地较轻，既有利于通气、透水、增温、促进养分分解，又有利于保水保肥。

（三）提高中药材产区土壤质量的措施

1. 增施有机肥，提高土壤肥力

耕地有机质含量普遍偏低，必须不断添加有机物质才能使土壤有机质保持在适当

水平，这样既能保持土壤良好的性能，又能不断供给药用植物所需要的养分。常用的措施有秸秆还田、秸秆覆盖、种植绿肥和增施农家肥等。

2. 科学施肥，提高肥料利用率

测土配方施肥和追肥深施技术，是科学施肥的重要内容。测土配方施肥主要是对药用植物所需的各类元素进行合理调控与配比，通过实行测土、配方、配肥、供肥、技术指导等施肥措施，不仅提升肥料的作用效果，还可以减少肥料的浪费，降低种植成本，增加利润。同时又能改善土壤结构，确保生态环境的稳定。在追肥上要全面推广化肥深施技术，杜绝浅施、表施现象，减少肥料损失，提高肥料利用率。

3. 合理耕作改土

深耕改土，可提高活土层厚度，从而改善土壤物理性质，扩大根系吸收范围，提高养分供应量。可在黏性较高的土壤中掺沙改良土壤通透性，对于沙性土壤则可掺入河泥，而对于盐碱地可以进行适量灌溉和种植绿肥作物。

4. 轮作倒茬，用地、养地结合

可根据中药材产地实际情况，推行轮作倒茬与休耕培肥，实行用地与养地相结合。其中绿肥品种以肥饲兼用、肥菜结合的经济绿肥，如蚕豆、豌豆、苜蓿为主，或以培肥地力的紫云英、苕子为主。对绿肥种子缺乏的地区，冬季可种植肥田为主的油菜，不收菜籽，压青、耕翻入田。

5. 减少化肥、农药等农用化学品的使用

由于大多数的药农在使用农药和化肥时，单一追求中药材的产量。普遍存在滥用化肥、农药等现象，导致中药材品质下降。同时，过量使用化肥、农药会影响中药材产地生态环境。

二、中药材栽培的肥料管理

（一）肥料种类

1. 有机肥料

有机肥料指来源于植物、动物和人类粪尿，施于土壤以提供中药材生长所需养分和改善土壤理化性状、药材性状为主要功效的有机物料。根据药农生产实践经验，可将药材栽培常用的有机肥进行如下分类。

（1）堆沤肥。以作物秸秆、杂草、落叶、养殖粪污及其他有机废物为主要原料按比例混配，经微生物发酵形成的一类有机肥料。

（2）厩肥。也叫圈肥，是利用家畜圈内的粪尿和所垫入的杂草、落叶、泥土、草炭等物质，经过沤制而成的肥料。

（3）沼气肥。在密封的沼气池中，有机物在厌氧条件下经微生物发酵制取沼气后的副产物，主要由沼液、沼渣两部分组成。

（4）秸秆肥。以麦秸、稻草、玉米秸、豆秸、油菜秸等直接还田的肥料。

（5）泥肥。以未经污染的河泥、塘泥、沟泥、湖泥等经厌氧微生物分解而成的肥料。

（6）饼肥。以各种含油分较多的种子经压榨去油后的残渣，如菜籽饼、棉籽饼、豆饼、花生饼和芝麻饼等制成的肥料。

2. 无机肥料

无机肥料即化学肥料，分为以下3类。

（1）大量元素肥料。氮、磷、钾被称为大量元素或肥料三元素。

（2）中量元素肥料。钙、镁、硫属于中量营养元素，这些元素在土壤中储存较多，一般情况下可满足作物的需求，但随着氮、磷、钾浓度高而不含中量元素化肥的施用，以及有机肥用量的减少，一些土壤表现出缺中量元素，因此要有针对性地施用和补充中量元素肥料。

（3）微量元素肥料。铁、锌、铜、硼、钼等是植物生长所必需的微量元素，要重视微量元素肥的施用。

（二）中药材施肥原则与技术

中药材生长发育需要多种营养元素，氮、磷、钾元素需要量最大。中药材生长前期应多施氮肥，但使用量要少，浓度要低，生长中期，氮肥的浓度和用量要适当增加，生长后期，多用磷、钾肥，促进果实早熟、种子饱满。不同种类中药材的需肥规律也不同，全草类药材施肥掌握的原则是"前期攻得起，中期稳得住，后期不早衰"。收获根茎类的药用植物，切忌后期施氮肥。以花和果为药用器官的中草药植物，要注重配施磷、钾肥，以根和鳞茎为药用器官的中草药植物，要特别注意钾肥的施用。对于各种中草药植物的施肥来说，过量施用氮肥会导致药性降低或者徒长，烂根。氮、磷、钾的合理施用不但能提高中药材的产量，而且能显著提高中药材的药效成分，但当施肥量过高时中药材的产量和质量急剧下降。合理施肥对促进药用植物生长发育，提高产量和品质起着重要作用。施肥应遵循如下原则。

1. 施肥总原则

施肥不应造成环境污染，并兼顾高产、高效益。

2. 不同土壤质地的施肥原则

施肥的时间、种类、数量和方法与土壤质地有很大关系。沙土、黏重土、酸性土壤和碱性土壤对施肥的时机、肥料的种类和数量要求不同。沙土通气好，有机质易分解，但是保水保肥力差，肥料容易流失；同时，沙土的黏粒少，所以对沙土施肥应以有机肥为主，施肥时间不宜过早，施矿质肥应按"次多量少"的原则进行。黏重土与沙土相反，该土壤一般黏性较大，通透性差，保水保肥能力强，易积水，潜在养分含量高，有机质分解慢、肥劲长，宜耕期短，植株生根难。遵循多用热性肥料，提倡早施、多量少次，氮肥少施，施磷肥和钾肥尽量靠近根系，施后松土。酸性土壤是指土壤 pH 值小于 5.5 的土壤，遵循有机肥配合化肥一块施用，避免施用生理酸性肥料，避免施用单一肥料。

3. 不同收获部位中药材的施肥原则

（1）根、根茎类。根和根茎类中药材多为 1～2 年生，部分为 3～4 年生，很多都是喜肥植株，需肥量大。应注意重施底肥，早施苗肥，促进幼苗生长，为后期获得高产奠定基础。根茎类药材除需满足氮素营养供应外，增施磷、钾肥有显著增产和提高品质的作用，应注意增施有机肥、磷肥作底肥。

（2）果实、种子类。果实、种子类药材植株对磷比较敏感。磷对促进植物开花、结果，提高果实和种子的产量和品质效果显著。因此施用磷肥对于以种子为药用部位的药材极为重要。在前期，早施苗肥能促进植株营养生长，进入生殖生长期后，注意氮肥的适量施用，增加磷、钾肥用量，到了生长后期，植株开花前后，由于田间植株荫蔽度较大，可采用磷酸二氢钾根外施肥，补充磷、钾养分。

（3）花类。花类药材植株与果实、种子类植株相似，对磷比较敏感，后期适当控制氮素营养，增施磷、钾肥，促进花芽分化发育。

（4）全草类。全草类药材因为收获的部位多以茎叶为主，需要氮肥较多，此类药材以施用氮肥为主。多数品种在生长季节有多次收获。应注意以速效氮肥为主，早施、勤施苗肥，分次采收后适时补施追肥，促进新的营养体形成。

4. 不同肥料性质的施肥原则

（1）有机肥肥效长而平缓，多用作基肥，施用量大。

（2）速效氮肥肥效快，多用作追肥，施用量要适中，采用撒施、条施、穴施、浇灌等均可，且施用后要覆土。

（3）磷肥移动性差且容易被固定，所以一般要集中施用，并要靠近根层。磷矿粉只适于酸性土壤。

（4）微量元素肥料以叶面喷施为主，有时蘸根或浸种。

（5）一般是氮、磷、钾肥配合施用，有机肥与化学肥料配合施用，可以相互取长补短，随着有机肥的不断施用，土壤的基础肥力可以不断提高，化肥的用量也可以逐渐减少。

（6）基肥、种肥和追肥配合施用，持续地为植物整个生长发育期提供养分，并及时满足中药材植株营养临界期和营养期对养分的迫切需求。

5. 有机肥的施用原则

（1）根据有机肥料特性进行施肥。各类有机肥除直接还田的作物秸秆和绿肥外，一般需充分腐熟后方可施入土壤。堆沤肥、沼肥及厩肥都经过一定程度的腐熟作基肥使用，适用于各类土壤和各种作物。秸秆类肥料必须同时配施腐熟的畜禽粪肥，促进秸秆腐熟。

（2）根据中药材品种及其生长规律进行培肥。不同种类的中药材对各种养分的需要量和比例是不同的。如根类药材需要更多的钾；豆科中药材通过固氮获取氮素，但需磷、钾、钙、钼等元素较多，要根据作物对养分数量和比例的要求分别对待。对于喜磷、钾的中药材，则可分别以骨粉、钙镁磷肥、草木灰等富磷、钾肥补充。多年生中药材施用有机肥，除作基肥施用外，还需在每年秋、冬季追施有机肥。

三、中药材栽培的肥料施用技术

根据施肥时间确定为基肥、种肥、追肥3种施肥方式。

（一）基肥

基肥通常叫底肥，在植物播种或移植前施用，主要的作用是供给植物整个生长期所需养分，也可改良土壤、培肥地力。

（1）基肥的种类。基肥包括有机肥和无机肥两种，有机肥如农家肥、厩肥、绿肥和饼肥等，无机肥如氮、磷、钾肥和微肥等。

（2）基肥的施用方法。有机肥适合作底肥，无机肥对作物苗期和生长前期的生长发育不是很重要。根据土壤肥力高低，适度补充土壤所缺养分，要考虑基肥的肥料品种及施用深度，底肥应施到整个耕层之内，以15～20cm的深度为宜。基肥可以在犁地时进行条施，撒施应分层施用。

（二）种肥

种肥指在药材播种或移栽时，将肥料施于种子种苗附近或与种子混播供给作物生长初期所需的养分。施用方法有拌种、浸种、沟（条）施、穴施或蘸根。

（1）拌种。用少量的清水，将肥料溶解或稀释，喷洒在种子表面，边喷边拌，使肥料溶液均匀地沾在种子表面，阴干后播种的一种方法。

（2）浸种。把肥料溶解或稀释成一定浓度的溶液，按液种1∶10的比例，把种子放入溶液中浸泡12～24h，使肥料溶液随水渗入种皮，阴干后随即播种。

（3）沟施。在药材行间开沟，然后顺沟倒入农家肥，覆土掩埋。

（4）穴施。在距植株10cm处挖穴浇肥，浇后覆土。沟施与穴施的好处是降低损失，提高利用率。

（5）蘸根。在移栽前，把肥料稀释成一定浓度的溶液，把作物的根部插入肥液蘸一下即插栽，操作方便，效果好。种肥的肥料要求是养分释放要快，肥料本身对药材种子发芽无毒害作用。常用作中药材种肥的肥料有腐熟的有机肥、腐殖酸、氨基酸固体肥和液体肥、微生物肥料、速效性化肥。碳酸氢铵、氯化铵、尿素不宜作种肥。

（三）追肥

追肥是指在作物生长过程中施用的肥料。一般来说，药材生产除在种植之前施用底肥外，由于在药材生长的某个时期会出现对养分的大量需求，要针对需求进行追肥，常用的肥料品种是氮、钾肥。中药材追肥的方式一般有冲施、埋施、撒施、滴灌、叶面喷施等。

1. 叶面肥

中药材叶面施肥简单、方便、成本低、见效快、效益高，可结合喷药进行，在药材缺元素明显和药材生长后期根系衰老的情况下使用，更能显示其优势。除可用传统的磷酸二氢钾、尿素、硫酸钾、硝酸钾等外，也可使用大量元素水溶肥料进行根外追肥，还可在大量元素中添加微量元素或多种氨基酸成分，对增加中药材的产量和品质有一定作用。

（1）根及根茎类。独活、云木香、大黄、地黄和半夏等，叶面施肥以磷、钾肥为主，可用 0.4% 磷酸二氢钾溶液或 2% 过磷酸钙浸出液、4% 草木灰浸出液喷施，喷施时间一般在生长中后期。

（2）果实种子类。如枸杞、连翘、五味子等，叶面施肥以氮、磷、钾混合液或多元复合肥为主。用 0.2%～0.3% 磷酸二氢钾溶液喷施，在生长中后期喷施 1～2 次，对提高产量和品质效果好。

（3）全草类、花类。淫羊藿、金银花、红花等，叶面施肥常用尿素，浓度为 1%～2%，每亩喷施量 50～60kg，整个生长期喷 1～3 次。叶面施肥一般在晴天的上午。肥料浓度要适宜，施肥浓度过大时，不仅会增加成本，还会发生肥害，造成损失。使用微肥时，更应特别注意正反叶面均匀喷施，因为气孔分布在叶片的正反两面，而有的作物背面的气孔数比正面还多。叶面施肥应与底肥相结合，有利于满足作物全生育期各种营养元素的需要，效果更好。

2. 有机肥

（1）全层施用。在翻地时，将有机肥料撒到地表，随着翻地将肥料全面施入土壤表层，然后耕入土中。这种施肥方法简单、省力，肥料使用均匀。该施肥方法适宜于种植密度较大的作物。

（2）集中施用。养分含量高的商品有机肥料一般采取在定植沟内施用或挖沟施用的方法，将其集中施在根系伸展部位，可充分发挥其肥效。采用条施和穴施，可在一定程度上减少肥料施用量，但相对来讲施肥用工投入增加。

（3）有机肥料基质。温室、塑料大棚等保护地栽培中，在基质中配上有机肥料，作为供应作物生长的营养物质，在作物的整个生长期中，隔一定时期往基质中加一次固态肥料，即可保持养分的持续供应。

（4）施肥时期。育苗对养分需要量小，但养分不足不能形成壮苗，不利于移栽和后期作物生长。充分腐熟的有机肥料，养分释放均匀，养分全面，是育苗的理想肥料。春播气温低时，微生物活动弱，有机肥料养分释放慢，把大部分有机肥作为基肥施用。

（5）施肥数量。有机肥肥效较缓、养分含量较低，因而施用量较大，但有机肥的施用也并非用量越多越好，必须适度。施肥量过大会引起肥料的浪费，造成环境污染。

四、中药材栽培的水分管理

水分是药用植物生长发育不可缺少的因素。在中药材生产过程中，应根据药用植物不同生育阶段的生长特点及其对水分的需求规律，通过合理水分管理促控生长，协调群体与个体、地上与地下、营养生长与生殖生长之间的关系，实现药用植物产量、质量与水分利用效率的同步提高。

（一）中药材的需水规律

不同中药材对水分的需求不同，根据对水分的适应能力和适应方式分为旱生（如麻黄、甘草、肉苁蓉、百合等）、中生（如当归、黄芪、党参、芍药、桔梗、白芷、丹参、菊花、牛蒡、白术、地黄、贝母等）、湿生（如毛茛、薄荷、薏苡、灯心草、天南星、七叶一枝花等）和水生（泽泻、三棱、荆三棱、蒲黄、鱼腥草、芡实、石菖蒲、水菖蒲等）等不同类型。

影响药用植物需水量的因素很多。除药用植物种类和品种特性外，主要是气象条件。大气干燥、气温高、风速大、蒸腾作用强，药用植物需水量多，反之则需水量少。

（二）中药材灌溉技术

我国多数中药材产区处在湿润与半湿润的丘陵或山地，属雨养农业区。一般年降水量虽然能基本符合中药材生产对降水量的要求，但自然地理因子复杂，不同季节降水量分配不够均匀，常常出现供水不足的情况。因此在有条件的产区，应通过灌溉来补充降水量的不足，以确保优质高产。

（三）中药材节水栽培技术

通过采用综合栽培措施，提高自然降水和土壤水分的利用效率，充分发挥栽培技术措施简单、有效、成本低、易推广的特点，更符合中药材生产实际。适宜中药材的节水栽培技术主要有以下几种。

1. 土壤保墒技术

采取农艺措施来减少株间蒸发的耗水是提高中药材水分利用效率的措施之一。土壤保墒技术包括覆盖（秸秆、地膜覆盖等）、耕作（免耕、少耕、深松耕、镇压、中耕除草）等。秸秆覆盖是利用作物秸秆残茬覆盖地面减少土壤表面蒸发，提高水分利用效率的有效手段，成本低、就地取材、使用方便、改良土壤、培肥地力、保墒，起到节水、节能、干旱年景不减产的作用。地膜覆盖是利用聚乙烯塑料薄膜作为覆盖物的一种保护性栽培技术，能有效减少土壤水分无效蒸发，将传统精耕细作农业栽培技术与现代化农业栽培技术紧密结合形成的抗旱、早熟、高产、优质栽培体系。适于干旱缺水地区，同时还具有提高土壤温度、抑制土壤返盐、蓄水保墒等优点。耕作保墒是传统的增加土壤蓄水、减少土壤蒸发的技术，可以有效改善土壤结构，疏松土壤，增大活土层，增强雨水入渗，减少降水径流损失，减少土壤表面蒸发，提高土壤水分利用效率。

2. 改良土壤、培肥地力

深松、增施有机肥，既可提高土壤供肥能力，增强根系吸收水分的能力，又可达到以肥调水、提高土壤水分利用率的效果。

3. 水肥协同技术

通过以肥调水、以水促肥，提高中药材的抗旱能力和水分利用效率。在不增加施肥量的条件下，获得较大的经济效益，节约水肥资源，减少污染，改善生态环境，增产增收。根据周年降水和土壤水分变化规律及作物生长发育和需水特点，进行整体水肥调控，提高周年作物产量和水肥利用效率。

4. 选用抗旱中药材类型

根据当地降水分布、干旱发生规律，调整中药材布局，因地制宜地选用不同需水类型的中药材，从而达到水分高效利用。

5. 化学制剂保水节水

合理施用保水剂、黄腐酸、多功能抑蒸抗旱剂和生根粉等，可在作物生长过程中减少水分的无效蒸发，抑制过度蒸腾，减轻干旱危害，促进根系生长，增强作物抗旱能力和提高水分生产效率。

（四）中药材水肥一体化技术

在中药材栽培生产过程中，灌溉与施肥必不可少，然而传统的灌溉与施肥方式存在水分及肥料利用率较低，浪费严重，滥用肥料对土壤及环境造成污染。为了实现水资源及肥料的高效利用，水肥一体化灌溉系统应运而生。水肥一体化精准灌溉施肥技术，是将灌溉与施肥融为一体，进行精准灌溉施肥的农业新技术。该技术借助压力灌溉系统，将可溶性固体肥料或液体肥料配兑而成的肥液与灌溉水一起，均匀、准确地输送到作物根部土壤，有效控制灌溉水量和施肥量，提高水肥利用效率，并可按照中药材生长需求，进行全生育期水分和养分定量、定时、定比例供应。水肥一体化具有节水、省肥、省电、省工、高效等优点，甚至可以结合物联网技术，实现手机操控，方便快捷。水肥一体化技术是具有良好应用前景的新技术之一。

第二节 中药材病虫害防治技术

中药材质量的优劣关乎中药材产业的兴衰，人工规模化种植的药用植物已超300种，供应量约占全国中药材市场的70%，而且种植面积还在逐年增加。与农作物相比，中药材不仅种类繁多、药用部位多样，而且其产区跨度较大、生物学特征差异显著，这就决定了中药材病虫害具有种类多、发生规律各异等特点。另外，多年生中药材地下病虫害普遍发生，从地上植株难以及时监测到病虫害为害程度，防治难度极大。但现阶段防治过程中仍存在防治方法混乱的现象，影响了中药材安全和质量。生产农药残留不超标、高品质药材已成为中药材产业发展的必然趋势。

无公害中药材病虫害防治是指在中药材病虫害防治过程中所使用的药剂种类、防治标准及规范符合国家有关标准和规范要求，生产的药材有害物质含量控制在国家规定的安全范围以内。现阶段中药材病虫害防治还存在较多问题，如部分繁殖材料携带病菌，调运频繁加速了病虫传播蔓延；另外，不合理的种植方法也是导致中药材病虫害频繁暴发的主要原因。综上，开展无公害中药材病虫害防治技术可有效减少病虫害发生，提高中药材质量。

无公害中药材病虫害防治就是最大限度减少农药用量，优先选用农业、生物、物理等防治技术，达到符合标准、生产优质药材的目的。中药材病虫害种类多、为害重，因滥用农药导致的药材农残及重金属含量超标已成为制约中药材发展的核心问题。无公害中药材病虫害防治应严格遵循"预防为主、综合防治"的防治原则，在解析病虫害发生规律和为害程度的基础上，确定适合特定中药材病虫害的防治方法。优先选用农业、生物和物理防治技术，化学农药防治为辅，禁止使用高毒、高残留化学农药，提倡使用生物源农药，使药材质量符合国家标准，达到生产无公害中药材的目的。

一、无公害中药材病虫害农业防治方法

农业防治是中药材病虫害防治中经济实用的防治方法，通过改进耕作管理措施，创造有利于中药材生长而不利于病虫害发生的环境，达到控制病虫害发生和传播的目的。选择适宜中药材生产而不适宜病虫害生长的产地环境；选用抗病、抗虫害新品种；翻耕土壤使病株残体、地下病菌、害虫卵翻到地表，利用太阳光杀灭土壤中病源、虫源；适时播种、避开病虫为害高峰期；合理轮作、套作和间作；中耕除草，严格淘汰病株，及时摘除病叶、病果，并将其移出田间销毁，避免病害以残叶、废弃物作为寄主进行繁殖，采收后清洁田园，清除携带有病虫的残株枝叶和杂草，利用冬季低温冻死越冬虫卵等。

二、无公害中药材病虫害生物防治方法

生物防治是利用有益生物或其代谢产物对中药材病害进行有效防治的技术，具有经济、安全、有效且无污染等优点。生物农药根据来源可分为植物源农药、动物源农药和微生物源农药。植物源农药包括从植物中提取的活性成分、植物本身和按活性结构合成的化合物及衍生物，例如苦参碱、烟碱、藜芦碱、印楝素等，保障药材安全。

动物源农药是指利用动物活体或其代谢产物作为防治有害生物的一类农药，如捕食性昆虫和其次生代谢产物，次生代谢产物如昆虫毒素、昆虫激素和昆虫信息素等。利用动物本体防治有害生物又称天敌防治，如"以虫治虫""以鸟治虫"等，利用自然界生物链对害虫进行抑制，成本低且对环境无污染。微生物源农药系利用微生物菌体及其次生代谢产物作为防治有害生物的一类农药，也有称其为农药抗生素、生防菌剂或微生物菌剂等，例如灭幼脲、阿维菌素、Bt 乳剂等。

三、无公害中药材病虫害物理防治方法

物理防治是指利用物理因素防治病虫害的方法。常见方法有灯光诱杀法，利用害虫的趋光性进行诱杀；色板、色膜则是利用害虫对特殊的颜色有趋性而进行驱避或诱杀如黄板、蓝板等；还有人利用仿生植保技术，如仿生胶诱捕常见害虫等；利用紫外线辐照土壤，在夏季高温季节采取覆膜提高地温，杀死土壤中的病原菌、虫源和杂草种子等；防虫网有效隔离一些迁飞传播性的害虫达到防虫目的，利用除草布防治杂草。

四、无公害中药材病虫害化学防治方法

化学防治仍是无公害中药材病虫害防治的常用方法。从生态环保角度出发，无公害中药材化学防治的重要措施是在化学农药使用过程中，应严格控制化学农药种类与用量，保证药材的农残及重金属含量达标。化学农药使用过程中应该做到科学合理使用，对症用药及适时用药，严格执行用药安全间隔时间。建议使用高效、低毒、无公害的农药种类，严禁使用国家禁止的剧毒、高毒、高残留的农药。施药时期和施药剂量需要严格按照农药使用说明进行，以达到有效杀灭害虫、保护天敌及降低药材农药残量的目的。另外，应加强病虫抗药性检测，施药过程中合理轮换使用农药，对同一种有害生物，采取交替用药措施，避免或延缓抗药性的产生。

五、无公害中药材生产过程病虫害防治

无公害中药材生产过程中病虫害防治主要包括土壤改良、种子种苗生产、生产过程及仓储运输等节点。为生产优质无公害中药材，必须遵循其基本准则。

（一）重视土壤改良

土壤改良包括土壤消毒及土壤营养的均衡补给。通常中药材种植 3 年后，其土壤生产力显著降低，一般能使产量降低 20%～40%。其中土传病害、根结线虫、杂草种子等是导致作物产量降低的主要原因。另外，连作障碍也是制约无公害中药材可持续发展的重要限制因素。连作障碍的产生与土壤中土传病害增加、微生物群落失衡有重

要关系。为提高无公害中药材产量和质量，通常采用化学熏蒸和非化学措施等方法，以达到对种植土壤进行病虫害防治及菌群结构的调理。化学熏蒸是目前较常用且效果较好的土壤消毒方法，为保护生态环境和生产高品质药材，在中药材种植领域应用较多、防治效果较好的土壤熏蒸剂主要有威百亩、棉隆和氰氨化钙等。非化学方法主要是依靠农业、物理或生物等方法进行土传病害的防治。为减少土传病害，土壤施肥过程中所用有机肥应经过高温腐熟处理，然后再施入田间，防止病原菌在土壤中传播扩繁、污染中药材，以免危害人体健康。

（二）加强种子种苗检疫

随着中药材市场需求量的快速增加，中药材种子种苗的需求量也在不断加大。目前，人工规模化种植的药用植物已超300种，且种植面积还在不断扩大，种子种苗频繁调运，加速了药材病虫害的传播及蔓延。因此，应加强种子种苗流通环节的检验检疫工作，防止危害性病原体、害虫、杂草等有害生物传入或传出。在实际生产过程中，应建立无病虫害的留种田，精选无病虫害的种子种苗进行种植及在不同产区调运。

（三）注重种植过程的绿色防控

中药材生产的田间种植过程不可避免会发生有害生物为害，绿色防控是无公害中药材生产的关键环节。生产优质无公害中药材，需根据不同中药材的生产特点，创造有利于正常生长、不利于病虫害发生的环境条件，获得优质高产药材原料。种植过程应选用优良抗病虫品种，提高药材抗病虫能力，减少化学农药使用量；提早或延后播种时期，错开病虫害高发期，从而抑制中药材病虫害的发生。生长季节如发现中药材种植基地出现病虫害问题，可采用覆盖遮阳网、降低光照强度及温湿度的方法，改变病虫害发生环境，抑制病虫生长，可采用悬挂黄板、蓝板、增设杀虫灯等方法诱杀害虫；如发现田间病虫害大量蔓延且数量较大时，可优先选用生物农药及病虫的天敌进行防治，如防治效果不佳或难以阻止病虫害蔓延时，可采用国家推荐的高效、低毒、低残留的化学农药进行防治。施药的同时做到找准施药时间及部位，严格按照施药方法，对症下药，达到最大限度减少农药使用量防治病虫害的目的。

（四）加强仓储及运输环节的病虫害防治

随着中药材市场需求量的迅速增长，全国各地储存和运输的中药材数量逐年增加。由于仓储病虫侵害，导致储藏的药材损害量巨大，严重威胁着储藏安全。中药材仓储害虫种类复杂多样，必须采取"预防为主，综合防治"的方针，坚持"安全、经济、有效"的原则，根据仓储害虫的传播途径、生活习性等特点，采取植物检疫、农业防治、物理防治及化学防治等措施，控制仓储害虫的发生和传播蔓延，从而保障中药材种子及原料的安全。主要防治方法有清洁环境、加强检疫与检查、除湿、诱杀、低温存储、高温杀虫、熏蒸、气调养护、辐射杀虫等方法。另外，中药材在入库前，经过检验检疫，并保证含水量处于安全范围内，长时间存储需要进行密封，创造洁净、低温和避光的良好储藏环境，及时发现虫害并迅速进行消灭。

第三节 中药材采收与产地加工

一、严把采收时间

中药材在不同的生长发育阶段，植株中化学成分的积累水平是不同的，在药用部位含有效成分最多时采收，药材的质量才是最好的。俗语说得好："当季是药，过季是草"，因此，中药材的采收有很严格的季节性，掌握采收的适宜时间是保证药材质量的重要一环。

（一）全草类

全草类中药材多在植物生长最旺盛、枝叶繁茂、花蕾初放而未盛开前采收，如益母草、荆芥、广藿香、穿心莲等。有的全草类中药材在开花盛期采收，例如薄荷，在其盛花期采收时，其叶片肥厚且挥发油含量最高。有的全草类中药材在夏、秋季茎叶茂盛时进行采收，如仙鹤草、淫羊藿等。还有一些则是在开花后采收比较适宜，如马鞭草等。全草类中药材采收时大多采用割取法，割取地上部分即可，可一次割取或分批割取。少数全株入药的，如地丁、车前草、蒲公英等，则应用掘取法将其连根挖取。

（二）根及根茎类

根及根茎是植物的储藏器官，大多数根及根茎类中药材在秋、冬季地上部分枯萎、初春植物发芽前采收，这时植物体内营养物质大多集中在根及根茎中，通常有效成分含量也高，此时采收最适宜，能保证中药材的优质高产。如丹参在霜降过后采收，其丹参酮等有效成分含量较其他季节要高；石菖蒲冬季采收时，挥发油含量高于夏季；云木香、黄芩、桔梗、黄芪、大黄、何首乌、天麻、地黄、当归等品种均适宜在秋、冬季或初春采收。这些品种如采收过早，根及根茎中营养物质和有效成分含量累积量较低，过晚则又会因为地上部分的生长导致根及根茎中营养物质被大量消耗。另外也有一些品种适宜在春季及夏季进行采收，如附子在第2年夏至到小暑期间采收比较适宜；川芎、太子参和半夏均在夏季芒种至夏至期间采收较为适宜；麦冬多在第2年清明至谷雨期间采收。根及根茎类药材采收时多采用掘取法，一般选择晴天土地较松软时进行，从土地的一端开始，依次掘取。采收时要保证药用部位完整，以避免受伤破损，影响药材的外观。另外，部分根及根茎类药材也可采用机械采收，可采用拖拉机牵引耕犁的方式采收。

（三）皮类

多在春末夏初采收为宜。此时植物生长活跃，其体内汁液营养充分，皮部容易从木质部剥离下来，同时剥离后容易形成愈伤组织，容易再生新皮，且此时皮部有效成分含量也高，如杜仲、厚朴、黄柏及秦皮等。也有部分皮类药材在秋、冬季节采收为宜，如肉桂在9—10月采收，称为"秋桂"，其挥发油含量最高；川楝皮宜在冬季采收，此时的川楝素含量最高，丹皮适宜在秋季采收，这时的丹皮粉性大、品质好。皮类药材采收通常采用剥取法，可用传统的伐树剥皮法和现代立木环状、半环状或条状环剥法。

（四）叶类

叶类药材一般在花未开放或果实未成熟时采收为宜，此时处于植物生长最旺盛的时期，叶片繁茂、颜色青绿。此时植物光合作用旺盛，有效成分含量高，如艾叶、大青叶等。若等到植物开花、结实后采收，叶中储藏的营养物质转移到花或果实中，会影响到叶的质量和产量。也有部分叶类药材在秋霜后采收为宜，如霜桑叶，其经过霜降后，含量均较高。叶类药材采收时通常采用摘取法或割取法。

（五）花类

花类药材多数在含苞欲放时采收，此时的药材有效成分含量高，如金银花、槐花、丁香等，槐花未开时其芦丁含量较开花后高出75%；有的药材则在花初开时采收，如洋金花、红花等；也有的药材在盛花期时采收，如菊花、野菊花，过早采收，花朵尚不饱满、气味不足，过晚采摘，则可能会造成花瓣散落，色、气、味俱败。

（六）果实类

果实类药材一般在植物果实自然成熟时采收，如山楂、连翘、砂仁等。而果实成熟期不一致的药材，则应该随熟随采，如木瓜、山楂等过早采收时，药材质量差、产量低，过晚采收时则肉质松泡，影响质量；又如枸杞子，其采收期可持续数月，如不及时采收会引起药材颜色差，产量也会下降。有的果实则在成熟结霜后采收为宜，如山茱萸、川楝子等。还有一些药材应在果实接近成熟而未成熟时进行采收，如覆盆子、枳壳。有的则是在幼果时进行采收，如枳实、青皮、西青果等。果实类药材采收时一般采用采摘法。

（七）种子类

种子类药材多数在果实完全褪绿成熟时采收为宜，此时种子干物质的积累已停止，产量和折干率也最高，有效成分含量最高，可以保证优质高产，如决明子、桃仁、酸枣仁、苦杏仁等。而采收种子成熟期不一致的药材时，应分批采收，避免种子散落。种子类药材的采收一般采用摘取法或割取法。

随着中药材需求量的不断增加导致野生中药资源被过度采挖和破坏，使得部分野生中药材面临着资源枯竭甚至灭绝的风险，如冬虫夏草、肉苁蓉、淫羊藿等常用野生中药材，适宜其生长的生态环境遭到破坏，产量与质量不断下降，价格则逐年上涨。因此，野生中药材的资源保护工作已经迫在眉睫。因此，应做到以下几点。

一是按照市场需求采集野生中药材，防止过度采集造成的资源浪费和生态破坏。同时一些中药材长期储存容易失效，过量采集会造成野生中药材的浪费。

二是注意合理采收只是地上部位入药的药材，应注意保留其根，以利于中药材资源的再生；同时应做到采大留小、采密留稀、分期采集和合理轮采等。

三是采取野生抚育和封山育药方式，可在野生中药材的天然生长地，通过人工管理，采取野生抚育和封山育药的方式，保证野生中药资源的可持续利用。

因此，采收中药材时，采收时间过早或过晚，药材不成熟或有效成分含量太少，质量不合格，临床使用疗效不够，应严格把握采收期限，才能把好药材质量关。

二、产地加工技术

中药材采收后都需要经过产地初加工，以便于保存、运输、再加工。加工前的植物器官组织会发生细胞缩水、破裂、变性、酶解、后熟、干燥等变化，产地初加工是影响中药材质量的最后工序。

由于中药的种类及产地不同，加工方法也有差异。主要的加工方法有净制、蒸、煮、烫、浸漂、发汗、切制、干制等。

（一）净制

净制主要包括清洗、筛选、风选以及修整等。

1. 清洗

将采收的新鲜药材于清水中洗涤，以除去药材表面的泥沙及残留的枝叶、粗皮、须根等非药用部分。但多数直接晒干或阴干的药材不用水洗，以免损失有效成分，影响药材质量。对有毒性的药材如乌头、附子、半夏、天南星等，还有含盐分多的药材如肉苁蓉、海藻等要用流水漂洗以减轻药材的毒性和不良气味。有毒的药材如半夏、南天星，对皮肤有刺激，洗涤时应戴好防护手套等。

2. 筛选

根据药材和杂质的大小或重量不同，选用不同规格的筛子，使药材与杂质分开。

3. 风选

利用中药材与杂质的质量、密度不同，借助风力将杂质去除，药材量少时，常利用簸箕，量大时利用自然风力或风扇。

4. 修整

选取规定的药用部分，除去非药用部分，以达到药材质量。茎及全草类中药材，除去主茎、枝梗、须根等。石斛、麻黄、益母草等根茎类中药材，需要去除非药用部位的残茎。有些根茎类按传统加工，去除芦头，如人参、防风、党参。种子类中药材，若种子带硬壳要去除，取仁入药，如白果、杏仁、桃仁等。果实类中药，如青皮需要去瓤，山茱肉、山楂等需要去核。

（二）蒸、煮、烫

将药材置于蒸汽和浮水中进行加热处理，如山药、牛膝、葛根、天麻、天门冬、白术、白芍、白及、党参采用熏蒸工艺进行加工。有些多汁药材，如马齿苋，直接晒干需要20～30d，而蒸煮1～2min后晒干只需2～3d。对于球茎或鳞茎药材，蒸、煮、烫可使其中的淀粉糊化而增加透明度，如黄精、天麻等。蒸、煮、烫的时间根据药材性质的不同确定，如天麻须蒸透心，白芍煮至透心等。

（三）浸漂

浸漂是指浸渍和漂洗。将药材放入水中浸泡或漂洗。

（四）发汗

新鲜药材加热或干燥一段时间后，停止加温，密闭堆积使之发热，内部水分向外蒸发，当堆内空气含水量达到饱和，遇堆外低温水汽凝结成水珠附于药材表面，如人出汗，故称发汗。如厚朴、杜仲、玄参、续断、秦艽、丹参、地黄等。发汗可以使其内部水分分布均匀，利于干燥，还可使药材变软，增加其油润度、色泽度、香味，并减少刺激性。如厚朴发汗后"紫色多润"、杜仲"内皮暗紫色"、玄参"色黑微有光泽"、川续断"断面呈墨绿色"、秦艽"色棕黄"、丹参"断面紫色"、地黄"断面棕黑色或乌黑色"等。

（五）切制

切制是将中药材切成一定规格的块、段、片、丝等操作。质地坚硬或粗大的根茎类中药材、含水量高的中药材，如苦参片、姜黄、鸡血藤、土茯苓、乌药、佛手等要趁鲜切片，利于干燥，避免后期炮制加工时有效成分流失。

（六）干制

干制中药材去除水分的过程，是中药材加工的重要环节，新鲜的药材含水量较高，易发生霉变。除了地黄、生姜、白茅根鲜用，绝大多数都要进行干燥。干燥分为自然干燥法和人工干燥法。自然干燥法就是利用阳光、干燥空气等自然进行干燥的方法，包括晒干和阴干。而人工干燥法，利用一定的干燥设备，人为提供热量，达到干燥的目的。薄荷、金银花、红花、郁金等含挥发油的药材，要在 50～60℃干燥，果实类药材在 70～90℃迅速干燥，富含淀粉的药材如山药需要缓慢升温，防止淀粉粒糊化，保持药材粉性。鲜药材加热或烘至半干后，密闭堆放，促其内部水分蒸散，使其快速变软、变色。人工干燥包括烘炕干燥、热风干燥、红外线干燥、微波干燥、真空冷冻干燥等，要根据药材性质合理选用。

三、储藏包装技术

中药材在储藏过程中，影响其质量的因素主要有温度、湿度、环境含氧量、化学环境、光照、药材含水量、包装材料、储藏前的加工方式等。降低温度、湿度、环境含氧量、光照、含水量，改变仓库的化学环境，改善包装材料，结合中药材具体性质多方位地控制中药材储藏条件，才可以更好地保证中药材的质量。

适宜的储藏温度是中药材储藏过程中的关键因素，较高的储藏温度容易引起中药材的物理和化学变化，会助长微生物的繁殖和害虫的发育。而储藏温度过低，可使一些新鲜的药材出现较快的变色现象，在降到 0℃及 0℃以下时药材内的部分水分会凝结成冰，导致细胞壁及内容物受到不同程度的机械损伤，导致变色。储藏温度的骤升、骤降，极易使中药材自身产生较快的挥发，出现褪色、泛油等化学变化，以及色泽改变等现象。当环境湿度增加时，容易导致中药材潮化变质，如冬虫夏草潮化后，虫体变为空壳呈现土黄色至灰黑色；菊花潮化会改变颜色，失去香味；枸杞子吸潮之后极易变黑。

对一些含有色素的药材，如红花、金银花、黄柏等，光照时间过长或者强度过大容易发生色泽的变化，成分损失也较多。特别是含芳香成分或者挥发油类的药材如紫苏、薄荷、花椒等，光照后会失去原有的气味，疗效下降；人参、西洋参、冬虫夏草、瓜蒌、党参、龙眼肉等含多糖、淀粉等的药材在潮湿、高温环境下易受虫蛀。

在储藏过程中，温度对药材有效成分的影响很大，温度越高，有效成分减少越多。目前，低温储藏是最容易为人们接受的方式，一般建议低温为 4～8℃，对于一些虫类中药材建议采用 –4℃及更低的温度。夏天控制仓库温度在 15～25℃或更低，是保障库存中药材质量安全的必要条件。同时，环境的湿度越大，有效成分降低越多。在储藏前进行适度的干燥，控制药材的水分含量是防止药材变质、霉变、虫蛀的有效措施。对于易氧化变质的中药材，应采用密封储藏、气调养护、真空包装等方法降低环境的含氧量。对于受光线作用容易引起变化的中药材，应放在密闭的容器、有色玻璃瓶或陶瓷容器中。现在，中药材的包装储藏，主要采用聚乙烯塑料袋、木箱、纤维编织袋、纸箱、麻袋等不同的包装材料，哪些材料适合长期储藏，要根据具体中药材性质而定，一般认为聚乙烯塑料袋对保护药材质量稳定性效果最好。

第三章

城口道地中药材发展概况

第一节 城口中药材产业发展条件

一、发展优势

1. 符合国家、重庆政策发展

《中华人民共和国中医药法》《中共中央 国务院关于促进中医药传承创新发展的意见》等文件，为中医药发展提供了有力保障。推动"一区两群"协调发展，是全面落实习近平总书记对重庆重要指示精神的具体举措，是坚持从全局谋划一域、以一域服务全局的具体体现。重庆市委、市政府作出"一区两群"协调发展决策部署，明确渝东北地区定位为国家重点生态功能区和农产品主产区、长江流域重要生态屏障和长江上游特色经济走廊、长江三峡国际黄金旅游带和特色资源加工基地，探索一条生态优先、绿色发展新路子。城口把握战略定位、找准发展方位，利用自身区位和资源优势，着力转化生态资源价值，以科技创新驱动中药材生态种植与生产，促进生态资源增值，完全符合重庆城市"一区两群"战略规划和《全国道地药材生产基地建设规划（2018—2025年）》的要求。

四川、重庆两地印发《成渝现代高效特色农业带建设规划》提出"打造优质道地中药材产业带，聚合优势明显的现代化西药都"。重庆将中药材产业纳入成渝地区双城经济圈建设优势特色农业产业发展，提出打造中药材五百亿级产业集群。

2. 自然条件优越

城口地处秦岭以南、长江以北的中国气候南北过渡带，亚热带山地气候明显。四季分明，年均气温13.8℃；日照充足，年均日照时数1 534h；雨量充沛，年均降水量1 261.4mm；水系发达，境内有任河、前河等大小溪河779条，是国家优质水资源战略储备库的重要水源地；多数土壤中性或微酸性，土层深厚。城口自然环境复杂，生物区系起源古老，生态系统完整，蕴藏着丰富的生物资源，是极具代表性的天然生物多

3. 药材资源丰富

城口被誉为"大巴山生态药谷",适宜多种中药材生长,具有良好的中药材资源禀赋,品种多、产量大、品质好。被世界自然基金会列为中国17个生物多样性保护关键地区和11个优先重点保护区域之一,有植物模式标本种251种,其中药用植物达178种,是北半球亚热带同纬度地区最著名的模式标本产地。据第四次全国中药资源普查统计,全县境内有药用价值的中草药3 130种(含种下等级),其中常年收购的品种500多种,主要药材有川党参、独活、太白贝母、厚朴、杜仲、黄柏、黄连、天麻、云木香、连翘、款冬花、细辛、川牛膝、枳壳、佛手、玄参、半夏、大黄、猪苓、柴胡等及其他珍稀药材。尤其是独活、太白贝母、细辛、云木香、连翘、川党参、天麻、杜仲、黄柏等野生资源好、产量大、品质好、历史悠久,具有广阔的开发前景。

4. 发展中药材产业的区位优势突出

城口周边200km范围内20余个区(县)均是中药材生产大县。根据整体交通发展布局,渝西高铁、银百高速(城开高速)、安张铁路、城巫高速、城口到宣汉高速、城口到万源高速将会形成城口连接周边重庆开州、巫溪,四川宣汉、万源、达州,陕西岚皋、镇巴、紫阳1h交通圈,连接重庆巫山、奉节、万州,四川巴中,陕西安康,湖北神农架2h交通圈。届时,以城口的区位交通条件,将形成城口为中心,辐射周边20余个区(县)的中药材产业集群。

5. 中药材产业初具规模

城口大多中药材生长和种植在海拔1 000m以上的中高山地带,病虫害发生率低,药材品相好;昼夜温差大,干物质积累充分,药材的有效成分含量很高,部分药材的主要有效成分含量高于《中华人民共和国药典》(2020年版)规定标准的数倍。中药材的田间管理方式主要是仿野生栽培,很少投入农药、化肥等投入品,农药残留、重金属、有毒有害成分含量非常少。

2009年至今,城口一直将中药材产业列为主导产业之一进行培育。2020年将中药材明确为四大重点产业之一,进一步推动中药材产业做大做强。经过多年的努力,城口在发展道地药材、生产基地建设、改进种植、加工技术、引进优良品种、野生变家种等方面,呈现出良好的发展势头。中药材产业是城口优势特色产业、战略性支柱产业。全县现有中药材资源36万亩,2022年中药材产量8.9万t,产值7.2亿元。培育了中药材市级龙头企业2家,县级龙头企业6家,城口庙坝中医药产业园初具雏形。中药材产业发展正围绕规模化种植、精深加工、大健康融合之路全产业链推进。先后有上药集团、慧远药业、希尔安药业、天宝药业、硒旺华宝等龙头企业入驻庙坝产业园,中药材产业稳步发展壮大,成为名副其实的脱贫致富支柱产业。

二、机遇和挑战

（一）发展机遇

1. 政策导向机遇

习近平总书记高度重视中医药发展，多次就中医药工作做出指示，他指出中医药学是中国古代科学的瑰宝，也是打开中华文明宝库的钥匙。党的十八大以来，为中医药传承创新发展指明了方向，强调要遵循中医药发展规律，传承精华，守正创新，加快推进中医药现代化、产业化，坚持中西医并重，推动中医药和西医药相互补充、协调发展，推动中医药事业和产业高质量发展，推动中医药走向世界，充分发挥中医药防病治病的独特优势和作用，为建设健康中国、实现中华民族伟大复兴的中国梦贡献力量。

为继承和弘扬中医药，保障和促进中医药事业发展，保护人民健康，近年来颁布实施《中华人民共和国中医药法》《中国的中医药》白皮书、《中医药发展战略规划纲要（2016—2030年）》《中共中央 国务院关于促进中医药传承创新发展的意见》《"十四五"中医药发展规划》等文件，为中医药的发展提供了有力保障。

为深入贯彻习近平新时代中国特色社会主义思想和党的十九大精神，结合重庆实际，中共重庆市委、市政府出台《关于促进中医药传承创新发展的实施意见》。重庆市委、市政府在《渝东北三峡库区城镇群建设方案》中指出，要"成片连带成规模建设中药材现代农业产业园（基地）""以巫山、巫溪、城口、云阳、奉节、垫江等为重点，大力发展道地中药材"，"支持城口建立大巴山生态经济孵化中心和功能食品技术创新中心"。重庆市政府出台的《促进大健康产业高质量发展行动计划》，支持各区（县）"因地制宜发展从种植、饮片到中成药的中医药全产业链，建设一批中医药产业园，努力打造全市重要的中医药生产研发基地"。

2019年，城口把中药材产业定位为特色效益农业战略性支柱产业，健全完善了一整套从种源到种植、加工、销售的全链条、全环节、全方位的普惠性政策体系。2020年将中药材明确为四大重点产业之一，制定"1+2+8"农业产业扶持政策体系，对中药材产业给予政策支持和资金投入的重点倾斜，全面加大了到户产业奖补、定向销售奖补、市场主体培育、贴息贴保等方面投入力度，进一步强化政策要素保障。

2. 市场催生机遇

由中共中央、国务院印发了《"健康中国2030"规划纲要》，随着"健康中国"战略的实施，健康产业具有巨大的市场潜力。中医药在健康养生和防病治病领域发挥着不可替代的作用，在抗击新冠疫情中充分展现了独特的疗效和价值，大大提升了中医药的地位，增添了国民对中医药的信心，给中医药产业发展营造出良好的市场环境和社会环境。中药材是独具特色的健康资源，在大健康产业中具有独特的地位和作用。

一方面，中药材是中医防病治病的物质基础，是中成药、中药饮片等中药材工业的重要原料；另一方面，中药材已从传统的医疗需求逐步走进寻常百姓家，成为日常健康养生必备的消费品。数据显示，国内中药材市场规模2022年达到1 708亿元，2024年将超过2 000亿元，年平均复合增长近10%。

近年来，中药材资源的无序开发、品种创新不足、质量安全水平不高，中药材种植规模、产量与药材质量、疗效的深层矛盾没有得到有效化解，影响中医药事业持续健康发展。中药材产业面临着严峻挑战，应紧紧把握我国农业供给侧结构性改革契机，加快中药材基地建设，着力推进中药材产业发展。将中药材生产由重规模求数量的发展模式，转变为重质量求效益的发展方向，同时将中药材产业的竞争从单纯产品质量竞争升级到全产业链质量管控的竞争。

3. 城口地方经济转型的重大机遇

根据县域经济转型的安排，过去城口的支柱产业锰矿已在2021年底全部关停，城口面临经济转型的紧迫任务。分析城口现有主要产业类别，中药材产业最符合城口未来发展需求。一是中药材产业基础较好，现有资源总量达36万亩，蕴藏产量达10万t，中药材市场主体有294家，中药材龙头企业有天宝药业、希尔安药业、同仁堂、硒旺华宝、裕品堂等近10家。二是林下中药材、生态中药材的模式完全符合城口"两山论""两化路"发展需求，适应城口"九山半水半分田""巴掌田""鸡窝地"的农业地理特征。三是中药材产业有中医药和大健康的广阔市场前景，还能多元化结合农文旅融合发展。

（二）挑战

1. 中药种植与规模化发展不协调

城口山高坡陡，农业用地零星分散，多为"巴掌田""鸡窝地"，农业基础设施建设成本高，建设规模种植基地的难度大，难以实现标准化、规模化、机械化、集约化生产经营，80%以上的中药材产品由农户家庭种植。

2. 龙头企业引领带动作用不明显

当前城口的龙头企业数量少、实力薄弱，未能将中药材产业资源优势有效转化为市场和经济优势，缺乏具有拉动效应的中药大品种和大健康产品，未形成龙头企业或大产品的引领作用。

3. 科技创新核心作用发挥不充分

城口在中药材种植规模化、药材质量提升、大健康产品研发等方面的科研投入不足，科技创新平台缺乏，技术人才匮乏，科技服务亟待加强。尤其在优良品种选育、野生抚育、种子种苗基地建设、健康产品研发等方面的科技创新核心作用发挥不充分。

4. 道地药材知名度有待提升

城口中药材产品道地性、原生态、无污染、品质好，但是缺少标准规范、品牌认证、广泛宣传的支撑，市场占有率低，产品价格上也没有话语权，中药材知名度有待提升。

第二节　城口"大巴山药谷"发展概况

一、中药资源概况

城口位于北纬31°37′～32°12′、东经108°15′～109°16′，地处大巴山腹地，位于秦岭以南、长江以北的中国气候南北过渡带，亚热带山地气候明显。东邻陕西镇坪、平利，南毗重庆巫溪、开州，西接四川宣汉、万源，北连陕西紫阳、岚皋，是重庆和三峡库区连接陕南、川东、鄂西的交通要塞，是长江经济带连接大西北的最便捷通道。独特的地理气候条件造就城口生物多样性丰富。城口有着悠久的植物学研究历史，是北半球亚热带同纬度地区重要的模式标本产地，也是全国模式标本种采集地最丰富的区（县）之一。尤其是法国传教士鲍尔·法吉斯（Paul Farges）自1898—1903年的5年期间在城口采集了2 000余种植物标本，其中包括大量以城口为模式产地的植物新种，例如著名的崖柏等药用植物。20世纪50年代以来，四川大学、中国科学院、重庆市中药研究院、西南大学、重庆自然博物馆等单位相继在城口采集发表大量生物物种。经统计，以城口为模式产地的维管植物共计64科144属268种（包括变种），其中药用植物有50科97属172种，包括蕨类2科3属3种，裸子植物4科5属5种，被子植物44科89属164种。

在第四次全国中药资源普查和历次城口中药资源调查资料基础上，结合《重庆大巴山国家级自然保护区植物名录》《万县中药志》《长江三峡天然药用植物志》《重庆市中药资源名录》《重庆中药志》《中国中药资源大典·重庆卷》《秦岭巴山天然药物志》《中国药用植物志》等文献资料，查阅重庆中药博物馆馆藏标本，整理汇总了城口"大巴山药谷"中药资源名录谱系（未含矿物和动物类药）。汇总整理城口中药资源共计3 130种（含种下等级）。隶属262科1 102属，其中藻类植物4科，4属，5种；菌类植物19科，44属，74种；地衣植物3科，3属，10种；苔藓植物31科，48属，57种；蕨类植物39科，87属，255种；裸子植物9科，24属，38种；被子植物157科，892属，2691种（双子叶植物136科，710属，2 223种；单子叶植物21科，182属，468种）。

二、中药农业概况

城口优良的自然环境不仅适宜多种中药材生长，更孕育了大量的高品质天然绿色中药材，可供开发利用的中药材上千种，被评为"中国绿色生态中药材示范县"，近几十年城口家种中药材规模不断扩大，收购药材品种达200种以上。早在1844年，城口第一部县志《城口厅志》就有明确细致记载人工栽培川党参、黄连、厚朴等中药材，天麻、黄连、川党参、厚朴、黄柏、麝香、虎骨等数十种中药材已经常年在市场进行交易。目前城口所产的黄连、天麻、川党参等中药材除供应国内需求外，还远销到我国香港及日本、德国、意大利、东欧、美国、新加坡和东南亚等70多个国家和地区。在1968年，坦桑尼亚总统访问中国，曾向周恩来总理提出购买天麻，当时国家馈赠贵宾的天麻就是城口提供。20世纪60年代城口被列为四川附子生产重点县，2005年全县新种植中药材上万亩，中药材总产量6 079t（干品），其中天麻70t，独活200t，云木香40t。2018年城口太白贝母、独活、连翘陆续获批国家地理标志产品认证。2023年城口中药材在地面积36万亩，中药材种苗、种植基地68个，产量超9万t，中药材产值达到7亿元以上，独活、云木香、连翘、杜仲、厚朴、川黄柏单品种种植规模万亩以上，天麻、大黄、党参、淫羊藿等单品规模3 000亩以上，其中淫羊藿、曲茎石斛、太白贝母、云木香、独活走在全国种植区域前列。

三、中药工业概况

1966年城口白芷乡建立城口第一家中药材（附子）加工厂，1997年在庙坝建立城口县医药化工有限公司，提炼生产薯蓣皂素，2000年，城口建立60t薯蓣皂素生产线一条，2002年，城口产的皂素获国家质量免检产品认证。2004年全县中医药制造厂增加到3家，职工77人，当年生产原药62t。2009年重庆三源堂医药有限责任公司开始中药材产地加工、中药饮片生产销售，2012年城口县宗品农业开发有限公司开始规模化天麻种植加工，2013年城口县天星灵芝种植有限公司开始灵芝及灵芝孢子粉精深加工。2016年城口大力实施中药材领域招商引资，先后引进多家中药企业落地城口，并在城口庙坝镇建立中药材产业园区，建立了中药饮片生产线、袋泡茶生产线、超微粉生产线、蜂蜜灌装生产线，城口中药材产业园区初具规模，全县具备近万吨初加工和3 000t精深加工能力，形成以上海医药集团为龙头的种植、加工、销售完整的产业链，建成重庆市级龙头企业2家，县级龙头企业6家的中药材企业集群。截至2022年，城口中药材市场主体近300家，全县药材产值7.2亿元，涉及农户2.4万户，40%以上农民从事中药材行业。

四、中药科技概况

城口中药材具有传统种植历史，1844年《城口厅志》记载"党参近有收其子种植者，必五年后始可采"。"黄连，产高山，厅民多植之以为货，种子八年后始可采，年久愈佳，获利数十倍"。说明当时药农具备一定的中药材种植经验。20世纪50年代中期，城口种植了大量的吴茱萸，年产量超2万kg。20世纪70—80年代，城口大量种植附子、款冬花，鲜产量达到17.5万kg，并在白芷、庙坝、厚坪建立附子加工厂。1991—1995年城口还发展了五倍子基地13.3万亩，1992年收购五倍子7.5t。1990年城口人工天麻种植逐步发展。之后，家种药材品种数量和规模占到全县中药材的绝大部分，主产品种有黄连、天麻、党参、川牛膝、贝母、独活、杜仲、黄柏、厚朴、川芎、当归、云木香、冬花、附子、大力子等。中华人民共和国成立前，城口少数中药材品种在民间传统经验种植，中华人民共和国成立后中药材人工栽培品种和数量不断增加，而且开始出现加工厂。1985—1990县科委、农业等部门先后举办天麻等技术培训125次。1980年开始，县里先后开展过天麻人工栽培、荆豆凝集素研究等农业科研工作，人工天麻栽培技术获得县科技进步奖三等奖。

目前城口有重庆市中药研究院大巴山分院、城口县职业教育中心、城口县农业技术推广中心、城口县林业技术推广中心、重庆三品功能食品研究院有限公司等涉农、涉林科研院所或学校，基本具备了中药材资源调查、农业种植、技术推广、生产加工、食品开发利用方面的科技力量。尤其是2020年10月，城口县人民政府与重庆市中药研究院合作在城口正式组建重庆市中药研究院大巴山分院，这给城口中药材产业注入强大的科技力量，依托重庆市中药研究院大巴山分院，目前城口已经通过柔性引进、招聘引进、本地培育中药材高级职称科技人才10余人，中级以下科技人员20余人。

第四章

城口道地中药材种植技术

第一节　箭叶淫羊藿

一、概况

淫羊藿具有补肾壮阳、强筋健骨、祛风除湿的功效，主治阳痿不举，小便淋沥，筋骨挛急，半身不遂，腰膝无力，风湿痹痛，四肢不仁。随着大健康时代的到来，人们的保健康养意识越来越强，作为我国传统大宗药材的淫羊藿市场需求量大，粗略估计，国内淫羊藿市场需求近万吨，是国内典型的大宗中药材品种之一。

国内淫羊藿市场主要用于中药饮片、中成药、保健食品，部分保健食品、成药使用淫羊藿提取物作为中间体。淫羊藿提取物是天然壮阳、补阳产物，无毒副作用，具有其他化学合成壮阳产物不可替代性，淫羊藿提取物、淫羊藿养生保健等新产品不断深入，为淫羊藿发展提供了巨大潜力。新产品市场需求不断增加，为淫羊藿提供了一个广阔的市场空间。据不完全统计，国家批准上市，有淫羊藿成分的中成药有344种，中药方剂44条，国家健字号的保健食品454种，化妆品5种，如"汇仁肾宝""安康欣胶囊""仙灵骨葆胶囊""洋参淫羊藿软胶囊""参归淫羊藿胶囊"等。2022年使用淫羊藿用于治疗癌症晚期的新药淫羊藿素软胶囊（阿可拉定）获批上市。

2018年前全国淫羊藿几乎全部来自野生资源，其中以甘肃心叶淫羊藿品质好，最受欢迎，随着淫羊藿野生资源越来越少后价格不断上涨，甘肃心叶淫羊藿价格涨到200元/kg，各类企业已经难以承受这个成本，人工种植淫羊藿应运而生。

当前，贵州、重庆、四川、陕西、甘肃、湖南、湖北、河南、福建等地都陆续开始淫羊藿人工种植。人工栽培规模方面，经过评价选育后形成的优良品种主要在贵州、重庆、河南、陕西、湖南、湖北有一定规模发展。

城口是全国淫羊藿资源的主要分布区域之一，各乡（镇）都有淫羊藿野生资源分布，分布品种有川鄂淫羊藿、金城山淫羊藿、四川淫羊藿、柔毛淫羊藿、箭叶淫羊藿、巫山淫羊藿、天平山淫羊藿等多个品种。城口野生淫羊藿广泛分布在海拔400～2 000m的阔叶林、针阔混交林、灌木林下环境，自古就有采集野生淫羊藿入药的习俗，部分农户还在房前屋后自发栽种野生淫羊藿供使用。2020年随着淫羊藿市场价格上涨，城口野生淫羊藿采挖量大幅增加，粗略估算，2020年城口出产野生淫羊藿超200t，2021年达到近300t（带秆带蔸）的历史高峰，这种连根带蔸的毁灭性采挖使得城口野生淫羊藿资源不断锐减，同时野生淫羊藿资源品种杂乱、品质较差，加上经营管护和采收不统一，质量很不稳定。

2021年，城口经重庆市中药研究院大巴山分院引荐及技术支撑，开始大力发展高含量优质箭叶淫羊藿的林下生态种植，截至2023年底城口已在县内修齐镇、高燕镇、巴山镇、双河乡、咸宜镇、高观镇、坪坝镇建设高含量优质箭叶淫羊藿林下生态种植基地近5 000亩，高含量优质箭叶淫羊藿育苗基地200亩，并于2022年在重庆市内率先启动淫羊藿GAP基地创建工作，2023年底基本完成淫羊藿GAP基地创建工作。

城口主导发展优质箭叶淫羊藿品种，全部采用林下生态种植模式，是绿色有机的优质中药材。对城口4个海拔梯度动态跟踪测试表明，该品种的朝藿定A（$C_{39}H_{50}O_{20}$）、朝藿定B（$C_{38}H_{48}O_{19}$）、朝藿定C（$C_{39}H_{50}O_{19}$）和淫羊藿苷（$C_{33}H_{40}O_{15}$）的总量在10.1%～19.0%，平均达到13.5%，见表4-1。

表4-1 城口箭叶淫羊藿中药材药用成分含量检测结果

样品	朝藿定A（mg/g）	朝藿定B（mg/g）	朝藿定C（mg/g）	淫羊藿苷（mg/g）	总计（mg/g）
1390-1	2.44	2.53	67.10	28.46	100.52
1390-2	1.83	2.15	101.48	35.32	140.79
1390-3	1.60	1.93	83.31	31.42	118.25
930-1	1.63	1.80	86.01	31.98	121.41
930-2	1.79	2.08	102.69	36.95	143.50
930-3	1.61	1.84	141.19	39.05	183.68
850-1	1.88	2.21	88.73	29.84	122.66
850-2	2.08	2.12	103.02	37.84	145.06
850-3	2.30	3.10	138.14	47.64	191.18
760-1	1.65	1.71	69.70	27.93	100.98
760-2	1.65	2.06	88.41	29.56	121.69
760-3	2.24	2.68	97.46	29.32	131.71
平均值	1.89	2.18	97.27	33.77	135.12

二、种子种苗繁育技术

(一) 种子沙藏技术

1. 准备工作

按照种子重量20倍的比例准备细河沙（沙子过10目筛）。准备种子低温低湿储藏柜。

2. 沙子消毒

把沙子清洗干净，在太阳下暴晒至干后在100℃烘箱内烘烤2h消毒杀菌。

3. 种子沙藏

一般在每年8—9月沙藏种子。称取种子0.5kg，清水浸泡20min。称取10kg沙子，加入10g 50%多菌灵，再加入少量纯净水，然后加入浸泡好的种子，拌匀，再加水至湿度60%（判断标准为手握成团，抛之即散），装入编织袋中封好口，放入筐子后置于低温低湿储藏柜中。种子低温低湿储藏柜设置参数为温度10℃，湿度60%。

4. 种子检查

每隔1周左右检查种子低温低湿储藏柜内沙藏种子湿度和霉变情况，如果沙子湿度降低加入少量纯净水至湿度60%（判断标准为手握成团，抛之即散），继续放入种子低温低湿储藏柜，如果出现霉变即刻将霉变部分清除，再加入10g 50%多菌灵消毒后继续放入种子低温低湿储藏柜。

一般种子沙藏70d左右以后开始露白或出芽，当露白或出芽种子比例占5%~10%就可以取出种子准备播种。

(二) 种子大棚育苗技术

1. 苗床准备工作

（1）建设育苗大棚。建设薄膜温室大棚（棚内安装倒挂喷头、保证棚内喷水能全覆盖），大棚覆盖棚膜外要罩遮阳率为75%~85%的黑色遮阳网，绑好压膜绳，准备好10丝以上的大棚白色透明薄膜用于冬季寒冷季节保温。

（2）大棚编号。对每个大棚进行编号，并测好每个大棚实际面积。

（3）物料准备。准备有机肥、轻基质、辛硫磷、福美双、多菌灵、甲霜·噁霉灵、代森锰锌等农业投入品。

2. 苗床建设准备

（1）开沟起垄。沿着大棚内边缘四周开宽40cm、深30cm的排水沟，大棚内均分为4厢起垄（8m宽大棚每厢宽度1.3~1.5m），垄间距35cm、深30cm的排水沟。然后将厢内的杂草、石块、树根、草根等杂物清除棚外集中堆放处理。

（2）土壤消毒。在播种前一周，按照每亩地3%辛硫磷4kg、50%福美双150g均匀施入厢面内杀虫、杀菌。

（3）施底肥。按照每亩施入1 000～1 500kg有机肥和10kg复合肥，旋耕一遍，将肥料、土壤消毒药品与表层10cm土壤混匀。

（4）瓦块状平整厢面。厢面按照中间高两边低的瓦块状平整后备用。

（5）苗床浇透水。在播种前一天，对整理好的苗床浇一次透水，要求浇水土壤深度达到15cm以上。

3. 播种

（1）播种时间。根据沙藏种子达到要求的时间安排播种时间，一般在11月左右播种为宜。

（2）播种密度。播种密度为1kg/亩（以干种子计算）。

（3）播种方法。厢面提前一天浇透水，称出相应厢面所需含沙种子量均匀撒播于厢面，盖0.5cm厚商品轻质基质。

4. 日常管护

（1）气候监测。在大棚内外安装温度、湿度计，记录大棚内气温、空气湿度，如有条件可记录土壤温度、土壤湿度、土壤pH值、光照强度等数据；分别记录棚内外温湿度。

（2）浇水。当土壤表面泛白时以细水珠或雾状喷灌方式或人工用喷壶浇水，以土壤深度10cm内明显湿润即可。

（3）排水。保证田块作业道深度0.3m，四周排水沟深度0.4m，内无杂草、杂物等阻塞，排水充分，无积水。

（4）中耕除草。苗圃地除草做到随出随除，但注意不要伤到幼苗。一般每年在3—10月除草5～8次。

（5）温度管理。如果温度低于-5℃，箭叶淫羊藿种苗会出现明显冻害，需要加强防低温冻害。当温度低于5℃，可以在大棚表面覆盖温室大棚棚膜（12丝以上），防低温冰冻天气。待种子出苗后如果土壤温度低于-5℃时候，需要在温室大棚内加盖小拱棚，防低温冻害。覆膜期间遇高温天气时，10时左右揭开棚膜通风降温，17时左右盖上保温；一般第2年3月以后当温度升至15℃左右时撤掉大棚薄膜。

（6）养分管理。在苗床充足的底肥保障下，种苗出苗到长出3片以上真叶前不考虑施肥，可在5月、7月各施叶面肥一次。

5. 病虫害防治

（1）猝倒病。2—3月多发，低温高湿条件易发。茎基水渍状，缢缩，幼苗倒伏死亡；或叶柄水渍状，缢缩，叶片干枯死亡。可用72.2%霜霉威400倍液、30%噁霉灵或甲霜·噁霉灵1 000～1 500倍液喷洒。

（2）白绢病。多发于高温高湿条件下。茎结处出现白色棉絮状菌丝，根和叶逐渐枯死。及时清除病株，烧毁；也可用70%代森锰锌800倍液和50%多菌灵800倍液混合喷洒。

（3）锈病。发病初期，叶片上出现不明显的小点或淡黄色小点，后期叶背面小斑点变成橙黄色微凸起的小疮斑。发现病株，清除病叶并烧毁；也可喷施15%三唑酮可湿性粉剂1 000～1 500倍液或50%萎秀灵乳油800倍液。

（4）病毒病。病叶扭曲，畸变，皱缩，不平，增厚，呈浓淡绿色不均匀的斑驳状花叶；或叶片呈褪绿状花叶。清除病叶，防治传毒昆虫；喷施1.5%植病灵乳剂1 000倍液、5%菌毒清水剂500倍液、抗毒剂1号250倍液或30%毒氟磷可湿性粉剂500～1 000倍液，每7d用药1次，连续喷3次。

（5）蛴螬、蝗虫、蟋蟀等。每年3月底，用敌百虫或毒死蜱拌适量炒香麸皮（敌百虫：炒香麸皮=1∶1 500）在厢面或作业道中以小堆堆放诱杀。

（6）叶蝉、飞虱、蓟马等。3—10月多发，刺吸幼嫩叶片汁液，幼苗多见，成年株少发，传播病毒病。喷施5%啶虫脒乳油1 500～2 000倍液，与病毒病防治同时进行。

三、林下规范化种植技术

（一）林下种植基地选址

气候条件：箭叶淫羊藿以南方分布为主，温度过低会造成生长发育时间延后、生物量减少，还可能造成有效成分减少，所以要求种植地气温不宜太低，同时过高温度会造成叶面灼伤，造成死苗。要求年均气温16.5℃左右为宜，极端最高气温小于38℃，极端最低气温大于-12℃，年平均降水量在1 000mm以上。

海拔条件：根据前期实验研究和实践经验，结合城口及周边所在区（县）的具体情况，城口适宜箭叶淫羊藿林下种植基地的海拔在500～1 400m。

林分条件：淫羊藿属于阴生植物，需要一定荫蔽环境。针阔混交林、阔叶林、针叶林、较高大的灌木林盖度50%～70%可以种植，但考虑林下操作、环境污染、水土流失、生长发育良好的情况，结合实践经验和实验研究结果要求选择远离重工业污染和未使用化学除草剂的林地，林地内有高大林木，林冠下较空旷，同时由于郁闭度的需求，杉木、柏木、楠木等林下密不透风，也不适宜。

地形地貌条件：宜选择半阴坡或阴坡、坡度35°以下区域种植。

土壤条件：箭叶淫羊藿为浅根系多年生草本，但规范化种植要求有较好的土壤肥力，所以要求林地内土壤疏松肥沃、湿润且排水良好、土层厚度在40cm以上的微酸性至中性偏碱的沙质壤土，偏酸性土壤为佳。

（二）林下清理、整地

（1）林下清理。将林下杂草及影响光照1.5m以下的灌木丛割除，同时将地面未腐熟的枯落物一并清理移出林地，进行无害化处理；建议人工或使用小型农用具作业，不建议使用挖掘机械，因为挖掘机械很容易将表层的腐殖质层下翻，并将下层肥力较差的土层上移，造成良好的表土层被破坏。

（2）郁闭度调节。按照郁闭度 0.5～0.7 合理伐除小乔木、灌木。

（3）开沟。沿着山坡流水方向自上而下两两相隔 1.5m 左右开排水厢沟（由于林木分布不均匀，不用严格要求 1.5m 厢宽），沟深 15～25cm，宽 30～35m。

（4）整地。通常具备 5cm 以上腐殖层的林地土壤较疏松，不需要全面翻耕整地，只需对局部翻耕平整，去除大的树根、露出表土的石块即可。同时对厢面进一步平整完成整地。整地完成后在厢面撒施杀虫颗粒。

（5）施底肥。合理使用有机肥或农村腐熟完全的猪、牛、羊粪等畜类肥作为底肥，每亩施用有机肥 500～1 000kg 或畜类肥 1 000kg，肥料均匀撒施在厢面，通过耕耙与土壤混匀。

（三）起苗、栽种

（1）选苗与起苗。箭叶淫羊藿种苗真叶≥3 片，冠幅 4cm 左右，植株高度≥5cm，主根长≥5cm，确保主根须根完整；采挖移栽时幼苗带适量土壤，要求体形自然，健康无病害，无机械损伤，芽头保存良好。

（2）栽植时间。每年秋季气温降至 20℃以下为宜。城口的规范化基地栽种时间在每年 10—12 月。

（3）栽植。在厢面上按照株行距 30cm×40cm 栽植，使用小锄头挖出一个深约 8cm 的小坑后将种苗根系舒展放入坑内，覆土轻轻压实即可，覆土深度以盖住种苗芽头 1cm 以内为宜。种苗从苗圃起苗后 3d 之内全部完成栽种，当天不能栽种的种苗放在阴凉通风的室内（种苗堆放不宜超过 3 层），一定要避免淋雨或暴晒。

（四）管理技术

（1）郁闭度调节。栽种后林分郁闭度保持在 0.5～0.7，过高需要合理疏枝，过低需要加设遮阳网；对于林缘可能遭到太阳光直射的地方需要合理避开或者加盖遮阳网。

（2）除草、松土。在每年 3—4 月和 10 月结合施肥安排除草。根据上述林地选择要求，林下杂草较耕地少很多，所以林下除草工作量一般不到耕地除草的 1/5，除草宜浅除，以免伤根。

（3）施肥。在 3 月生长阶段追肥，每亩使用复合肥 20kg；10 月施越冬肥，每亩使用 500kg 有机肥，均匀施入箭叶淫羊藿株行距之间的空地即可。施肥前提前了解天气预报，选择在下雨的前一天施肥效果最佳。

（4）排水防涝。箭叶淫羊藿不耐涝，在多雨季节要注意及时排水，防止积水。

（5）除杂。为防止其他淫羊藿品种与该箭叶淫羊藿品种杂交，造成质量品质下降，在林下清理、整地及日常管护中如发现其他品种的淫羊藿要及时铲除。

（6）摘除花蕾。为提高箭叶淫羊藿产量，可以在箭叶淫羊藿开花展叶季节，及时摘除开花结果枝，促进生殖生长转化为营养生长。

（五）种植基地病虫害防治

1. 根芽黑腐病

病症：根芽及根状茎出现深褐色病斑，严重者病部黑褐色凹陷或黑色腐烂枯死；地上部分自下而上逐渐凋萎，直至枯死。

防治方法：发现病株，拔除并烧毁；喷施70%代森锰锌可湿性粉剂500～600倍液、50%立枯净可湿性粉剂800～1 000倍液、5%井冈霉素水剂1 500倍液或50%多菌灵可湿性粉剂500～1 000倍液。

2. 叶褐斑枯病

病症：发病初期，叶上有褐色斑点，周围有黄色晕圈；扩展后病斑呈不规则状，边缘红褐色至褐色，中部灰褐色；后期病斑灰褐色，收缩，出现黑色粒状物。

防治方法：发现病株，清除病叶并烧毁；喷施50%代森锰锌可湿性粉剂600倍液或50%多菌灵可湿性粉剂500～1 000倍液，或两者800倍液复配喷施，用药间隔期15d，最多喷洒3次，交替用药，以免产生抗性（可观察每年发病时间，提前喷洒代森锰锌预防）。

3. 叶缘斑病

病症：发病初期，叶缘出现水渍状褪色斑，后扩展为沿叶缘向内的淡褐色或褐色不规则病斑。

防治方法：发现病株，清除病叶并烧毁；喷施72%农用链霉素可湿性粉剂4 000倍液、40万单位青霉素钾盐5 000倍液或20%噻唑锌400倍液。

4. 锈病

病症：发病初期，叶片上出现不明显的小点或淡黄色小点，后期叶背面小斑点变成橙黄色微凸起的小疮斑。

防治方法：发现病株，清除病叶并烧毁；喷施15%三唑酮可湿性粉剂1 000～1 500倍液或50%萎秀灵乳油800倍液。

5. 白粉病

病症：发病初期，叶片正面或背面产生白色、近圆形的小粉斑，逐渐扩大成边缘不明显的大片白粉区，布满叶片，抹去白粉，可见叶片褪绿，枯黄变脆。

防治方法：发现病株，清除病叶并烧毁；喷施15%三唑酮可湿性粉剂1 000倍液、50%多菌灵可湿性粉剂500倍液或75%甲基硫菌灵悬浮剂1 000倍液。

6. 病毒病

病症：病叶扭曲，畸变，皱缩，不平，增厚，呈浓淡绿色不均匀的斑驳状花叶，或叶片呈褪绿状花叶。

防治方法：清除病叶，防治传毒昆虫；喷施1.5%植病灵乳剂1 000倍液、5%菌毒清水剂500倍液、抗毒剂1号250倍液或30%毒氟磷可湿性粉剂500～1 000倍液，每 7d 用药 1 次，连续喷 3 次。

7. 生理性红叶病

病症：叶片褪绿变为红色，植株生长受阻，矮小，苗期发生易导致死亡，成年株一般不死亡，但减产显著。

防治方法：遮阴。

8. 蛴螬、蝗虫、蟋蟀等

防治方法：每年 3 月底，用敌百虫或毒死蜱拌适量炒香麸皮（敌百虫:炒香麸皮=1:1 500）在厢面或作业道中以小堆堆放诱杀。

9. 叶蝉、飞虱、蓟马等

防治方法：3—10 月多发，刺吸幼嫩叶片汁液，幼苗多见，成年株少发，传播病毒病。

喷施 5% 啶虫脒乳油 1 500～2 000 倍液，与病毒病防治同时进行。

四、采收初加工技术

（一）采收技术

采收年限：当年生或二年生箭叶淫羊藿叶片。

采收时间：箭叶淫羊藿黄酮类化合物的含量以夏、秋季最高。每年 9—11 月采摘淫羊藿叶片，既保证了当年的生长，也满足对质量的要求。

采收天气：选择晴朗天气进行采收作业，避免雷雨天气采收可能对淫羊藿叶片干燥不利的影响。

采收部位及长度：箭叶淫羊藿正常植株正常叶片，箭叶淫羊藿叶柄不超过 10cm。

采收工具及容器：镰刀或者锋利的收割工具。鼓励使用能达到采割质量标准的机械来采收。工具及临时装载容器须清洁干净并集中消毒后进行使用。

采收方法：在距离箭叶淫羊藿 3 片叶子共同基部下方数厘米内将叶片割断后统一收集进行初加工。采割过程中尽量避免枯落物、杂草等杂质。不得重力拉扯或者拔除植株根部。采收过程中保证清洁，避免泥、沙混入叶片中，不能受到外来物污染或者破坏。

留存叶片：为保障第 2 年箭叶淫羊藿植株正常生长和可持续投产，每株淫羊藿留 2 片以上当年生淫羊藿叶片，为提高当年生淫羊藿产量，留存叶片可选择相对较小的叶片。

连续采收几年后，常会影响淫羊藿的后期发育，影响其越冬芽及第 2 年的新叶产量和质量。所以，如连续采割多年后，出现淫羊藿植物生长发育明显迟缓或者产量明显下降者应轮息 1～2 年以恢复种群活力。

采收后处理：对淫羊藿叶片中药材内的杂质进行剔除，要求杂质不得高于 2%，采后及时晾晒或者烘干，干燥后打包存放于阴凉通风室内保存。

临时包装及转运：采集的箭叶淫羊藿鲜叶临时放入竹筐、塑料筐或者透气网袋，及时转运到加工厂，当天采收的箭叶淫羊藿叶片必须完成转运。

转运车辆车厢必须干净且干燥通风，如前趟运输有刺激味道的物品，须清洗干净，并用消毒剂消毒，通风至干燥。如遇下雨天需用篷布遮盖车厢，防止转运叶片被雨水淋湿。

杂质要求：采收箭叶淫羊藿叶片杂质不得高于2%。

其他：异常箭叶淫羊藿叶片的采收单独管理；干旱枯死、腐烂变质的箭叶淫羊藿叶片不采收。

（二）初加工技术

箭叶淫羊藿叶片产地初加工为干燥水分，可分为晾晒和烘干两种方式，不得用明火烘烤、烟熏等方式进行加工。

1. 晾晒

晾晒场地要求：晒场必须距主公路、铁路50m以上，1km内不得有化工厂、农药厂等，四周无尘土飞扬，距离粪坑、污水池、垃圾场、旱厕等污染源25m以上，并应设置在粉尘、有害气体、放射性物质和其他扩散性污染源的影响范围之外。

晾晒场地标准：晒场四周建隔离栅栏。晒场地面应用水泥或石板等坚硬材料铺砌，地面应平坦，无积水，晒场中间与两边约有10cm高低差，以利于排水；通道铺水泥、并设有排水口。具有防潮、防虫、防鼠等措施。晾晒场四周应搭设柱子或用于搭盖活动雨棚的设施。

摊铺：箭叶淫羊藿叶片采收后，及时晾晒在晾晒场，晾晒厚度不超过5cm。

杂质清理：摊平后，及时清除杂质、霉变、褐变的叶片，清除粗梗、枯枝、树叶、杂草以及采收过程中的泥土、石块甚至昆虫残体等。

翻晒：晾晒过程中，需勤翻动，如晴天，保持30~60min翻动1次。阴雨天需搭盖遮雨棚，可适当厚铺，场地中使用大功率风扇吹，每天翻动3~5次，防止发热、发霉等造成箭叶淫羊藿叶片质量下降。

晾晒时间：晾晒至完全晒干为止，通常有太阳的晴天，3~5d就能晒干，遇阴雨天，则时间需要延长，直至符合要求为准。

含水率要求：晾晒装袋的箭叶淫羊藿叶片须满足规定要求，叶片含水率必须低于12%。

其他：晒干过程中，禁止使用有毒、有害物质用于防霉、防腐、防蛀。禁止喷洒染色增重、漂白、掺杂使假等。

2. 烘干

场地及设备：加工厂必须距主公路、铁路50m以上，1km内不得有化工厂、农药厂等，四周无尘土飞扬，距离粪坑、污水池、垃圾场、旱厕等污染源25m以上，并应设置在粉尘、有害气体、放射性物质和其他扩散性污染源的影响范围之外。加工设备为房式烘干房，具备调节温度、排湿功能。烘干房外应具有一定面积的晾晒场地，地面应用水泥硬化，地面应平坦。场地四周建隔离栅栏。

燃料要求：烘干燃料采用天然气、电、生物柴油、生物颗粒或者其他清洁能源，避免产生污染物污染箭叶淫羊藿叶片。

杂质清理：将采收的箭叶淫羊藿叶片置于干燥通风处平铺，人工挑选去除杂质、霉变、褐变的叶片，清除粗梗、枯枝、树叶、杂草以及采收过程中的泥土，石块甚至昆虫残体等。

装盘：将除杂后的箭叶淫羊藿叶片置于网状盘内摊平，厚度3～5cm，置于烘干货架上。

进入烘房：将装好的烘干货架推入烘房，关闭仓门。

烘干温度：温度调至75℃左右。

烘干时间：烘干4～5h。

烘干标准：箭叶淫羊藿叶片烘至水分含量低于12%以下，降至室温，即可进行装袋打包。

其他：晒干过程中，禁止使用有毒、有害物质用于防霉、防腐、防蛀。禁止喷洒染色增重、漂白、掺杂使假等。

第二节 天 麻

一、概况

天麻为兰科多年生草本植物，药用部分为地下块茎，为名贵中药材，《神农本草经》列为上品，在我国入药已有2 000多年历史，治头晕目眩，中风惊痫，语言不遂，瘫痪，风寒湿痹等症。天麻主要成分为天麻苷、天麻素、香草醛和维生素A等物质，临床用来治疗高血压、冠心病、神经衰弱、血管性头痛和抑郁性神经症等。天麻是一种较为特殊的异养型植物，无根也无绿色叶片，它的生活史中大部分时间在地下度过，它既不需要从土壤中吸收无机矿物元素，也不能利用阳光进行光合作用。它的营养物质来自真菌，依靠同化侵入的真菌，提供营养生长。其生活史全过程可分为有性繁殖和无性繁殖两个阶段。有性繁殖阶段是从天麻栽培后，抽薹开花、人工授粉、形成天麻种子，用共生萌发菌拌播天麻种子，种子发芽形成原球茎的过程；无性繁殖是原球茎接上蜜环菌后，不断生长发育形成种麻（米麻、白麻）和商品麻（箭麻）的过程。无萌发菌天麻种子不会发芽，无蜜环菌天麻不能生长。

城口天麻自古就出产道地优质天麻中药材，陶弘景的《名医别录》记载天麻"生陈仓、雍州,及太山、少室"。陈仓、雍州即为今秦岭以北的大巴山区域,《本草纲目》也记载,川陕交界华阴所产天麻质优、疗效高,为同类药物上品。所以城口地处大巴山腹心地带,是天麻传统道地产区,野生天麻资源丰富,城口境内的野生天麻以海拔1 000m以上的大巴山(界梁)、梆梆梁、旗杆山、易家梁等出产最多,块茎肥大、质量优异,多生于疏林下、林中空地、林缘、灌丛边缘。计划经济时期城口年产野生天麻2 000余千克,最高达到5 000多千克,居四川(重庆直辖前)第1位,1968年,坦桑尼亚总统访问中国,曾向周恩来总理提出购买天麻,当时国家馈赠贵宾的天麻就是城口提供。目前城口天麻远销我国香港及日本、新加坡、马来西亚、东欧等国家和地区,享有盛誉。20世纪70—80年代,城口开始人工种植天麻,并获得成功,人工种植技术越来越成熟,目前城口天麻统一采用林下仿野生种植模式,以品种优良的乌天麻为主。城口有天麻种植企业10余家,天麻种植规模达到3 000余亩,年产鲜天麻1 000余吨,城口天麻都是在海拔1 500m以上的高山林下仿野生种植,集中在周溪乡、修齐镇、治平乡、河鱼乡、北屏乡、高燕镇、高观镇等。天麻产区都在人烟稀少的高山山区,植被良好、生态环境优越,生产过程完全按照有机农产品质量要求,无肥料、农药投入,典型的仿野生生态种植模式。

城口天麻呈椭圆形,略扁,皱缩而稍弯曲,单个重量可达800g。表面黄白色至淡黄棕色,有纵皱纹及由潜伏芽排列而成的横环纹多轮,有时可见棕褐色菌索。顶端有红棕色至深棕色鹦嘴状的芽或残留茎基;另一端有圆脐形疤痕。质坚硬,不易折断,断面较平坦,黄白色至淡棕色,角质样。对城口天麻质量检测结果表明,天麻素含量达到1.314 4%,对羟基苯甲醇达到2.718 3%。

二、天麻有性繁殖技术

(一)制种技术

1. 栽培时间和选种

(1)栽培时间。春栽3月上旬,冬栽11月。

(2)选种。要求芽头饱满,麻形短粗,无损伤和病虫为害斑痕,单个鲜重150～250g(表4-2)。

表4-2 栽培天麻重量对产果量的影响

重量	栽期(月/日)	授粉株数	产果量(个)	株均(个)	单株最高产量(个)	环境条件
150～250g	3/14	490	26 950	55	113	室内加温培育
100g左右	3/14	191	6 000	30	43	室内加温培育

(3)栽培方式。室内用竹筐、木箱、盆等栽培,能随意搬动,叫活动式栽培。室外搭遮阴防雨棚栽培,或室内用沙土造畦栽培,叫"固定式栽培"。

2. 栽培方法

室内竹筐、木箱栽培：可根据容器大小，备塑料薄膜一块。铺在筐（箱）底部的塑料薄膜，按5cm×10cm孔距，剪三排透水孔，孔大小为1cm²。将薄膜铺入筐内（有孔处对准筐底），将薄膜拉起来围在筐四周，防止漏沙并能保持筐内沙土湿度。先在底部填10cm厚沙土，取天麻6～8个，按10cm×15cm株行距摆放。注意芽头向上，盖土6～8cm，随即在芽头处插一小竹棍为标记，便于检查，以免碰断芽头。

室内外造畦栽培：先用砖砌宽40cm，高30cm，长以地形的天麻栽培池，先在池内堆沙10cm，按10cm×15cm株行距摆放天麻，将芽头向上朝外，上盖土10cm即可。

栽后管理：为了提早播期，避开高温和"三夏"大忙，室内栽培天麻可加温培育。当栽培地的温度在14～15℃时，天麻顶芽开始萌动抽薹，18～22℃，空气相对湿度在70%～75%时，花薹生长迅速，每天可生长5～6cm，20d左右完成抽薹随即开始现蕾开花。天麻花为无限花序，当花薹抽高到1～2m时，将顶端3～5朵花蕾摘掉，使营养集中，形成大果。

（二）人工辅助授粉

授粉时间：天麻开花的当天花粉已发育成熟，即可进行授粉。天麻的开花期即是天麻授粉期。凡在开花后1～3d内授粉，其授粉和坐果率均在95%～100%。开花5d后授粉，其授粉有效率为零。每天授粉时间为9—12时、16—18时。一株天麻花薹平均每天开花3～5朵，遇到突然升温到25℃左右，并持续5～7d，一天最多可开放10朵，反之，突然降温（<20℃以下）开花数随之减少。但不论何时开花，应及时授粉。当土壤干旱时应在地面和畦面以及筐（箱）面洒水，注意勿将水洒入花内。

授粉操作技术：授粉时用授粉针轻轻挑起雄性花药（花粉团），去掉花粉团上覆盖的花帽，将花粉团准确地放在雌蕊柱头区上，用针头稍压，使花粉团散开，扩大授粉面，对形成大果有很好的作用。

（三）果实成熟与采收

采果期：天麻花的子房从授粉的第2天起就逐渐膨大。海拔800m以下地区，在自然条件下，当气温在22～25℃时，授粉后15～17d果实即可成熟（时间在5月中旬）；海拔800～1 000m，需25～30d（时间在6月下旬至7月初），海拔1 000m以上地区由于气温过低，当年7月播种，当年只能形成原球茎，较低点地区也只能形成一级侧芽，生长发育季节向后推迟一年，一般从播种到形成新生种麻需要一年半，形成箭麻需两年半时间。因此在这类地区需建立土温室栽培天麻，将播期提早到5月中旬，这样一年即可收获箭麻和大量种麻，缩短生长周期一年。

果实成熟度的鉴别：一般授粉18～20d，用手摸果实由硬变软，颜色由深红变浅，果缝泛白色，打开果实后天麻种子可自然散开，颜色呈灰浅褐色，镜检其种子含胚率在85%以上即为合格种子。用放大镜看果实下端果缝已有1/3裂口，而整个果实处于即将裂口而尚未裂口,应及时采收。如采摘裂口种子,种子易飞散,且播后的发芽率相对降低64%左右。采收后将果实带回放纸盒内(留通气空隙),置室内干燥阴凉地方暂放,即可下种。

果实采收与储存:天麻果实因授粉先后不同,分批成熟采收,最好随采随播。如遇雨天不能及时播种,可先将天麻种子抖出与共生萌发菌拌匀装在塑料袋内可暂存3～5d(放阴凉通风处,防止生杂菌)。外调果子应在冷藏箱内保存运走。不能及时播种的果子可放冰箱保鲜层,温度控制在2～5℃暂存,应注意的是放入冰箱前应将果子上部残存的花萼部分清除,以免在冰箱时果实发霉。大批量天麻果子最好是将天麻种子抖出装入玻璃瓶内,用脱脂棉封口后放入冰箱保鲜层保存,既保证种子不霉烂,又节约地方,但都不可久存以免降低发芽率。

(四)天麻种子与菌种伴播技术

1. 播种期

天麻果子的成熟采收期即是最佳播种期。天麻种子在15～28℃都能发芽,但发芽最适温度为20～25℃。一般在5月至6月上旬播种,海拔800m以下的秦巴山区(及平川室内),当年11月即能形成米麻和白麻。在海拔较高地区,如能将播期提前到5月上中旬,适当采取一些增温措施,当年冬或第2年春也可收到新生种麻。天麻生产农时季节安排见表4-3。

表4-3 天麻生产农时季节安排

时间	生产工作内容
3月	春栽箭麻,春收春栽天麻
4月	培养菌枝,温室制种管理及授粉
5月	有性繁殖授粉,采果,播种
6月	有性繁殖播种,培养菌棒和固定菌床
7月	培养菌棒,固定菌床,抗旱防高温
8月	抗旱防涝,培养菌棒和固定菌床
9月	防涝
10—11月	冬收冬栽天麻,冬栽箭麻,有性繁殖天麻越冬防冻管理
12月至第2年2月	天麻加工销售,加强越冬防冻管理

2. 播前准备

(1)树棒。播前3～5d,砍伐直径为6～8cm粗的杂木树干,截成50cm长的木段,在木段间隔2～3cm砍成鱼鳞口,每窝准备树棒10～12根。

(2)树枝。将1～2cm粗的青枫树枝条斜砍成8～10cm长的短节(每窝按2.5kg准备)。

(3)树叶。青枫树干落叶,每窝约需0.5kg。

（4）浸泡。播种前1d，用0.25%硝酸铵溶液将树枝浸泡30min。用清水将干树叶浸泡1d捞出备用。如用已干燥的树棒，应在水中浸泡24h。但新砍的树棒不须浸泡，直接使用。

（5）拌种。将天麻种子共生萌发菌种用手撕成单片菌叶，放在脸盆内，将天麻果子掰开抖出种子（应在室内无风处操作），将种子倒入播种器，均匀地撒播在萌发菌叶上，要多次播种，反复拌匀，使每片菌叶上都均匀地粘上天麻种子。

每播种1窝天麻，需用天麻果子10个，天麻共生萌发菌种1瓶，蜜环菌种1.5～2瓶。

3. 室外播种技术

（1）选地。粗沙土或沙壤土最好，死黄泥不宜播种。

（2）挖坑。在选好的地内挖播种坑，一坑为1窝，坑长、宽70cm×60cm，深30～40cm，坡地坑底随坡顺水，呈缓坡形式，平地人为将坑底铺成缓坡状，以防水浸和积水。

（3）播种。

①坑底土壤干燥时，一定要灌水，待水浸干后播种，干土不能播种。先在坑底铺一层浸湿的落叶，压实厚1cm。

②将拌好天麻种子的萌发菌叶先取出1半，均匀地撒在铺好的树叶上，即是播种层。

③取备好的树棒5根摆放在播种层上，棒间距离3～4cm。

④将蜜环菌菌枝摆放在鱼鳞口处和树棒两头和两侧，必须与树棒紧密靠接，才能加快传菌。

⑤将准备好的树枝短节均匀地夹放在菌枝的空隙处，按平压实，粗细搭配。

⑥用细沙土将坑内树棒间和四周空处填实，高出棒面3cm。至此，第1层播种完毕。

⑦按照上述顺序方法播种第2层。播后用沙土覆盖，厚10～15cm，上面加盖一层杂草、树枝、落叶等，防晒、保墒和雨水冲刷。

4. 室内播种技术

（1）栽培料土的配备。选用清洁的麻骨沙壤土或中粗度河沙（不要用山上白沙，含碱性），与杂木锯末，按体积1∶1或2（沙）∶1的比例（沙粗用1∶1，沙细用2∶1），充分混匀，然后用清水拌料，或用"天麻真菌营养液"（每袋25g，加清水10kg，充分搅拌溶解）拌料更好，促进蜜环菌迅速发菌。料土含水量不宜过湿，以19%～21%为宜，即捏能成团，落地散开为度，拌料后堆闷6～8h使用。

（2）播种方法。

①室内竹筐、木箱播种：选用55cm×38cm×30cm的竹筐或简易木箱，清洗干净，先在底部铺塑料薄膜，薄膜在筐底处每隔10cm剪1cm^{2}大小的透水孔1个，共剪3排9个透水孔。填进料土10cm，摆放一层浸泡过的湿树叶，厚0.5cm，将拌过种的共生

萌发菌叶均匀地撒在底叶上，取砍好鱼鳞口 50cm 长，5~6cm 粗的青㭎树棒 3~4 节，紧压在播种层上，棒间距离 3~4cm，将蜜环菌种枝条夹放在两棒之间，一端必须靠接在树棒鱼鳞口上，菌枝空隙处填放树枝短节数根，树枝不能太粗，放树枝时也要粗细搭配，以利传菌。然后用料土覆盖，土厚 3cm，适当洒些水，再按以上操作规程播第 2 层。播后盖料土封顶，厚 10cm，上面用湿树叶覆盖，亦可将树叶夹放在沙层中间，更保墒。将四周塑料薄膜拉起盖在筐面上，用沙压实即可。

②室内畦播：用砖砌成 70cm×60cm×（40~50）cm 栽培坑，坑底铺 7~8cm 厚的沙砾或小石子形成沥水层，再铺 10cm 的栽培料或沙土，再在其上放一层树叶及一层拌过种的萌发菌叶，再放 5~6 根 6~8cm 粗的树棒，棒间距 3~5cm，菌枝和树枝的摆放与筐、箱播种同。摆好后加栽培料或砂土压实，浇水。再播第 2 层，其上盖沙保湿保温与筐、箱同。室内有条件的尽量采用挖坑播种，因坑的四周封闭不存在跨畦，而且坑内的温度相对稳定，底层不易积水，上、下土壤通气性好，产量较高。

5. 天麻无土播种技术

（1）无土料的配制。选用新鲜清洁的杂木屑和切碎的青㭎、板栗树叶（每片面积不超 2cm²，先浸泡后使用），按体积 2∶1（沙∶木屑或碎树叶）的比例，充分混匀，加水拌料，或用"天麻菌营养液"拌料更好，料的含水量控制在 30% 左右，堆积闷润 6~8h 使用。

（2）播种方法。

①瓶播：选用完好无损的 750mL 菌种瓶，清洗干净，将无土配料装进 15~20cm，摆一薄层切碎浸泡过的树叶，将拌好天麻种子的共生萌发菌叶均匀撒一层，将青㭎树枝、蜜环菌枝相间排列摆好，上用配料覆盖，厚 1cm。按以上操作规程继续播至 3~4 层，距瓶口留出 1.5~2cm 空隙，防止杂菌感染，瓶口用棉花封口即可。

采用上述技术，一般每瓶平均用天麻果子 2 个，每瓶共生萌发菌和蜜环菌可播种 4 瓶。

②袋播：选用 15cm×30cm 聚丙烯或聚乙烯塑料袋，清洗干净，先在袋底装 3cm 厚无土配料，摆一层切碎浸泡过的树叶，将播过种的天麻共生萌发菌叶，均匀地摆放一层，将青㭎树枝、蜜环菌种枝条相间排列，上盖配料 3cm。按此操作 3~4 层，距袋口 5cm 留出空隙，用紧口圈或棉花封口即可。

（3）管理。瓶（袋）播种后，放在温湿度适宜，通风良好的地方培养，夏避高温，冬防严寒，一般不需特殊管理。

6. 播种后的管理

（1）室内播种后管理技术。室内播种后的管理主要是人为调控培养室内的温度、湿度。

①控制温度：夏季最热月室内温度通常保持在 18~28℃，不能超过 28℃。筐、箱播种的可以按"品"字形立体堆放，方法是先在地面用砖或木棒放好将竹筐支起来，每层筐间用木、竹竿架起，以利通风透气和浇水观察管理，一般以堆放 4~5 层为宜，

便于搬动和防止上层气温较高不利于天麻生长。

②控制湿度：根据实践观察，竹筐播种只要配料时湿度适宜，一般只在7—9月，每隔15～20d补水1次即可。因室内蒸发量小，浇水时轻浇浅灌，防止大水漫浸，导致筐底湿度过大烂麻。

（2）室外播种后的管理。

室外播种易受自然环境的影响，播后管理比室内更为重要。

①抗旱保墒：天麻种子萌发必须吸水膨胀，未吸胀的种子不具备吸收消化天麻共同萌发菌的能力，因而种子不会发芽形成原球茎。同时萌发菌和蜜环菌的生长发育离不开水分供给，特别是形成原球茎后，长时间缺水，蜜环菌停止生长，原球茎不能及时接上蜜环菌就会干枯死亡，最后导致形成空窝。天麻播种时正值伏夏高温和干旱，播种时坑内浸水，只能维持种子发芽所需水分，播后半个月内无雨，应及时补水。7—8月高温干旱季节，每半个月灌水1次，从天麻栽培坑的上端开口，挖掘至栽培层后将水灌进，保证水分为坑内天麻栽培层吸收，坑面加厚覆盖，这是夺取高产，减少空窝的重要技术措施。

②控制温度：室外播种受自然界温度的变化影响更大，故要更严格地控制温度。适宜的温度要求基本与室内相同，温度高要降温，温度低要升温。低浅山区夏季搭建荫棚遮阴，或增厚覆盖层降温，高寒山区冬季应加盖塑料薄膜增温，都是保持其适宜生长温度的重要措施。

③防洪排涝：天麻刚播种后的15～20d内，依靠播种时的浸水，完全可以完成种子萌发的需要，如果这时大水漫灌和浸渍，会使已萌发的种子腐烂，形成空窝。因此，播种后立即用树叶覆盖，大雨时要用薄膜遮盖（雨停即取），同时检查被雨冲掉的覆盖物，重新盖好，并将坑面做成龟背形，窝子的下坎挖开排水口，防止积水。

④越冬管理：当气温低于-10℃时，即会发生天麻冻害，使上层天麻冻烂。因此，在霜降之后要普遍加厚盖土和覆盖树叶，海拔1 000m以上地区，霜降节后在天麻栽培窝上盖塑料薄膜，待第2年清明节前去掉，既可防冻，又可延长和提早天麻生长期，实践证明这是高寒山区天麻增产的一项重要措施。

7. 种麻收获和分栽

通常天麻种子从6月播种到第2年的11月采收，同时分栽，需一年半的时间。海拔800m以下地区可收到20%～30%的商品麻，80%的种麻（白麻、米麻）。在播种当年秋季或第2年春季，利用天麻休眠期，提前进行分栽，产量及商品率分别提高15%～20%，使生产周期提前一年进入商品麻生产阶段，同时可扩大有性繁殖种植面积，每一窝平均分栽2～3窝。海拔800m以下，含平川丘陵及室内，气温较高，无霜期长，天麻播后当年生长期达到150～180d，最大白麻体长可达5～7cm，重10g以上，大部分白麻长3cm以上，重2g以上，完全可以做无性繁殖材料，当年11月即可分栽。但海拔高，播种期晚于7月，当年白麻数量少，不宜分栽。

由于其他原因影响，室内、室外筐栽或窝栽，麻少且小，也不必分栽。

8. 种麻的储藏保管

天麻随收随栽较为理想，栽不完或收购外运的大批量种麻需保管储藏。方法是选用新鲜清洁的杂木锯末，用清水拌成潮而不湿的程度，含水量约在15%，不能过湿。藏种时先在室内地面铺10~15cm的湿沙，其上撒一层拌好的锯末料，厚3cm，将种麻均匀地摆放一层，种麻之间留一小缝，使料能灌进去，相互隔开，上面盖一层锯末，厚3cm，以此分层摆放4~5层，上用锯末盖10cm，最上面用青枫树叶覆盖。储藏室温度控制在2~5℃，不能在室内生火，使麻种在低温条件下安全越冬。储藏期间应定期检查，如锯末太干，可将料重新拌潮，湿度仍不能大，再依次将种麻埋上。绝不能用水从上灌浇，否则种麻与水浸渍会逐渐腐烂。如此储藏可至第2年春季栽培，损失较小。暂时储放，也可用此法较为安全。严防冬翻时将挖的麻种随便堆放，易受冻害腐烂，造成经济损失。

种麻在分栽及储藏前必须认真挑选，将有损伤、无生长点和染病的种麻挑出，尤其是麻体有黑斑和腐烂的更应挑出，切忌相混，否则引起黑斑病菌感染造成种麻腐烂。只要发现麻体表面有黑斑者，其体内组织已开始腐烂，绝对不能做种。如需较长时间储藏或储藏越冬麻种，经挑选后先晾1~2d，使部分水分散失，避免储藏后霉烂损失，但以不受冻害为宜。

三、天麻无性繁殖技术

天麻制种、培育种麻在室内进行比室外优越。但人工栽培商品麻的生产，利用天然的山林，比室内栽培产量高，剑麻多且个体大。因此提倡室内培育种麻，室外栽培商品麻。

（一）选择栽培场地和土壤

1. 生态环境

人工栽培天麻应根据当地具体气候条件选定栽培场。即使在同一地区，高山低温多雨，气候冷凉阴湿，生长期短，应选择阳坡或林外栽培天麻；低山夏季干旱少雨，气温高，就应选择温度较低，湿度较大的阴山栽培天麻；中山区就应选择半阴半阳稀疏林下栽培。山体的坡度应为5°~10°平坦的缓坡，陡坡密林不宜栽培天麻。

2. 土壤土质

土壤质地对天麻生长有密切的关系。天麻喜生长在疏松透气沙壤土中，才能满足蜜环菌好气的特性。沙壤土既保墒又利水透气，避免纯沙土天旱不保墒和黏土不透气引起天麻干腐或湿腐危害。土壤pH值以5~6为宜。

（二）选择优质种麻

种麻的质量好坏直接影响到栽培后天麻的产量。有性繁殖的种麻以及栽后1~3

代繁殖的种麻均是优质种麻，超过第4代每年平均以17%的速率退化，连续再种，将有种无收。因此应每年繁殖有性种麻，使种麻永远保持优良种性，是天麻夺取高产和持续健康发展的技术保证。在栽培前还应对种麻进行严格的挑选。

（1）颜色黄白，前端1/3为白色，形体长圆略呈锥形，且有多数潜伏芽。

（2）种麻不宜太大，一般以手指头粗细，重量在10g左右为好。

（3）种麻表面无蜜环菌缠绕侵染。

（4）无腐烂病斑和虫害咬伤，注意检查有无负泥虫和介壳虫为害。

（5）生长锥（白头）饱满，生长点及麻体无撞伤断损情况，凡有断裂及伤口在栽培后首先形成色斑，继而全部腐烂，且相互传染，不可忽视。

（6）凡是种麻生长点（白头）已经萌发生长者，不能再栽。

（三）栽培方法

天麻的分栽方法各地报道较多，但有的方法增产不明显，已逐渐被淘汰。这里主要介绍"菌棒加新棒""固定菌床"栽培两种方法，实践证明是目前增产效果明显的栽培技术。

1. 菌棒加新棒栽培方法

这种方法既能使天麻同蜜环菌较快地建立接菌关系，又能保证蜜环菌稳定持续地为天麻提供营养，而且新棒又可在下一年用来栽培天麻，一举三得，是目前大面积栽培天麻常用的方法。

在选好的栽培场地挖深30～40cm、长70cm、宽60cm的栽培坑，坑底土壤挖松10cm，上铺浸湿的青枫树落叶，厚1cm，将菌棒、树棒相间排列，棒间距离6～8cm，填半沟土压实，将种麻紧靠在菌棒两侧及两头（新棒不放种麻），每根棒放种麻8～10个（两头各放1个，两侧各放3～4个），如有小米麻可撒在中间。在棒间空隙处斜着夹放树枝数根（如菌棒发菌不旺，还可夹放2～3节蜜环菌菌枝），用土覆盖，棒面保持土厚5～6cm，按上法再栽一层，栽完盖土15～20cm，坑顶用落叶或杂草覆盖，盖好后再撒土压实即可，防止被风吹走，且更能防晒保墒。

2. 固定菌床栽培方法

冬季栽培天麻时，将预先培养好的菌床挖开，取出上层菌棒，下层菌棒不动，只将棒间土按10cm远挖1个斜孔，将麻放在下种孔里，棒上盖土厚3～5cm，撒一层树叶，厚1cm，将上层菌棒加新棒相间排列，填土半沟，将种麻紧靠菌棒两侧和两端，每棒放8～10个，棒间斜夹4～5根树枝，盖土厚15～20cm，坑顶龟背形，用树叶（或玉米秆）覆盖即可。将上层未用完的菌棒再加新棒就地可另栽一窝，避免菌棒远距离背运，节省劳力。

（四）栽后管理

1. 防旱、防涝

根据天麻生长习性，春季天麻刚萌动生长需水量小。6—8月是天麻生长旺盛时期，需水量大。9月下旬以后天麻生长减慢逐步趋向定型，处于养分积累阶段，不需要大的水分，这时所需要的是昼夜温差大，天麻个体迅速膨大，阴雨连绵、低温高湿，是造成天麻腐烂多、产量低的主要原因。要提前开好排水沟，并加厚覆盖物防雨。反之，丰产不能丰收，天麻越大，烂得越多，损失越重。因此，夏季适时浇水、遮阴，防暑降温和秋后防涝是夺取高产的关键。

2. 防冻害

一般来说，除特别寒冷年份，冻害发生较少。但骤然低温，当栽培层温度降到 -10℃ 以下时，就会发生冻害，处于上层天麻首先冻坏，生长点变黑进而腐烂，而且栽培的白麻越大，冻害越严重；冬季10—11月突然降温比第2年春季1—2月低温冻害严重；冬栽后窝子未覆盖树叶的比覆盖的冻害严重。因此，在海拔1 000m以下地区尽量赶在上冻前将天麻栽完，栽后覆盖。1 000m以上地区除栽后覆盖外，还应用塑料薄膜覆盖。同时建议高寒山区在春季栽培天麻，减少冻害损失。

3. 防治病虫害

（1）病害。天麻病害多为不良环境和粗放管理造成的生理性病害。主要是块茎腐烂，干腐或湿腐，气味腥臭。有的块茎内部充满蜜环菌索，造成腐烂。比较多见和为害较普遍的是杂菌，一般不引起天麻块茎腐烂，但覆盖在菌材表面，与蜜环菌争夺营养、水分和氧气，从而影响和抑制蜜环菌的正常生长，因而又称之为竞争性杂菌。

对生理性病害应采取综合防治方法，加强科学管理，尤其是温度、湿度及水分管理，贯彻以防为主，为天麻创造一个适宜生存的环境，减少病害的发生。对杂菌防治，首先是杜绝菌材、菌枝带菌，采用纯菌种播种和新菌材栽培是重要措施。

（2）虫害。主要有蚜虫、红蜘蛛、蛴螬、介壳虫、白蚁及平菇厉眼蕈蚊幼虫等。

蚜虫、红蜘蛛主要为害天麻花茎，可用10%吡虫啉2000倍液喷杀。白蚁可用白蚁灵防治，将药物撒入天麻窝内，或将药粉撒在蚁巢处，用水淋入孔穴杀灭。平菇厉眼蕈蚊的幼虫蛀食共生萌发菌培养料，使之成毡片状，破坏菌丝生长。蛴螬、蝼蛄、介壳虫主要为害天麻块茎，可用90%敌百虫1 000～1 500倍液喷洒防治。

四、采收初加工技术

（一）收获

冬季11月，春季3月上中旬进行收获，以冬季收获的冬麻品质好，折干率较高。采挖后将箭麻和种麻分开，首先挑选出制种所需天麻，然后将天麻按大小分等加工成干商品天麻，种麻随即进行扩栽，防止堆放过程中发热霉烂或冻坏生长点，影响栽培质量。

（二）加工

天麻收获后要及时加工，长时间堆放容易引起腐烂。加工前先进行挑选，将烂麻去掉，然后按下列工序加工。

（1）分级。根据天麻个体大小，可分为三等。重量在150g（3两）以上者为一等；75～150g（1.5～3两）为二等；75g（1.5两）以下及挖断的天麻为三等。

（2）清洗。将不同等级的天麻，分别清洗干净，洗净泥沙，要边清洗，边煮麻，不能在水中浸泡过夜，否则加工的商品天麻烘干后易变为暗黑色，影响商品等级和药用。

（3）煮、蒸麻。分等分锅煮麻，一锅水只可连续煮3次麻，如再继续煮水质变浑浊，且白矾数量不足，影响天麻加工后的色泽和质量。煮前先将水烧开，按每50kg水中投放100g白矾，待溶解后，再将天麻投入锅中。一等天麻煮10～15min；二等天麻煮7～10min；三等天麻煮5～8min。天麻量少也可先煮一等天麻，过3～4min再放入二等天麻，再过3～4min放入三等天麻，一锅煮好后同时捞出。煮时，水深应超过天麻，用木棍不断翻搅，使其受热均匀。快到煮好时，应勤检查，将天麻用竹签插入，拿起对着阳光或在暗处往亮处照看，只要看见透明的天麻中间还有一条笔杆粗细的暗影，即可出锅。也可用手用力捏住天麻，若发出"喳喳"的响声，就说明煮沸时间合适。大量加工天麻时，只要白心占天麻直径1/5以下即为合适。天麻不能煮得太过，太过天麻素损失多，干货率也降低，在烘烤过程中易出现破皮或断裂，损失太大，也影响药效。

麻少时也可采用蒸制法，即将洗净的天麻，按不同等级分别放在笼屉上蒸，小天麻蒸12～15min，中天麻蒸15～20min，大天麻蒸20～25min，待天麻块茎还留有一条细白心为度。此法天麻素损失量少，但大量蒸制困难较大。

天麻煮好后及时捞出，投入冷水中突然冷却，随即捞出。这样处理的好处是将煮沸过程中天麻体上黏附的不清洁东西漂净，同时骤然冷却，使天麻表皮收缩绷紧，减少皱褶，增加光亮度。

（三）烘干

烘干天麻最好采用烘干机或修建一土温炕，烘干时采取流水作业变温烘炕。炕内初温掌握在50～60℃为宜，敞开排气口，使鲜天麻体内水分迅速蒸发。如果这时温度过高，超过80℃，水分降得太快，会烘成皮焦里生，外边一层硬壳，中间烤成焦黄色，大个的天麻中间形成糖心，夏天易生霉，内部的水分再也无法出来，造成大的经济损失。但温度过低，如低于45℃时，天麻体表即发霉变黏易于腐烂。用初温烘烤4～5h，从炕中取出摊开，边晾边整形，待第2炕天麻初温结束，将第1炕天麻入炕，采用中温，温度控制在45～50℃，使其慢慢干燥，烘6～8h取出边晾边整形，压成扁平形。这时天麻已有七八成干，堆积起来用麻袋等捂住发汗2～3d，使天麻体中心的水分渐渐移至表皮。将发过汗的天麻采用终温烘炕，温度控制在60～70℃，烘至全干，敲击时发出清脆声，及时出炕。第3次进炕后应随时检查，因为天麻已接近全干，最易烘焦。在整个烘炕过程中要将大天麻放在烘炕底层。根据干燥程度及时将上、下层调换，采用变温烘炕，流水作业加工方法。避免天麻长时间处于炕内高温导致天麻商品色泽不鲜亮。同时可以充分利用烘炕，解决了烘炕小、天麻多，鲜天麻不能及时入炕的问题。只要经过初温烘炕阶段的天麻，大量水分已散失掉，防止了发霉腐烂。这种方法加工的天麻，成色好，干燥一致，表面皱褶少，易于销售并提高等级，加工成品损失少，是目前较好的加工方法。成品干天麻即可进入市场销售和药用。

第三节 独 活

一、概况

独活是伞形科独活属多年生草本植物，株高达1.5m；根圆锥形，淡黄色；茎疏生柔毛；基生叶和茎下部叶一至二回羽裂，宽卵形或卵形；伞形花序，花梗细长，萼齿不明显，白色花瓣二型；果背棱和中棱丝状，侧棱有翅。独活味甘，微温，无毒。具有祛风除湿、散寒止痛的功效，主治风寒湿痹，腰膝疼痛、头疼齿痛等症状。

独活耐寒、喜潮湿环境，适宜生长在海拔1 200～2 000m的高山区，可选择处于半阴坡的土层深厚、土质疏松、富含腐殖质、排水良好的沙壤土或黑色发泡土。主产于重庆、湖北、甘肃、四川等地，以重庆和湖北品质为优，其中重庆（巫溪、城口、巫山）、湖北巴东一带的产量占据全国80%以上，是全国独活的核心主产区。近10余年全国独活产量基本保持在4 000t左右，湖北巴东和重庆巫溪、城口产量不断增加，全国占比也逐步提高，同时甘肃、四川一带占比逐步减小。

城口是全国独活的主要核心产区之一，独活别名肉独活、资丘独活、香独活，距今已有100多年的种植历史，其药用成分蛇床子素和二氢欧山芹醇当归酸酯含量高而闻名，成为加工出口和药用饮片的主导品种，在国内外市场上享有较高的声誉，已成为独具特色的道地药材品种，当地气候、土壤、水质等自然条件非常适宜城口独活的生长。城口独活略呈圆柱形，主根粗短，长1.5～10cm，直径1.5～5cm；根头部膨大，圆锥状，多横皱纹，顶端有茎叶的残基或凹陷。表面灰褐色或棕褐色，具纵皱纹，有横长皮孔样突起及稍突起的细根痕，质软油润，断面灰白，肉质肥厚，有多数散在的棕色油室，木质部灰黄色至黄棕色，形成层环棕色。香味特异，味苦带辛，微麻舌。蛇床子素和二氢欧山芹醇当归酸酯含量高，蛇床子素含量≥1.48，二氢欧山芹当归酸酯含量≥0.620%，水分≤10%，总灰分≤6.2%，酸不溶性灰分≤1.1%。

城口独活主要分布在城口高山耕地区域，是当地耕地种植规模最大、分布最广、涉及农户最多的耕地类型中药材品种，城口独活几乎都是采用粮药套种模式（玉米+独活或马铃薯+独活），这个套种模式很受药农欢迎，一是农户一直有种植玉米、马铃薯的刚性需求，二是这种套种方式与非粮化不冲突，三是农户还能得到一定的药材销售收入。近几年独活种植规模逐步增加到2万亩，产量约占全国的30%。城口独活已由过去零星分布种植向成片大规模商品化生产转化，已呈现出发展规模大、品质高、效益好的良好格局，县政府在资金、人员、政策上给予支持和倾斜，城口独活是该地高山农村经济发展的主导产业，成为千家万户农民脱贫致富的途径。特别是国家实施"西部大开发"和"中药现代化科技行动"，对于该地的中药材产业发展起到了极大的促进作用，涌现出了一些专业村、种植大户、经营大户，产品销往中外，在国内外中药材市场上享有较高的声誉。

二、种苗繁育技术

（一）留种与采种

在独活种植大田里选取健壮、无病的二年生植株，挂上留种标签，花期剔除病枝及残花，并施入磷、钾肥，促果实饱满。9月中下旬，果实陆续成熟，挑选种子为灰黄色或灰褐色的果序，剪下置阴凉干燥处备用，忌暴晒或堆积过厚。种子采收结束后，视种子饱满程度与颜色深浅，将所有果序进行分类；分类后，对每类果序进行搓揉，使种子脱落，筛去杂质待用。

（二）选地

独活育苗地海拔应在1 200~2 000m的范围内，选择位于半阴半阳的山坡或山谷中土层深厚、富含腐殖质的泡土、黄沙土地块。在深秋或初冬，先清除地上杂物，耙出树根和草根，再进行深翻、暴晒。

（三）整地、播种

1. 育苗田整地

播种前提前10d左右开始整地，在育苗田中多施腐熟有机肥或者农家肥，用量可根据土壤肥力控制在500~1 500kg/亩。深耕细耙1次。按畦宽120cm、沟深15cm、沟宽25cm的规格开沟做厢，四周开好排水沟，厢面呈瓦块状平整状态最佳。

2. 播种

独活在种子采收的第 2 年 3—4 月播种。播种量以 2～3kg/亩为宜。将独活均匀撒播于畦面，再掩盖少许细腐殖土或者商品轻基质，以不见种子为度（厚度大概 0.5cm）。播种后 1 周开始逐步出苗。

（四）除草

独活苗床土壤肥沃，杂草容易滋生，若拔草不及时，易被杂草盖没，抑制幼苗生长，故须做到及时除草，一般要除草 3～4 次。待独活苗长大封行后，除草量就大大减少。

（五）追肥

在每次拔草后，可少量追施化肥，如尿素、碳酸氢铵、稀薄人粪尿等。第 1 次追肥在 5 月苗高 10cm 时，追施氮素化肥 3kg/亩左右。第 2 次追肥在 6—7 月，追施氮素化肥 5kg/亩左右。

（六）间苗

当苗高 10～20cm 时，要及时间苗。以每 5～8cm 保留 1 株大苗为宜，所间出来的幼苗可以作为补苗或移栽用。

（七）采挖与选苗

育苗当年冬季土地上冻之前，或第 2 年春季土地解冻之后，均可采挖独活种苗进行移栽。选取根系发育良好、无腐烂、无病虫害的种苗，根据独活种苗分级标准进行人工分级，分级标准见表 4-4。

表 4-4 独活种苗标准

等级	根重（g）	芦头粗（mm）	根长（cm）	根数（根）
Ⅰ	≥ 18	≥ 21	≥ 24	≥ 6
Ⅱ	10～18	16～21	5～24	3～6
Ⅲ	≤ 10	≤ 16	≤ 5	≤ 3

三、规范化栽培技术

（一）选地、整地

1. 选地

选择海拔 1 200～2 000m 的川地、川台地、塬地、坡地和半阴山地。生态条件良好,灌溉水源、空气质量无污染,远离矿区垃圾等污染源的地块。土层深厚、土壤肥沃、富含腐殖质、土质疏松、通透性和排水性好的壤土和沙壤土。忌土层浅、积水多的黏性土壤。

2. 整地

土壤解冻后(3月中下旬),将选好的地深翻旋耕,耕深30cm以上,结合整地一次性施入腐熟有机肥或农家肥1 000kg/亩。

(二)移栽

1. 密度

选择一年生独活幼苗,按幼苗大小,于3月中旬至4月上旬套种栽培,可以套种马铃薯或者玉米。株距50~60cm,行距约80cm,行距之间套种1行马铃薯或者1行玉米进行套种栽培。

2. 打窝

按照深15cm、宽20cm打栽植窝。

3. 栽植

将幼苗斜靠摆放在栽植窝中,用周边翻出的土覆盖压实,栽植后耱平。

(三)田间管理

春季移栽苗返青后,苗高20~30cm时结合中耕除草追施尿素10kg/亩。当年5月除草1次,6月结合中耕除草适当培土,幼苗期中耕要浅,避免机械损伤。封垄后停止中耕除草。

(四)病虫害防治

独活的主要病害有根腐病,虫害有蚜虫、红蜘蛛、食心虫、蛴螬。根腐病采用及时中耕除草、排水、选用无病种苗、用1:150波尔多液浸种晾干后播种等方法防治,或发病初期用50%多菌灵可湿性粉剂1 000倍液,或50%立枯净水剂1 500g/hm^{2}兑水750kg喷雾防治,每隔7d喷1次,连喷3~4次。蚜虫、红蜘蛛可用10%高效氯氟氰菊酯乳油1 500倍液,或1.8%阿维菌素乳油2 000~3 000倍液喷雾防治;食心虫8—9月蛀食种子时,可用10%吡虫啉可湿性粉剂1 000倍液喷雾防治;蛴螬可用40%辛硫磷乳油800~1 000倍液灌根防治。

(五)留种

采种田应选水肥条件良好,气候冷凉,海拔在1 600m以上。生长整齐、健壮、无病,具典型品种特征的二年生植株。抽薹开花前加强水肥管理,增施磷、钾肥,促使种子成熟饱满,花期结束时除去顶梢及残花。于9月中下旬种子成熟后及时分层分批采收。采收晾干后打碾,避免伤种。种子应置于通风干燥处储藏,以防霉变,切忌用塑料袋包装。

四、采收初加工技术

栽植当年采挖，10—11月即独活地上部分停止生长枯萎时及时采挖，防止冻害。收获时先割去地上茎叶，挖出根部。挖根时忌挖伤挖断，挖出后抖掉泥土。

采挖加工后的独活，除去须根泥沙，切去芦头细根，分摊于干净场地晾晒，同时除去病根、残根。充分晒干后装袋或搭架晾干存放，一般向阳搭架，架高距地面30cm，宽50～60cm，将独活头向阳平铺摆放5～6层，每层摆放2排，注意防雨、防水、防冻害。也可待水分稍干后堆放于炕房内烘烤，经常检查翻动，至六七成干时堆放回潮，抖掉灰土后扎成小捆，根头部朝下放入炕房内，用温火烘烤至全干后切片食用。采用麻袋、编织袋或纸箱包装后，放入环境洁净、通风良好的库房保存，不得与有毒、有害物品混存，不得使用有损独活质量的保鲜试剂，严防烈日暴晒、雨淋，做好防霉、防蛀、防鼠工作。

第四节 连 翘

一、概况

连翘为木樨科连翘属灌木。果实初熟尚带绿色时采收，除去杂质，蒸熟，晒干，习称"青翘"；果实熟透时采收，晒干，除去杂质，习称"老翘"或"黄翘"。连翘是我国传统常用中药材，也是现代中成药和植物药的重要原料，还是预防和治疗非典、禽流感、甲型H1N1流感等流行性疾病的主要成分，也是水土保持和生态造林的优良树种。连翘主产于山西、河南、陕西、河北等地，多为漫山散种或自由生长，管理粗放或野生。近年来，随着野生资源的减少以及市场需求量的增加，各主产区对连翘实施了人工抚育管理及人工栽培措施。

城口连翘为木樨科植物连翘的干燥果实，植株为落叶灌木。城口野生连翘资源生于海拔1 200～2 000m的山坡灌丛、林下、草丛或山谷、山沟疏林中。在30多年前城口龙田乡卫星村率先开始人工栽培连翘，在重庆市中药研究院技术支撑下筛选出优良连翘品种并开展规范化种植，该品种所产连翘有效成分含量高、果实更大、产量更高，果实呈长卵形至卵形，稍扁，长1.5～3cm，直径0.6～1.5cm。顶端锐尖，基部有小柄，或已脱落。表面有不规则的纵皱纹及多数凸起的小斑点，两面各有1条明显的纵沟。青翘多不开裂，表面绿褐色，质硬；种子多数，黄绿色，细长，一侧有翅。老翘自顶端开裂或裂成两瓣，表面黄棕色或红棕色，内表面多为浅黄棕色，平滑，具一纵隔；质脆。城口龙田乡的连翘已经成为全重庆乃至周边地区人工栽培连翘的源头。

早在20世纪90年代，城口就开始在龙田乡人工栽培连翘，2018年后城口不断加大连翘人工种植力度，目前城口已经发展人工栽培连翘1万多亩，其中近2 000亩投产，涉及种植户近3 000户，主要分布在龙田乡、高观镇、巴山镇、高燕镇、咸阳镇、明通镇等乡（镇）。城口连翘（青翘）检测结果，挥发油2.1%，连翘苷0.81%，连翘酯苷A 12.2%。

二、种苗繁育技术

（一）适宜连翘生长的自然条件

连翘适宜生长在平均海拔850m、平均温度9.3℃、最高气温38℃、最低气温–26.6℃、无霜期175d的区域。

（二）扦插育苗时间

扦插育苗时间在3月上旬或7月上旬均可，北方多在夏季扦插。

（三）插穗选择

截取1～2年生健壮、充实、无病虫害、无污染、无损害、枝条中下部粗0.5～1.5cm枝段作插穗（粗壮充实枝段生根率高）。插穗长度为20～30cm，每段须有3个节位以上。上切口平口，距芽1～2cm，下切口斜口，距芽0.5cm左右，切口平滑，防劈裂，不损芽体。将插穗按粗细分级，50支捆成一捆，注意上下端不可颠倒，以防倒插。

（四）接穗的处理

冬剪接穗，按品种分类后用60%湿沙分别假植，春插前将基部2cm浸泡于吲哚乙酸（ABA）溶液中10s，取出后晾干药液扦插。夏插穗留2～3个叶片，其余叶片全部去掉。

（五）苗床整地

苗床按宽1m、高25cm，细致整地，耕翻深度25～30cm，再用塑料薄膜覆盖苗床。为增加地温和保墒，应减少灌水次数。

（六）扦插方式

按品种不同分别插穗，再用小木棒、铁条在插床上按株行距10cm×30cm打引孔，插入接穗，避免直接扦插擦伤插穗下切口皮层。引孔深度较插穗长度稍浅一些，以便插穗能插到底土处，与土壤紧密接触，利于生根。扦插深度以地上露一个芽为宜，并将外露部分壅土覆盖，插后立即用无污染水灌足。

（七）苗期管理

1. 浇水

扦插后立即灌水，既可使土与插穗紧密结合，又可满足插穗对水分的需要，一般插后3～5d再灌水1次，共浇水2～3次。灌水次数不宜过多，以免降低土温，影响通气，导致插穗下端腐烂。苗木生根后，每隔1～2个月灌水1次，雨季注意排水。

2. 除萌蘖

当插条苗成活后，除掉基部多余的侧芽和萌生枝，选留一枝新梢，培养苗干。定植后，苗高1m左右时，于冬季落叶后在离地面70～80cm处去顶梢。由于夏季摘心，多发分枝伸向不同方向，应选留3～4个发育充实的侧枝培育为主枝。

3. 除草、施肥

灌溉后要及时中耕除草，防治病虫害。

三、规范化栽培技术

1. 适宜栽培气候条件

（1）温度。连翘喜温暖湿润、阳光充足的环境，在半阴坡、向阳坡的疏灌木丛中长势良好。具有抗寒、抗旱、抗涝性，18～20℃生长速度最快，温度＞35℃或＜-15℃时生长受限。适宜播种温度10～15℃，开花期适宜温度18～20℃。

（2）降水。连翘具备较强的耐贫瘠特性，无论土地瘠薄还是肥沃，均可生长。连翘种植时，对降雨条件有一定的要求，要求年降水量600～1 000mm，湿度65%～70%，如降雨过多，则极易造成倒伏，同时增加荚果霉变的概率。

（3）光照。连翘喜阳，光照充足时连翘生长较快。日照时数超过1 500h，≥0℃年积温4 000～6 000℃地区适宜连翘生长。

（4）土壤。连翘在中性土、微酸性土、微碱性土上均可生长。尤其是在富含有机质、排水方便的沙壤土上长势最佳，可提升连翘产量和质量。

2. 栽植技术

（1）密度。连翘移栽季节以秋末冬初最适宜，结合土壤情况、地势地形等因素灵活控制栽植密度，如土层深厚的山地，株距控制在1.5～2m，行距控制在2m；瘠薄地，株距控制在1.4m，行距控制在1.5m。

（2）底肥。栽植时应先在穴底填少量表土和土杂肥混合物，厚度为穴深的一半。

（3）栽植。在穴中间放入苗木填土，一边填土一边提拉苗木，让根系充分舒展，让根系和土壤密切接触，填土后需踩实苗根周围土壤，回填土需高出地面3～5cm，然后浇足定根水，最后覆土或覆草皮保墒。

3. 田间管理

（1）中耕除草。连翘移栽后，须认真做好中耕除草工作，一般每年需除草2～3次，避免杂草和连翘争夺水分及养分。提高土壤透气性，避免土壤板结。

（2）合理施肥。连翘移栽定植后，每年春季、秋季、冬季均要做好追肥工作。春季和秋季是连翘生长旺季，此时需每间隔3周追施复合肥1次，促进连翘植株生长和花芽的形成。冬季可结合除草松土追肥1次，重点追施腐熟饼肥，确保连翘安全越冬。

（3）灌溉排水。水分是连翘生长的必需品，如缺水或富水，均会对连翘生长产生一定的影响，所以要结合降雨情况及时浇水。干旱季节及时浇水，控制浇水量，禁止大水漫灌。进入雨季后应提前挖掘排水沟，保持畅通排水。

（4）整形修剪。连翘定植后植株达到1m时就要整形修剪，冬季11月后到第2年春季都可开展冬剪工作，5—7月夏剪，修剪过程中，多根据自然开心形进行修剪。连翘定植后，当生长高度达到1m左右时，在植株落叶到第2年春季开始萌芽之前，于主干80cm高度将顶梢剪去。夏季摘心，促进新枝生长，在不同方向保留3～4个生长健壮的侧枝，进行主枝培养，同时在各个主枝上保留3～4个生长良好的侧枝，进行副主枝培养，将副主枝上的侧枝培养成结果短枝。连翘基部有很强的萌芽性，每年会有很多徒长枝抽生，导致营养分散，降低结果率。所以，应当加强冬剪，采用疏剪方式修剪，剪除长势较弱枝、分蘖枝、病虫枝、枯死枝、徒长枝等。夏季修剪时，应当及时剪掉分蘖枝和徒长枝，并摘心打顶，保证植株健康生长，增加结实量。

（5）病虫害防治。连翘栽培时主要病虫害有叶斑病、蝼蛄、蛴螬、蜗牛、钻心虫等。首先，应重视中耕除草、水肥管理工作，及时清理田间杂草，破坏害虫栖息的场所，及时灌水、追肥，满足连翘生长对于水肥的需求，培养健壮的植株，提升连翘的抗病能力，杜绝病虫害的发生；其次，结合病虫害流行规律、趋势、特点，提前喷施药物，配合喷施新高脂膜，可提升药效，实现对病虫害的有效预防；再次，及时清理病株，在伤口位置涂抹愈伤防腐膜，减少病原微生物的侵袭。越冬前，可浇灌1次越冬水，杀灭越冬害虫，喷施1次新高脂膜，起到防寒、保温、防病虫迁徙的作用；要合理选用药物，优选广谱、低毒、高效、无残留的药剂，如连翘叶斑病防治，优选1%波尔多液、50%多菌灵500倍液、75%百菌清500倍液；连翘蝼蛄和蛴螬等地下害虫，可在地表撒施石灰氮防治，不会污染土壤、水源；最后，可分别在幼果期、开花期、果实膨大期喷施菜果壮蒂灵，提升花粉受精效果，保证坐果量，同时也避免枝梢徒长，提高植株的抗病虫害能力，达到连翘丰产的目的。

四、采收初级加工技术

1. 青翘采收

青翘大多在每年的7—8月采摘（以农历的处暑前为宜），果实呈青色时采摘为宜，采摘后青翘需用蒸笼蒸 30min 左右，然后烘干或者晾干，去除果柄制作成"青翘"，要控制好品质，避免开裂变色及霉变。

2. 黄翘采收

黄翘每年 8 月中旬至 9 月初采摘，果实颜色呈黄色时即可采摘，采摘后果实需烘干或晒干，去除果柄，将杂质除掉，即可获得"黄翘"，要控制好其品质，以身干、瓣大、壳厚、色较黄者为佳。

第五节　川贝母（太白贝母）

一、概况

太白贝母为百合科贝母属多年生草本植物，以干燥鳞茎入药，又名尖贝、西贝母和盘贝，是秦巴山脉道地名贵药材，《中华人民共和国药典》（2005 年版）将太白贝母作为川贝母的新来源载入，是其基源植物中适宜种植海拔最低的川贝母来源品种。《中国植物志》《四川省中药材标准》《万县中草药》（内部资料）等对太白贝母的植物学特征、生物学特征、生长环境、栽培技术、药用价值，以及省（市）级行政区和地理分布等有相关记载和描述。入药历史悠久，性味苦、甘，微寒，具有润肺、化痰、止咳的功效。

城口太白贝母，历史上称为尖贝。喜阴凉湿润气候，耐寒、怕炎热、怕干旱、怕污水。以土质结构疏松、透水性良好、含腐殖质高的黑沙土生长最好。适宜的生长温度为 5～24℃，生于海拔 1 500～2 800m 的山坡草丛中或水边。野生资源主要分布在大巴山自然保护区，尤以城口境内大巴山（界梁）、梛梛梁、旗杆山、易家梁山顶草地分布最为集中，另外在九重山等高山区域有零星分布。城口太白贝母植株长 30～40cm。鳞茎由 2 枚鳞片组成，直径 1～1.5cm。叶通常对生，有时中部兼有 3～4 枚轮生或散生的，条形至条状披针形，长 5～10cm，宽 3～7（～12）mm，先端通常不卷曲，有时稍弯曲。花单朵，绿黄色，无方格斑，通常仅在花被片先端近两侧边缘有紫色斑带；每花有 3 枚叶状苞片，苞片先端有时稍弯曲，但决不卷曲；花被片长 3～4cm，外三片狭倒卵状矩圆形，宽 9～12mm，先端浑圆；内 3 片近匙形，上部宽 12～17mm，基部宽 3～5mm，先端骤凸而钝，蜜腺窝几不凸出或稍凸出；花药近基着，花丝通常具小乳突；花柱分裂部分长 3～4mm。蒴果长 1.8～2.5cm，棱上只有宽 0.5～2mm 的狭翅。花期 5—6 月，果期 6—7 月。

城口太白贝母种植历史悠久，已获得国家地理标志保护产品认证，《中华人民共和国药典》（2005 年版）正式收录太白贝母为川贝母后太白贝母价格飞涨，城口野生太白贝母遭到毁灭式疯狂采挖。如今，野生太白贝母资源已经很难找寻，取而代之的是农户、企业的人工种植。据不完全统计城口现有栽培太白贝母350余亩，主要集中在明中乡、鸡鸣乡、厚坪乡、北屏乡，其中明中乡的高山农户自古就有房前屋后零星散种太白贝母的习惯，全乡农户分散种植太白贝母约150亩，而且明中乡还是全国太白贝母的源头产地，在太白贝母人工家种发展的历程中，明中乡的太白贝母一直以来都是以销售太白贝母种子（天果）形式供给陕西太白、重庆巫溪等地。不仅如此，城口太白贝母质量优异，检测结果表明，城口太白贝母总生物碱（以西贝母碱计，以干燥品计）达到0.252%。

二、种子种苗繁育技术

（一）种子处理

1. 培育种子

7—9月采挖贝母时，选直径1cm以上、无病、无损伤鳞茎作种。鳞茎按大、中、小分别栽种，做到边挖边栽。每亩用鳞茎100kg。也可穴栽，栽后第2年起，每年3月出苗前，喷镇草宁，4月上旬出苗后，及时拔除杂草，并施稀人、畜粪水。4月下旬至5月上旬，再追肥1次。7—8月，果实饱满膨胀，果壳黄褐色或褐色，种子已干浆时剪下果实，趁鲜脱粒或带果壳进行后熟处理。

2. 种子后熟处理

选用带壳种子，沙藏前用激素GA3（50mg/L）浸泡种子24h后再沙藏；沙藏时按种子与锯末、腐殖土、沙子混合的方法，其比例为种子∶锯末∶腐殖土∶沙子=1∶1∶1∶2，一层果实一层土，储藏于室内透气的木箱内，用湿布覆盖，并保持湿度在60%～70%，放置于冷凉处，并定期搅拌。沙藏层积过程中，层积90d的种胚已经达到胚乳的3/4，种子的过氧化氢酶和过氧化物酶的活性急剧升高，层积90d的种胚形态学后熟基本完成。随着天气变冷，两种酶的活性稍微降低，随后天气转暖两种酶的活性又急剧升高，完成种胚的生理学后熟，层积210d后种胚后熟完成，长满整个胚乳，达到可发芽状态。此方法的出苗率最高。

（二）鳞茎繁殖技术

7—9月收获时，选择无创伤病斑的鳞茎作种，用条栽法，按行距20cm开沟，株距3～4cm，栽后覆土5～6cm。或在栽时分瓣，斜栽于穴内，栽后覆盖细土、灰肥3～5cm厚，压紧镇平。

（三）种子大棚育苗技术

1. 海拔

选择海拔1 500～3 000m适合太白贝母生长且地势平坦的地方用于搭建大棚。

2. 整地

除杂草、平整土地、翻土，铺上 60 目防虫网，盖上 15～18cm 厚的腐殖土，碎细耙平，划厢面 1.3m，沟宽 0.3m 备用，苗床保持阴湿环境，表土要求细、均匀。

3. 搭建大棚

选择标准大棚双拱双膜，选用 0.08mm 无滴膜和 90% 遮光率的可卷动遮阳网，大棚内安装自动喷雾器和温湿度自动传感器。

4. 播种

以早春 3 月左右播种为好，播种前将储藏的果实从腐殖土中选出轻轻弄开种壳，抖出种子，用 10～20 倍过筛细土或冷却的火灰拌种子待用，将种子均匀地撒播在苗床内，集约化栽培以 30 000 粒/m² 为佳，每个种果含 250～300 粒小鳞茎种子，种子播下后，用牛粪腐殖土或拌有肥料的过筛细土均匀地撒在种子上。

5. 盖土

种子播下后，用牛粪腐殖土或拌有肥料的过筛细土均匀地撒在种子上，培土 1cm，喷水保持土壤湿度，然后立即覆盖 80μm 厚塑料薄膜，播种 1 个月后气温回暖，揭去塑料薄膜，待出苗。

6. 田间管理

保湿：使用喷雾保持土壤湿润。

调节温度：保持大棚内温度在 0～20℃。

除草：太白贝母苗第 1～2 年要每年除草一次。

施肥培土：施提苗肥，第 2 年 4 月中旬出苗后用 0.5% 的尿素液施提苗肥 1 次，每亩用尿素 7.5kg；追肥，第 2 年于 5 月上旬用 0.5% 尿素追肥 1 次，每亩用尿素 10kg；施肥结合培土，每亩用人、畜干粪 1 000kg/亩施在苗床上，然后用细土覆盖培土 1cm 厚，结合修补荫棚，保护越夏，10—11 月施冬肥 1 次。

7. 病虫害防治

太白贝母在每年 4—7 月有金针虫、土蚕、金龟子幼虫，在虫为害时用 1∶30 的叶子烟水灌入植株周围的土中；太白贝母在夏天多雨季节有立枯病、猝倒病，土壤排水，及时拔出病株，用 5∶100 石灰水灌植株四周，防止病害扩散。

三、规范化种植技术

（一）种植环境

土壤条件：太白贝母对土壤要求较高，应选择海拔 1 500～3 000m，冷凉湿润、土层深厚的地块，适宜的产地应有疏松、肥沃、排水良好、微酸性、含有丰富腐殖质的沙壤土。

气候条件：太白贝母生长适宜的气候为温暖湿润的亚热带气候，年降水量在

800～1 500mm。

生长环境：产地应远离工业污染源和农药使用区，确保太白贝母生长环境的纯净。

（二）整地

选背风的阴山或半阴山为宜，并远离麦类作物，防止锈病感染；以疏松、富含腐殖质的壤土为好。上冻前整地，清除地面杂草、树根、石块等杂物。深耕细耙，深翻30cm，做1.3m宽的畦。底肥多施有机农家肥，每亩用厩肥1 500kg，过磷酸钙50kg，油饼100kg，堆沤腐熟后撒于畦面并浅翻；畦面做成弓形。耙松整平，做120cm宽垄，垄沟宽30cm，长依地形而定。四周挖排水沟，便于排水，不积水。对于育种田、苗床还可以进行更精细的处理。土壤基质可加配腐殖质山土、锯末和细沙。

（三）其他设施

为了能够控制水分、温度、湿度，条件好的可建大棚、遮阳网等设施。棚内环境相对独立，温湿度可以调控，比如鳞茎起挖、移栽时保持土壤干燥，大棚育苗时提供遮阴环境。

（四）播种、育苗移栽

种子育苗后，等生长到一定阶段（一般是2年后），再从苗床移栽到大田，这种育苗移栽方式便于管理、节约资源，有利于标准化及规范化生产。适宜移栽时间在秋季8—9月，此时地上部分已倒苗，鳞茎进入休眠状态。如果过迟移栽，鳞茎已萌发潜伏芽和新根，移栽时容易受到损伤。新挖的鳞茎及时栽种，宜条栽，开4cm深沟，将2～3年生太白贝母鳞茎，顶部（心芽）向上摆正，再覆土。株行距根据鳞茎大小而适当调整，一般二年生的鳞茎，用作商品生产的株行距15cm×8cm，每亩约45 000个鳞茎。种子田移栽，株行距30cm×20cm。

（五）田间管理

1. 中耕除草

太白贝母幼苗生长受杂草影响较大，应勤除杂草，除早除小除尽，杂草高度不能超过贝母苗。每年3月太白贝母未出苗前中耕除草1次，4—5月苗期多次除草。采用人工拔草时注意勿将贝母苗带出。

2. 遮阴

根据野外生境情况，太白贝母喜冷凉，怕高温、高湿；需光，但忌强光。强光会造成高温干旱，使贝母早枯。因此太白贝母生长期需适当荫蔽，一是1～2年的育苗期，需长期遮阴；二是大田种植期的5—7月，地表温度达30℃以上高温强光时，为避免晒伤或旱苗，可搭棚遮阴，棚高200cm，郁闭度50%～60%。根据天气情况，晴天荫蔽，阴天撤除，倒苗后撤除。

3. 水分管理

太白贝母喜湿润，怕干旱，春季久晴无雨需及时补水，促进出苗。生长期间根据墒情及时浇水，保持土壤湿润。夏季久雨或暴雨后应注意排水防涝。

4. 平衡施肥

合理施肥是影响太白贝母鳞茎产量的主要因素之一，对太白贝母规范化种植具有重要的意义。一般种植时基肥多以农家有机肥为主，每公顷15 000～30 000kg；5月上旬齐苗后追肥1次，8月下旬倒苗后接合培土施肥1次，以含腐殖酸有机肥、有机复合肥和农家有机肥为主。在每年11月至12月上旬追肥（冬肥）时，主要施厩肥、土杂肥、油饼等迟效肥。另外，在鳞茎发育期追肥时，注意磷、钾肥的补充，以促进鳞茎膨大增重。化肥使用应符合NY/T 496—2010《肥料合理使用准则　通则》的规定。

（六）病虫害综合防治

对于太白贝母病虫害的综合防治，采取"预防为主，综合防治"的方针，以生物防治、农业防治为主，尽量少用化学农药，若使用，应选择高效、低毒、低残留药剂。

1. 综合防治方法

（1）每年秋季贝母倒苗后，清理园地，将棚内、大田内的杂草、枯枝、落叶集中到园外烧毁，消灭病虫源。

（2）整地时土壤集中消毒杀菌，冬季深翻细耕，清除病残组织，杀灭土层中的病源虫体，减少越冬病源。

（3）建立轮作制度，但远离麦类作物，高垄种植。

（4）增施磷、钾肥或降低田间湿度，增强抗病能力。

（5）施用腐熟的厩肥、堆肥等农家肥。

（6）鳞茎栽前用多菌灵或甲基硫菌灵浸种或草木灰拌种，晾干后栽种。

2. 锈病

多发生于5—6月，茎叶出现褐色凸斑，后期散发出橙黄色孢子。病源多来自麦类作物。

防治方法：种植地远离麦类作物，整地时清除病残组织；发病初期喷石硫合剂。生长过程中喷甲基硫菌灵，可以防止锈病。

3. 立枯病

为害幼苗、近地面叶或茎基部萎蔫而猝倒死亡，多发生于夏季多雨季节。

防治方法：注意排水，调节郁闭度，阴雨天揭棚盖物；发病前后喷洒波尔多液。

4. 根腐病

初夏多雨季节，6月易发。鳞茎呈"蜂窝状"。被害鳞片上形成褐色皱褶或是被害鳞茎基部变为青黑色。被害鳞茎初为褐色水渍状，后呈"豆腐渣"状，软腐发臭。

防治方法：注意排水，调节荫蔽度，拔除病株，用5%石灰水淋灌。

5. 虫害

主要虫害有金针虫、地老虎、蛴螬、线虫等，4—6月为害植株，咬食嫩叶、茎基部和鳞茎。

防治方法：整地时撒施辛硫磷颗粒剂毒杀田间幼虫；植株出苗后，用晶体敌百虫配制毒饵诱杀；成虫羽化时利用杀虫灯诱杀成虫，降低太白贝母的虫害。

四、采收及加工

（一）采收技术

从用药经验与采收传统来看，太白贝母作商品药材用，一般生长4～5年采收。人工栽培的太白贝母，适宜采收期为每年7—9月，地上部分枯萎后，选晴天采收。从畦的一端按顺序翻挖，挖时尽量防止鳞茎受损伤。挖出的鳞茎，除留种移栽外，其余加工成商品。

（二）加工技术

待加工的鳞茎，除去须根、粗皮及泥沙，晒干或低温干燥。切忌堆沤，及时摊开晾晒，傍晚移至室内。也可烘干，烘干时温度控制在50℃以内。在干燥过程中，贝母外皮未呈粉白色时，不宜翻动，以防发黄。干燥到内外粉白色，含水量小于15%即可。加工好的成品以干燥、质地坚实，颗粒均匀整齐，顶端不开裂，色洁白，粉性足者为佳。按颗粒大小和品相等再分等级。直径大于3cm的多年生鳞茎，洗净后切片再干燥。翻动用竹、木器而不用手，以免变成"油子"或"黄子"。

第六节　曲茎石斛

一、概况

石斛是我国传统名贵药材，具有益胃生津、滋阴清热、润肺止咳的功效，有"养阴圣品""千金草""软黄金"之称。药用始载于《神农本草经》，列为上品。石斛不仅药用历史悠久，近年来在食用保健和观赏方面体现出良好的开发应用前景。我国有石斛属植物74种2变种，分布于秦岭以南各省（市）。由于长期过度采集，石斛野生资源受到严重破坏，是重点保护的珍稀濒危植物资源，所有的石斛属植物均被列入了濒

第四章 城口道地中药材种植技术

危野生动植物种国际贸易公约。近年来，随着植物组培和设施栽培技术的引入，以铁皮石斛为代表的石斛种苗快繁和种植技术得以突破，产业得到了快速发展，迄今种植面积已超过10万亩，铁皮石斛、齿瓣石斛、霍山石斛等10余个石斛物种具有了规模不等的种植面积，石斛的栽培化在一定程度上缓解了市场需求对野生资源的过度依赖。

城口曲茎石斛为兰科石斛属，多年生附生草本植物，多附生于海拔1 200～2 200m的悬崖石壁上，性喜温暖、潮湿、半阴半阳环境。曲茎石斛生境特殊，分布范围狭窄，生长缓慢，其野生资源日趋枯竭，为国家一级保护植物，被世界自然保护联盟定为濒危种。目前曲茎石斛的研究主要集中于组织结构、组织培养和室外移栽等方面，规范化栽培还处于起步阶段。

城口曲茎石斛民间应用广泛，地方志及文史资料多有记载，在民间歌谣和故事传说中亦有体现；具有区别于其他石斛属植物的治疗小儿惊风的独特应用，单根茎条可重复利用，价格昂贵，鲜品能高达4万元/kg。由于生境独特，通常附生于悬崖峭壁的岩石上，采集时非常危险，有的家庭为此付出了惨痛代价，在"生命与财富"的博弈中，形成了独特的采集、加工及民间应用文化。同时，历史上曾形成一批以"打金钗"（即采集金钗）为生的老药工（又称药把）。民间广泛流传着"飞鼠护金钗""金钗渴旦"等传奇故事，且民间具有"采大留小"的行为习惯。具有极高的潜在经济价值和市场前景，亟待对其进行进一步挖掘、转化与传播。

城口是重庆城口曲茎石斛野生种群分布最大的区（县），是重庆首个发现野生石斛资源的区（县）。城口曲茎石斛植株茎圆柱形，稍回折状弯曲，长5～11cm，粗2～5mm，不分枝，具数节，节间长1～2cm，干后淡棕黄色。叶2～4枚，二列，互生于茎的上部，近革质，长圆状披针形，长约3cm，宽7～10mm，先端钝并且稍钩转，基部下延为抱茎的鞘；花序从落了叶的老茎上部发出，具1～2朵花；花序柄长1～2cm，粗约1mm，基部被3～4枚长2～4mm的膜质鞘；花苞片浅白色，卵状三角形，长约3mm，先端急尖；花梗和子房黄绿色带淡紫，长3～4.5cm；花开展，中萼片背面黄绿色，上端稍带淡紫色，长圆形，长28mm，中部宽8mm，先端钝，具5条脉；侧萼片背面黄绿色，上端边缘稍带淡紫色，斜卵状披针形，与中萼片等长而较宽，先端钝，具5条脉，萼囊黄绿色，圆锥形，长约8mm，宽10mm，末端近圆形；花瓣下部黄绿色，上部近淡紫色，椭圆形，长约25mm，中部宽13mm，先端钝，具5条脉；唇瓣淡黄色，先端边缘淡紫色，中部以下边缘紫色，宽卵形，不明显3裂，长17mm，宽14mm，先端锐尖，基部楔形，上面密布短茸毛，唇盘中部前方有1个大的紫色扇形斑块，其后有1个黄色的马鞍形胼胝体；蕊柱黄绿色，长约3mm；蕊柱足长约10mm，中部具2个圆形紫色斑块并且疏生上部紫色而下部黄绿色的叉状毛，末端紫色，与唇瓣结合而形成强烈增厚的关节；蕊柱齿2个，三角形，基部外侧紫色；药帽乳白色，近菱形，长约2.5mm，基部前缘具不整齐的细齿，顶端深2裂，裂片尖齿状。花期5月。

城口野生曲茎石斛生于海拔1 200～2 200m的山谷岩石上，2021年在城口发现多处有野生曲茎石斛种群分布，同年城口开始曲茎石斛人工开发利用，目前已经在厚坪乡建设曲茎石斛组培繁育育苗基地，实现年产曲茎石斛组培苗 60 万丛，建设仿野生林下种植基地 100 余亩，规模还在不断扩大中，同时在高观镇、坪坝镇 200 亩的曲茎石斛规范化设施种苗繁育基地已经开工建设，曲茎石斛的质量评价、品种选育、产品开发利用也在同步开展。力争在城口建设仿野生林下曲茎石斛种植基地近万亩，城口成为全国曲茎石斛引领发展核心区（县）。

二、生长环境条件

（一）附主

曲茎石斛为多年生附生性兰科植物，野生常附生于阴湿岩石或树干上，表面长满苔藓或者布满腐殖质，并常与苔藓植物伴生。

（二）海拔条件

根据前期的实验研究和实践经验，结合城口及周边区（县）的具体情况，城口适宜曲茎石斛种植的海拔在 1 000～1 600m。

（三）立地条件

基地选择必须有良好的生态环境条件，无空气、工业、水质污染等。

（四）生长习性

曲茎石斛，性喜温暖、潮湿、半阴半阳环境。自然条件下光照不能直接照射曲茎石斛，多吸收散射光。在人工栽培环境下，一般要求遮阴度应在 70%～80%，通风条件良好。

三、种子种苗繁育技术

曲茎石斛种苗通常采用分株繁殖和组织培养两种方式培育。由于曲茎石斛资源稀少，价格昂贵，栽培中使用的种苗以组培苗为主。

（一）分株繁殖

春季进行。选择生长健壮、密集的曲茎石斛母株，剪去 3 年生以上的老茎，留下 1～2 年生色泽嫩绿的植株作种繁殖。分株时 3～5 株分割成一小丛，将老根剪留 2cm，以促进种植后新根的长出，分割后宜马上种植。

（二）组织培养

现主要是应用植物组织培养技术，将曲茎石斛种子进行无菌播种，培育出的实生苗作为生产用苗。

合格的组培苗炼苗出瓶后，用清水冲洗干净根部的培养基，清洗时把枯根、病根及时去掉，冲洗时避免损伤根系影响成活率。洗净后置于通风阴凉处，摊晾种苗，晾干至根部发白待栽。

四、种植技术

（一）大棚种植技术

1. 场地准备

设施准备：建设薄膜温室大棚（棚内安装喷淋设备、棚内喷水能全覆盖、配备75%遮阳网）。

搭建种植床：床宽1～1.4m，床底离地架空高度50～70cm。床面可用石棉瓦、塑料平网、木板或竹片等作为基质的支撑面，床上方50～100cm高装有喷雾的喷头，可控制喷雾时间。

2. 基质选择与处理

曲茎石斛的根是气生根，有浅根性与好气性。因此，基质要采用既能吸水又能排水，既能透气又有养分，无毒的材料，可选择松树皮、碎砖块、椰壳类、刨花、菌糠、木糠、泥炭等。基质使用前要消毒，可使用蒸煮、日晒、堆沤和浸泡等方法处理。将基质铺在床面上，摊平，厚度7～10cm。

3. 栽种

春、夏、秋季均可移栽，最佳栽种时间为3—5月、9—10月。一般以5～7株为一丛，按10cm×10cm行株距栽种。栽种时要轻拿轻放，尽量不弄断肉质根，种植深度为2～3cm。不同等级小苗最好分开栽种，方便管理。

4. 田间管理

（1）温度管理。在生长季节，棚内温度控制在10～30℃，栽培棚内温度应低于40℃，高于0℃。夏季温度高时，大棚内进行通风散热，利用喷雾来降温保湿，通过湿帘系统和风机等使其达到石斛所需要的生长温度。冬季气温低时，通过晚间将保温膜放下来、覆二膜、人工加温等措施来进行越冬保温，以防冻伤石斛苗。

（2）湿度管理。移栽后一周内棚内空气湿度宜保持在90%左右，定植后的7d内大棚保持密闭。一周后棚内空气相对湿度在60%～70%，幼苗叶片较干时应进行浇第2次定植水。以后床面见干时进行喷雾浇水，并逐渐打开通风，夏天高温季节湿度达到70%～80%，并保持通风。

（3）光照管理。小苗期大棚须盖有70%遮阴度以上的遮阳网，以防强光暴晒导致幼苗萎蔫，生长期的遮阴度以60%左右为宜。随着季节变化，调节其光照强度。冬季一般不需遮光，避免光照不足，造成假鳞茎生长细弱。

（4）水分管理。曲茎石斛苗床栽植后，前2个月内基质以保持潮润为主，床面见干时应及时喷雾水。栽植2个月后，基质以保持湿润为主。浇水以滴灌或喷灌为好，不得冲灌。随着季节的变化，水分的把控很重要。一般夏季2～3d浇1次透水，夏季高温则每天1次，如遇伏天干旱，可早晚喷水，切勿在阳光暴晒下进行。春、秋季以7～10d浇1次透水，冬季以10～12d浇1次透水。当棚内空气相对湿度低于30%～40%时应及时补水。在生长季节基质应较湿润，生长停滞期，基质以略干为宜。切忌积水烂根。适宜水质为中性，忌用污水。

（5）施肥管理。以氮、磷、钾复合肥为主，一般施用果蔬和兰花专用叶面肥。坚持以薄肥多施为原则，以防出现烧根现象。栽植后的第1个月内勿施肥。可结合浇水进行，施肥的时间选在10时前最佳。曲茎石斛生长高峰期为每年4—8月，此时每月可喷施2次。在春季和秋季可施两次缓效性肥。

（6）中耕除草。在温湿的环境和含水量高的基质中易滋生杂草，与石斛争夺养分。需及时去除杂草，疏松基质。

（二）仿野生种植技术

曲茎石斛有附生生长的特性，根据附着物的不同，主要可分为贴树种植和贴石种植。选植株健壮，无病虫害，苗高3.5cm以上，单株茎叶2～3片，根2～4条，根长3.5cm以上的优质种苗，4～7株为一丛。

1. 贴树种植

（1）选择林下通风条件好的林地，进行疏林除杂。在选择贴附树种时，应选择树皮粗糙、树干适中、凹凸明显、树冠伞形、树叶茂密的树种，如核桃、板栗树、梨树、桃树、李子树、松木等树种。树种的选择也跟地域有关，可有效结合当地林下资源，降低生产成本，增产增效。

（2）用细草绳或布条将石斛苗固定种植在树干上，每隔20～25cm绑一圈，每丛间隔8～10cm。

（3）根系朝下，茎叶朝上，根部要紧贴树皮凹下处，使根部与树皮紧密结合，布条与稻草绳捆绑时露出茎基部，以利发芽。

2. 贴石种植

（1）选择阴坡，石头上有青苔，表面有一定湿润度、粗糙、有凹陷的石山。

（2）使用少量苔藓植物或者水草等材料，压在根系上，让种苗根系充分贴附在石头上。

3. 日常管理

仿野生种植，应加强周边环境监控，雨后注意检查蜗牛等软体虫为害。旱季可适当增加喷雾,增加空气湿度。可用农家肥水稀释后喷雾补肥,禁用化肥和农药。

(三)主要病虫害及防治

在病虫害防治中,要以"预防为主,综合治理"的原则,采用综合防治方法,需结合日常管理进行。

栽植不带病毒或菌的植株,栽培介质要进行全面消毒后才使用。将病株拔除后并烧毁,把苗床上的残株和杂草清除掉以减少病害的感染源。保持良好通风环境,避免密植,叶片保持低湿。配合施肥壮苗增强植株抗性。

1. 主要病害及防治

(1)叶锈病。石斛的叶锈病发生在7—9月。首先受害的叶片上会出现淡黄色的斑点,后转为粉黄色疙瘩,最后孢子囊破裂散发出大量粉末状孢子,严重时,导致茎叶枯萎死亡。

防治方法:苗床上的石斛应保持通风透气;严重时,用75%百菌清可湿性粉剂600倍液,或三唑酮800倍液进行防治,每周1次,连续喷洒3次,以防病情迅速蔓延,在发生初期或未发病前,可每月喷洒1次药液预防。

(2)软腐病。通常侵害石斛的叶片、芽、鳞茎,春、夏季温度过高,通风不良,易发生此病害;需增加通风,降低温度。

防治方法:采用硫黄链霉素可湿性粉剂800倍液,或68%多保链霉素,或72%的农用链霉素可湿性粉剂1 000倍液进行防治。药品交替使用,以免产生抗药性。软腐病主要从伤口感染,发现病叶,应立刻剪除。

(3)炭疽病。主要为害叶片及肉质茎,受害叶片出现褐色或黑色病斑,大量发生时可导致落叶,严重影响铁皮石斛的生长,一般1—8月均有发生。

防治方法:把石斛的病叶切除,选用好生灵1 000倍液,或78%可杀得可湿性粉剂1 000倍液,或80%代森锰锌500倍液,交替使用,每10～15d喷1次;高温高湿季节增加喷药密度,3～6d喷1次,连续4次。

2. 主要虫害及防治

软体虫害:蜗牛、蛞蝓等,为害曲茎石斛新发的嫩叶、幼茎。可用毒饵诱杀或人工捕杀进行防治;在床四周撒施生石灰防止其爬入床内为害;在床内撒杀螺类药剂进行防治。

红蜘蛛:全面清除周边环境的杂草或喷600～1 000倍液低毒杀螨剂来进行全面防治。

介壳虫:主要为害曲茎石斛叶片。因介壳虫类大多怕潮湿应特别注意茎叶上浇水时淋洒不到的部位,如发现少数介壳虫时,可以用手指、棉花棒或毛笔蘸水刷虫体,并检查较隐秘处是否有躲藏。较严重时用药物防治,可用40%速扑杀乳油700～1 500倍液喷雾,或用1.8%阿维菌素3 000倍液喷洒植株茎叶,7～10d喷洒1次,连续3次。

鳞翅目幼虫：主要是蝴蝶和蛾类的幼虫。数量少时用手或镊子抓除，不易抓除或较严重时则以50%西维因可湿性粉剂800倍液喷洒；或25%氯氰菊酯乳油3 000倍液喷雾防治，每10~12d喷1次，连喷2次；或用1%苦参碱1 500倍液喷雾防治。

五、采收及初加工

（一）采收

曲茎石斛栽培3~5年后可采割利用，采收时保留3年生以下幼茎，采收4年生以上老茎。遵循除老留幼，除小留大，除弱留强，除密留稀的原则，保持群体更新复壮。

（二）烘干与保存

鲜品通过除杂、清洗后，60℃以下低温烘干。干品置于通风干燥处，防潮。

（三）加工

1. 整理

鲜石斛原料去根、花序梗，并剥去叶鞘，切成7~10cm的短段。

2. 文火烘焙

低温烘焙，除去水分并软化，以便于卷曲，同时在软化过程中尽可能除去残留叶鞘。

3. 卷曲加箍

加箍的目的是使卷曲紧密，不致散开，形态美观，均匀一致。

4. 干燥

低温干燥，以免枯焦，表面至金黄色即可。

第七节　云木香

一、概况

云木香，又名青木香、广木香、木香，为菊科云木香属多年生草本植物。原产于印度、巴基斯坦等国，我国引种云木香是云南商人从印度带回种子，在云南鲁甸首次试种成功，并向高寒阴湿地区扩种，近年来湖北、湖南、广东、广西、陕西、甘肃、四川、西藏等地亦有生产。云木香始载于《神农本草经》，列为上品，药用历史悠久，干燥根入药，药材名为木香，味辛、苦，性温。归脾、胃、大肠、肝经。有健脾消食、行气止痛、安胎的功效，现为木香顺气丸、六味木香胶囊等中成药的主要原材料之一。

国内木香市场主要用于中药饮片、中成药、保健食品方向，20世纪90年代初国家有关部门将该品种确定为全国重点中药材生产品种。据不完全统计，国家批准上市，有木香成分的中成药有912条，中药方剂2 908条，《中华人民共和国药典》（2020年版）收载含有木香的中成药品种163种，国家健字号的保健食品15种，如"致中和牌五加皮酒""东流水牌阿胶块""汉草堂牌白芍白术木香片""宝健牌甘维康胶囊"等。此外，云木香根浸膏与精油具有浓郁的动物香气，还被广泛用作香料原料。

云木香喜冷凉湿润环境，通常分布于海拔2 500～3 200m的山区，以山地种植为主。生长适宜环境不高于10℃活动积温2 000～3 200℃，极端最高温度不高于28℃，极端最低温度不低于-14℃，年无霜期120～200d，年降水量在800～1 200mm，全年空气相对湿度保持在68%～75%的地区，较为适宜云木香植株生长发育。云木香土壤含水量要求常年处于22%～35%，当土壤含水量低于15%的情况下，云木香植株生长缺水，易萎蔫。云木香种植土壤要求以肥力水平高、疏松透气性好、排灌便利的酸性土层。云木香植株根系生长较为发达，可伸长至土壤深处30cm左右，因此，为促进根系的良好伸长，在种植前需要对种植地块翻耕、改良及施肥管理。

城口云木香在秋、冬季采挖，除去泥沙及须根，切段，大的再纵剖成瓣，干燥后撞去粗皮。药材呈圆柱形或半圆柱形，长5～15cm，直径2～5cm。表面黄棕色至灰褐色，有明显的皱纹、纵沟及侧根痕。质坚，不易折断，断面灰褐色至暗褐色，周边灰黄色或浅棕黄色，形成层环棕色，有放射状纹理及散在的褐色点状油室。气香特异，味微苦。城口是全国云木香的主要产区之一，全县人工种植云木香2万多亩，涉及种植户约2 000户。其中在鸡鸣乡海拔1 500m以上与重庆开州、四川宣汉交界的高山荒坡地带种植最集中连片，也是"开州云木香"的核心组成部分，全县其他乡（镇）高山地区也有部分栽培。

二、种子种苗繁育技术

（一）种子繁殖

云木香在生产中普遍采用种子繁殖的方式。但是，由于云木香的繁殖能力较弱，而且种子数量有限，所以需要通过人工辅助手段来扩大云木香的繁殖范围。种植季节可以在春季、秋季和冬季。通常春季种植应该在3月中旬到4月上旬进行，而秋季种植则应该在8月上旬到9月中下旬进行，而冬季种植则应该在11月上旬进行。7—8月采收种子后，将种子晒干，然后放在阴凉通风处保存，期间应注意防潮、防虫、防霉，存储期限不宜超过12个月。

1. 苗地选择

云木香苗圃地选择前茬作物为玉米、马铃薯等地块轮作最佳。挑选苗圃地块时，建议选择保水、保肥性强，土壤质地肥沃，土层深厚，pH 值为 6.5～7 的微酸至中性山地为种植区域。依据当地田间病虫害发生特征，在地下害虫发生较多的地块，使用辛硫磷颗粒剂均匀撒施地表，随翻耕入土，减少地下害虫的为害。辛硫磷颗粒剂使用量为 1～1.5kg/亩，土壤翻耕深度 30cm 左右，翻耕时，将田间杂草、秸秆等全部旋耕进入土层促使其快速腐化，丰富土壤有机质含量。

2. 施肥起垄

结合旋耕整地施入底肥，底肥为充分腐熟有机肥 1 250～2 000kg/亩、磷酸二铵 25kg/亩或尿素 50kg/亩。底肥均匀撒施土壤表面，随后进行土壤翻耕，同时将田间杂草、石块清除，旋耕后土表平整做垄，云木香育苗垄面宽 1.5m、垄高 5cm，两垄之间间距 30cm 左右，便于后期排灌管理。

3. 种子处理

选用当年收获优质、饱满有光泽、均匀一致、无霉变、发芽率超 80% 以上的种子。播种前将种子置于水温 30～40℃的水中浸泡 24h，同时使用滤网将上方漂浮的杂质、瘪粒剔除。浸种结束后，将种子取出晾干后即可进行播种。

4. 播种管理

云木香育苗播种时间通常为 3 月中下旬，多为撒播或条播，播种量为 20kg/亩。播种后，将细碎土均匀撒施垄面，种子上方覆土厚度为 2cm 即可，随后使用铁锹轻拍镇压。播种后及时洒水，确保垄面土壤含水量在 70% 左右，促进种子吸水膨胀发芽。在播种完成后，可在苗床上方均匀覆盖厚度 5～10cm 的麦草，可以起到一定的保温保墒效果，提升出苗速度。

5. 苗床管理

（1）水肥条件。云木香种子在播种后 10d 左右开始出苗，此时出苗量达 5% 左右，通常需要 30d 左右苗齐。在播种后至出苗整齐前，管理重点以水分调控为主，随时观察苗床土壤湿度水平，含水量以泥土手握成团、松开即散为原则。当发现土壤无法手捏成团，且土壤表面发白，则应当在早、晚气温较低的时候快速补水，避免幼苗萎蔫，影响出苗效果。云木香生长苗期，此阶段外界环境气温较高、光照较强，叶片处于高温暴晒情况下易出现黄化，在管理时可通过叶片追肥的方式，增加叶片厚度提升叶片浓绿程度。叶片追肥可喷施磷酸二氢钾 1 000 倍液，茎叶喷雾，可有效改善叶片黄化情况，每间隔 15d 左右喷施 1 次即可。

（2）揭草。云木香幼苗出苗整齐后，在揭草过程中，为避免高温灼伤幼苗，保持土壤水分含量，减少土壤水分蒸发量可将揭草分 3 次进行。第 1 次揭草时间为出苗整齐，苗高 2～3cm，可减少覆盖麦草的厚度。10d 后进行第 2 次、第 3 次揭草时，中间间隔时间以 10d 左右最佳。

（3）除草。云木香幼苗生长期间，苗圃杂草建议使用人工拔除最佳，禁止使用化学药剂，避免云木香幼苗受到药害的影响。中耕除草3～4次，每次间隔15～20d。第1次中耕除草是在处暑雨季结束后进行，主要是去除病害严重的残余草。待苗长到6～7片真叶时可进行第2次除草，主要是清除杂草和其他杂物。因苗小且根系浅，除草时注意切勿伤根，否则会影响苗势的正常发展。第3次除草可在7月中旬以后进行，第4次除草可以在9月底以前完成。除草的目的是减少杂草对幼苗的影响，增强抗逆性和耐旱性。拔草时，注重手法，杂草接近云木香幼苗时，可使用另一只手按压住云木香幼苗根部，以免拔除杂草时，带动幼苗，影响根系生长，造成幼苗死亡。

（二）无性繁殖

在种子不足的情况下可以采用无性繁殖，选用直径为3～5cm的大根作为母体，将其切成若干条，每条长20～30cm，用刀背压紧伤口处，待伤口愈合后再取下一条，如此反复多次，直至所有根断口愈合为止。由于其强大的生命力，栽种后通常会发芽生长，但是长出的根系形状不佳，从细根的端部开始，会出现许多矮小的侧根，导致产品质量不佳。后期苗床管理与种子繁育一致。

三、种植技术

（一）栽培条件

1. 选地整地

种植云木香需根据其生长的环境特点选择土层较厚、疏松、富含腐殖质的沙质壤土，同时要求排水良好，因排水不良易引起根腐病。避免选择盐碱地、重翻土。云木香对前茬要求不严，玉米、马铃薯、豆类、油菜、荞麦等肥力较高的作物均可，但忌连作。种植地选择好后，若为生荒地，深翻25～30cm翻3次，第1年11月初第1次，30d后第2次，第2年播种前第3次；熟地则冬季深翻1次即可。种植时要求施足底肥，每公顷约45t农家肥。

2. 种苗处理

种苗起挖时间以土壤解冻后进行，选用健壮、无病虫害的优质一年生云木香幼苗。起苗后，使用75%多菌灵可湿性粉剂1 000倍液浸泡根系10min后捞出控干，等待移栽。

3. 移栽方式

云木香种苗移栽时间为3月下旬至4月上旬。移栽时采取沟栽，亩种植云木香种苗50 000～55 000株。移栽时，株距为30cm，行距为40cm，种苗根系需要充分扩展，避免堆积。种植深度不宜过深，以苗顶部与地面距离4～6cm最佳，定植后，均匀覆土，整平土壤。

（二）田间管理

1. 间苗补苗

当云木香苗长出 3～4 片真叶后，结合中耕除草进行间苗补苗，穴播每穴留壮苗 2～3 株，条播按照株距 15cm 定苗。

2. 中耕除草

云木香整个生育期都需要根据田间杂草实际生长情况进行中耕除草。云木香缓苗成活后，新叶长出，可进行首次除草，一般在一年中的春、夏、冬季进行，建议以人工拔除最好，此时云木香根系较浅，人工拔除可减少对根系的损伤。进入 7 月中下旬后，可采取中耕除草方式进行第 2 次除草，此时中耕深度保持在 5～8cm 为宜，避免损伤云木香植株根系。秋播的幼苗在冬季叶片即将枯萎时中耕除草，并用土将幼苗覆盖以保温防寒。

3. 水肥管理

云木香种植地块土壤通常为夜潮土，在常规年份通常不需要进行再次灌溉。但是如果当年气候较为干燥，出现干旱天气，则需要依据土壤墒情进行浇水，保障云木香植株的正常生长发育。进入 6—9 月，降水量较大，需要做好田间排水防涝，避免田间积水过多造成根系腐烂。

云木香在生长期间进行追肥，可以显著提升产量。在施入底肥的基础上，可在 5—7 月植株快速生长期，每亩追施尿素 10kg 或复合肥 15kg，促进植株生长。施肥后应及时灌水，提升肥料利用率。追肥一般结合中耕除草进行，农家肥同化肥配施，农家肥宜选用肥力较高的人、畜粪尿、厩肥、草木灰等，化肥宜用磷、钾肥或氮、磷、钾肥。种植第 1 年 5 月下旬施氮肥 225kg/hm^2；7 月中旬施氮肥 100kg/hm^2、复合肥 200g/hm^2；10 月开沟施农家肥 15～22.5t/hm^2，并培土；第 2 年 5 月中旬施氮肥 100kg/hm^2、复合肥 200kg/hm^2。

4. 培土

秋、冬云木香地上部分枯萎后，割去枯枝叶，培土盖苗。

5. 打顶去蕾

云木香在移栽当年即有部分植株开始抽薹开花，为了避免其抽薹消耗养分，导致根部产量下降，可以对其进行割薹。在云木香抽孕蕾时及时对不需要留种的植株进行打顶去花蕾，促使养分向根系转移，增加云木香根部产量。

6. 间作

云木香幼苗惧强光且植株矮小，宜间作玉米等作物。第 2 年开始云木香封垄，不宜再间作其他作物。

7. 选留种

选择生长健壮、无病虫害的植株，不去花蕾，留作采种，或选择生长健壮整齐的地块，精心管理作留种田。当花柄变黄，花苞变为黄褐色，花苞上部尚未散开时及时采收，随熟随采，否则种子老熟后易脱落。采回的花苞经晾晒后，脱粒，去除杂质后置通风干燥处储藏备用。

（三）病虫害防治

1. 病害

（1）根腐病。5月为发病初期，高温多雨的7—8月为发病盛期。根腐病为害根部，发病后根部变黑，后期腐烂，使地上部分枯萎直至整株死亡，根腐病通常发生在排水不畅的地块。

防治方法：①选择地下水位较低且排水便利的优质地块种植云木香，并且定期做好排水沟渠的清理。②在田间中耕除草时，避免损伤云木香根系，减少根部伤口。③购买优质无带病种苗进行移栽种植。④当田间出现病株时，应当及时拔除并集中带离农田销毁，同时在病穴内撒施石灰粉以达到消毒效果。⑤发病初期用70%噁霉灵可湿性粉剂3 000～4 000倍液，或70%甲基硫菌灵800～1 000倍液，或50%多菌灵可湿性粉剂800～1 000倍液，或64%杀毒矾可湿性粉剂500倍液，或50%甲基硫菌灵1 000～1 500倍液，或75%百菌清500～800倍液灌根，连续施用2～3次，每次间隔7～10d。

（2）褐斑病。褐斑病是指植物叶片表面产生黑色圆形或椭圆形斑点的一种病害。在夏日高温时期发病最严重。当气温升高到28℃以上时，病菌就会大量繁殖并释放出毒素。通常10～30个梗会紧密地组合在一起，呈现出笔直的形态，颜色为深棕色，每个梗的尺寸在（92～225）μm×（2.8～4）μm，其中有1～6个隔膜。而在成熟的梗的前端，则会出现1～2个孢痕。分生孢子则会出现在梗的顶端，呈现出长条形，微微弯曲，基部略微膨胀，而上部则逐渐变窄，颜色为深棕色，尺寸在（12～64）μm×（3.2～6.8）μm。

防治方法：①选择具有较强抗病能力的品种。②选择适宜的栽培环境，如通风透气、遮阴降温、排水良好等。③定期清理病叶和死树枝，防止病源积累。④如果发现病害出现，应立即采取相应的防控措施。例如，50%多菌灵可湿性粉剂，或25%速效唑可湿性粉剂，或20%苯甲酸锌可湿性粉剂，或10%百菌清可湿性粉剂，或40%硫黄可湿性粉剂，或60%石硫合剂等。

2. 虫害

为害云木香的害虫主要有蚜虫、介壳虫、短额负蝗、银纹夜蛾、地老虎和蛴螬。主要影响植株的根茎。发生为害时，会啃食云木香地下根茎部分，造成苗木养分运输困难，地上部分枯黄。同时，地下根系在啃食受害后易形成大量伤口，易感染根腐病等土传病害，最终导致云木香大面积减产。

（1）蚜虫。在云木香种植期间属于常见害虫，干旱年份发生较多。受害云木香植株出现失水萎蔫、扭曲黄化、新叶伸展不良，严重影响种植产量与药用价值。并且蚜虫在为害过程中，会传播病毒病、滋生煤污病，严重影响云木香的正常生产。

防治方法：①云木香采收后及时清园，将田间杂草、枯枝败叶清理干净，减少田间越冬虫源基数。②合理规划种植，选择云木香种植地块时，尽可能地远离桃、杏、李等越冬寄主性植株，避免造成传播为害。③防治时可使用10%吡虫啉可湿性粉剂2 500倍液或25%噻虫嗪水剂3 000倍液，茎叶喷雾防治。

（2）介壳虫。全年发生，初秋为发生盛期。

防治方法：喷施25%亚胺硫磷乳油800倍液或三硫磷3 000倍液，连续喷施2～3次，每次间隔7d。

（3）短额负蝗。即"蚱蜢"，咬食叶片。

防治方法：冬季清除杂草和地上枯萎部分，减少越冬虫；用网捕杀；喷施5%西维因粉。

（4）银纹夜蛾。银纹夜蛾是一种重要的农业害虫，主要分布在我国南方地区。成虫白天活动频繁，夜间飞行觅食。若遇干旱天气，也会飞至附近的水源处吸水。主要为害为咬食叶片。

防治方法：采用生物防治法，如利用瓢虫、蚜虫等作为诱饵捕杀银纹夜蛾。也可用90%敌百虫800倍液喷洒，每7d喷1次，连续几次。

（5）地老虎和蛴螬。地下害虫，啃食叶、芽、花蕾、根茎。

防治方法：秋季深耕，翻出幼虫使其死亡；合理施用充分腐熟的农家肥可阻止幼虫滋生；利用成虫趋光性进行人工捕捉；用50%辛硫磷700～1 000倍液灌根，连续施用2～3次，每次间隔7～10d。

四、采收与加工技术

（一）采收时间与方式

云木香种子从播种至采收通常需要2年左右，根系采收时间通常为第2年的10月至11月中旬。观察云木香茎叶，出现完全枯黄后，将茎秆割除，选择晴天挖采根部。采挖过程中，可依照定植顺序逐一将植株根系全部挖出，置于垄面上，并将泥土全部抖净。挖出的新鲜云木香根系在干燥处理前，避免其冻伤影响品质。

（二）加工技术

1. 初加工

云木香根系采挖后，禁止用水冲洗，会影响药材的品质。采挖回来的云木香根系均匀放置于干净分选室内，将杂物剔除，并将损伤、病根、健康根系分别堆放处理。分选后的云木香新鲜根将须根及芦头去除后，主根分别切成5～15cm的小段，使用烤箱或阳光暴晒烘干，烤箱烘干时温度不可超过60℃，处理干燥后，将其装于铁质桶中，将须根、粗皮、泥沙等撞干净，直至主根上部颜色转变为棕灰色即可。云木香以条匀、质坚实、不枯、不空心、油性足、香气浓为佳。

2. 切片工艺

云木香为含挥发性成分的药材，市售商品饮片形状、大小、薄厚、成分含量差异很大，严重影响了饮片的质量。在应用阶段切制加工时，如切片太薄，面积增大，挥发油成分容易散失；切片太厚，有效成分又不易熬出。

第八节 药用大黄

一、概况

大黄是我国传统特产药材，其味苦，性寒。归脾、胃、大肠、肝、心包经。具有泻下攻积，清热泻火，凉血解毒，逐瘀通经，利湿退黄等功效。始载于《神农本草经》，大黄以其"破癥瘕积聚、推陈致新、安和五脏"之效被历代医家推崇。现代药理研究发现大黄的化学成分包括蒽醌类、蒽酮类、二苯乙烯类、有机酸、鞣质类、多糖类、萘衍生物类等，在消化系统、心血管系统、微循环系统、泌尿系统等领域作用广泛，具有保肝利胆、调脂、抗病毒、抗炎、抑菌、抗肿瘤、抗氧化应激等作用。近年来研究发现，大黄活性成分可通过多机制、多靶点防治肝脏疾病，具有良好的发展潜力。据不完全统计有900余种中成药的产品配方中含有大黄，如"大黄饮片""牛黄上清丸""黄连上清胶囊""黄连上清丸""仁和牌一清片"等。市场年需求总量在5 000t以上。《中华人民共和国药典》（2020年版）规定，大黄的来源为蓼科植物掌叶大黄、唐古特大黄或药用大黄的干燥根和根茎。

药用大黄是中药材大黄的3种基原植物之一，以其干燥根及根茎入药，俗称"南大黄"。产陕西、四川、湖北、贵州、云南等地及河南西南部与湖北交界处。喜冷凉气候，耐寒，忌高温。适宜栽培在海拔1 000～2 000m的山区沟旁。冬季最低气温为-10℃，夏季气温不超过30℃，无霜期150～180d，年降水量为500～1 000mm。对土壤要求较严，一般以土层深厚，富含腐殖质，排水良好的壤土或沙质壤土最好，黏重酸性土和低洼积水地区不宜栽种。忌连作，需经4～5年后再种。

城口药用大黄为高大草本，高1.5～2m，根及根状茎粗壮，基部直径2～4cm，中空，具细沟棱，被白色短毛，上部及节部较密。基生叶大型，叶片近圆形，稀极宽卵圆形，直径30～50cm，或长稍大于宽，顶端近急尖形，基部近心形，掌状浅裂，裂片大齿状三角形，基出脉5～7条，叶上面光滑无毛，偶在脉上有疏短毛，下面具淡棕色短毛；叶柄粗圆柱状，与叶片等长或稍短，具棱线，被短毛；茎生叶向上逐渐变小，上部叶腋具花序分枝；托叶鞘宽大，长可达15cm，初时抱茎，后开裂，内面光滑无毛，外面密被短毛。大型圆锥花序，分枝开展，花 4～10 朵成簇互生，绿色到黄白色；花梗细长，长 3～3.5mm；花被片 6，内外轮近等大，椭圆形或稍窄椭圆形，长 2～2.5mm，宽 1.2～1.5mm，边缘稍不整齐；雄蕊 9，不外露；花盘薄，瓣状；子房卵形或卵圆形，花柱反曲，柱头圆头状。果实长圆状椭圆形，长 8～10mm，宽 7～9mm，顶端圆，中央微下凹，基部浅心形，翅宽约 3mm，纵脉靠近翅的边缘。种子宽卵形。花期 5—6 月，果期 8—9 月。

城口药用大黄在秋、冬季采挖，除去泥沙及须根，切片干燥。全县人工种植药用大黄约 6 000 亩，涉及种植户上千户。主要分布在高燕镇、双河乡、周溪乡、东安镇、河鱼乡、明中乡等乡（镇）。

二、种子种苗繁育技术

（一）药用大黄种子采收、制备

1. 采种株

选品种较纯的三年生植株，须具备本品种的典型性、一致性，整齐度高、丰产性好、生长健壮、无病虫害。加强田间管理，于 5—6 月抽花茎时设立支架，以免被风吹断。

2. 种子采收

一般在栽植第 3 年 7 月下旬至 8 月上旬，当大黄种子果壳 2/3～3/4 为黄褐色，且胚乳初步形成，种子颗粒饱满时为最佳的采茎时期。晴天的 6—9 时露水未干或阴天采收。剪下果茎，悬挂在通风阴凉处使其后熟，至种子能自然抖动脱落。

3. 干燥

将大黄种子薄摊于室内晒场，阴干 7～10d，每天翻 1～2 遍，以防烂种。室内温度应低于 20℃。

4. 种子包装储藏

种子阴干至含水量 12% 以下，对种子进行清选，使种子净度达到 90% 以上。清选后的种子用种子袋包装储藏于干燥、通风、避光、有防潮设施的仓库中。

5. 种子检测

种子储藏期间，根据不同季节，不同品种，实行定期定点检查，遇到灾害性天气要及时检查。检查内容有种子水分、发芽率、仓温、仓湿以及虫、霉、鼠、雀等。种子因受潮、结露和自然吸湿而超过安全水分标准时，必须翻堆、晾晒、烘干到安全水分，以防种子霉烂。

（二）药用大黄种苗繁育技术

1. 选地、整地

大黄是多年生深根性植物，主根可深入土层 30～45cm，选地以疏松、排水良好的沙壤山坡地为好，土壤 pH 值 6.5～7.5。前茬作物以豆科、禾本科为主，不宜连作。育苗前对育苗田进行深耕，耙细，清除杂草。结合深耕施足基肥，每亩施腐熟农家肥 4 000～5 000kg，在贫瘠的土壤上，还可增加施肥量。

2. 苗床整理

播种前对育苗田耙磨作畦，畦宽 1.2m，畦高 10～15cm，间留 20～30cm 操作通道，畦面土粒细碎，表面平整。畦长方向同于坡向。

3. 种子处理

选择前一年采收的药用大黄种子，发芽率 90% 以上，净度 90% 以上，充实饱满。可用 50% 多菌灵可湿性粉剂进行拌种，每千克大黄种子拌 50% 多菌灵可湿性粉剂 15～20g。

4. 播种时间

春季播种：3 月下旬至 4 月上旬播种。

秋季播种：8 月至 9 月上旬播种。

5. 播种育苗

横向在畦上开沟条播，行距 12cm，深 3cm，将种子均匀撒入沟内，每隔 3～5cm 有种子一粒为合适，覆土 2～3cm，再覆一层草。发芽出土后趁阴天或傍晚揭覆盖草。

（1）中耕除草。大黄第 1 年幼苗小，杂草易生，结合松土要勤除草。

（2）施肥。大黄为喜肥植物，除施基肥外，还需进行追肥 2～3 次，5—6 月施一些稀人、畜粪追肥。

（3）覆土防冻。10 月下旬在大黄苗行上培土 3～5cm，以防幼苗受损。

6. 起苗

春季播种育苗植株，第 2 年 3—4 月时起苗；秋季播种育苗植株，第 2 年 9 月下旬至 10 月上旬起苗或第 3 年 3—4 月早春起苗。

将大黄种苗挖出，剔除病苗、弱苗、机械损伤以及非药用大黄种苗。挖出的种苗及时覆盖。起苗后根据大小 10～20 株扎成 1 把，待栽。大黄种苗最好边挖边栽。

三、大田移栽技术

（一）前茬选择

按照大黄生产生态环境条件选地，种植基地应选择轮作 3 年以上，前茬以荒地、豆科、禾本科等作物为佳。

（二）整地施肥

深耕，耙细，清除杂草。结合深耕施足基肥。

（三）种苗移栽

秋季移栽和春季移栽均可，秋季移栽应在土地封冻之前。采用穴栽，株行距 75cm×100cm，穴宽 35cm，穴深 30cm 以上，呈"品"字形，穴栽 2 株，头低尾高，覆土 2~3cm。

（四）田间管理

1. 定株

保持 1 700~2 000 株/亩，2~3 叶期拔除弱苗、小苗，进行定株，发现缺苗，及时补苗。

2. 中耕培土

定植的大黄，5 月中旬进行第 1 次除草，6 月中下旬进行第 2 次除草，结合除草进行培土，培成馒头形，培土 8~9cm。第 2 年除草 2~3 次。

3. 施肥

大黄喜肥，多追肥，以腐熟的有机肥为主，配施化肥。移栽第 2 年的 6 月结合中耕除草，环状法施磷酸二铵 20kg/亩、饼肥 50~80kg/亩。

4. 摘薹

移栽后第 2 年，6 月前摘除花薹，宜早不宜迟，保留 2~3 片叶子，摘除后用土覆盖根头部分并踩实，防止雨水侵蚀切口造成腐烂。

（五）病虫草害防治

1. 病害防治

（1）根腐病。主要发生在根的中上部和根茎部。最有效的防治方法是蘸根法，将种苗用 3% 噁霉灵·甲霜灵水剂 700 倍液蘸根 30min，晾干后栽植，或用 10% 咯菌腈（适乐时）15mL 加水 2L，喷施幼苗根及根茎至全部淋湿，晾干后栽植。

（2）轮纹病。主要为害幼苗、成株的叶部。发病初期用 50% 苯菌灵可湿性粉剂 1 200 倍液，或 80% 代森锰锌可湿性粉剂 600 倍液喷雾防治。

（3）黑粉病。主要为害叶脉和叶柄。采用种子拌种和种苗蘸根法，种子拌种采用 50% 多菌灵可湿性粉剂拌种；种苗移栽前用 25% 三唑酮可湿性粉剂 1 000 倍液蘸根，晾干后栽植。

（4）斑枯病。主要为害幼苗、成株叶片。7 月至 9 月上旬为发病盛期。发病初期采用 50% 苯菌灵可湿性粉剂 1 500 倍液喷施或 10% 苯醚甲环唑（世高）水分散粒剂 1 500 倍液喷雾防治。

2. 虫害防治

（1）蚜虫。主要吸食植物体液汁。可用 10% 吡虫啉 1 000 倍液蘸根，或在 6—8 月用 50% 的抗蚜威可湿性粉剂 10~20g 兑水 30~50kg 或 10% 吡虫啉 1 000 倍液喷雾防治。

（2）甘蓝夜蛾。主要为害大黄的叶片。在成虫盛发期于傍晚喷洒90%晶体敌百虫1 000倍液或4 000倍液的杀灭菊酯防治。

（3）蛴螬。主要为害大黄根部。移栽前每亩用50%辛硫磷乳油150g拌适量细土撒入土地，耙细磨平。

3. 草害防治

尽量保持种田无杂草种子，在杂草种子成熟前除草，宜早不宜迟。结合播前、播后、苗前、苗后及中耕等田间管理，尽早进行人工除草，做到有草必除，除早除小。

四、采收初加工技术

1. 采挖

生长3年以上的根茎，10月下旬至11月上旬，地上部枯萎后刨根采挖。采挖前割除地上部枯茎，清理地块后采挖，采挖要挖深、挖大，力求全根。挖出的大黄抖去泥土，去掉腐烂大黄和残叶，切除大黄根茎顶端的生长点，打去粗皮，切去水根整形。

2. 初加工

（1）整形。按照蛋片吉、苏吉、通货整形。蛋片吉鲜大黄用刀纵向切成2片；苏吉横向切成数段，每段厚9～11cm。

（2）干制。阴干，将整形的大黄用麻绳串起，挂在室内或屋檐下通风阴干，切忌雨淋。烘干，当大黄切口收缩并出现油状黄白色水珠颗粒时，即可上棚或进烘房烘干。烘干时将晾晒整形的大黄放入烘房或烘箱，单层摆放，厚约10cm，加温烘干。每天翻动，45～50℃下7～10d，当大黄切口处的油状物消失后，再升温至55～58℃，20～30d即成干品。干品装于木箱或装药设备内冲撞，撞去粗皮，露出黄色即可。

第九节 杜 仲

一、概况

杜仲，别名连丝皮、丝棉皮、扯丝皮、白丝线、木棉、思仲、思仙、鬼仙木等，属杜仲科杜仲属植物，为我国特有的经济树种之一，属国家二级保护植物。杜仲全身是宝，其皮、叶、雄花等具有很高的药用价值。杜仲皮始载于《神农本草经》，被列为上品。具有补肝肾、强筋骨、降血压、安胎等诸多功效。宋代《本草图经》记载杜仲"初生叶嫩时，采食"，这是关于杜仲叶最早的食用记载。杜仲皮和杜仲叶现为保健食品原料。卫生部公告（2009年第12号）文件中批准杜仲籽油为新资源食品；2014年4月16日，国家卫生计生委发布《关于批准壳寡糖等6种新食品原料的公告》（2014年第6号），批准杜仲雄花为新食品原料；2018年4月，国家卫生健康委员会公布了《关于征求将党参等9种物质作为按照传统既是食品又是中药材物质管理意见的函》，就杜仲叶被列入"药食同源"物质征求意见；2020年1月，国家卫生健康委员会、国家市场监督管理总局联合发布《关于对党参等9种物质开展按照传统既是食品又是中药材的物质管理试点工作的通知》，对杜仲叶等9种物质开展"药食同源"生产经营试点工作。作为我国特色资源，杜仲全株不同部位，如皮、叶、籽、雄花在医药、食品、化工等领域均有较广泛的应用。

《中华人民共和国药典》（2020年版）收载含杜仲皮的中成药38种，含杜仲叶的中成药3种。从剂型上分析，收载含杜仲的中成药制剂共涉及7种剂型，分别是丸剂（20种）、胶囊剂（6种）、片剂（6种）、合剂（3种）、膏剂（1种）、酒剂（1种）、颗粒剂（4种）。基于杜仲的药食同源价值，以杜仲皮、叶、籽、雄花为原料开发了多样化的杜仲产品，涉及中成药、保健食品、普通食品、中兽药及饲料添加剂、日化用品等多种产品形态，具有很高的经济价值，已越来越多地受到人们的重视。

杜仲的适应性广，耐寒性较强，喜温凉湿润气候，能耐-20℃低温，忌瘠薄、强酸性土壤，在微酸性、中性、微碱性及钙质土壤上均能良好生长。主要采取种子育苗种植，成林杜仲砍后还能重新萌条生长，易管易种，繁殖力强，对土质要求不严，我国南北均可种植。杜仲既是名贵的药用植物又是生产硬质橡胶的树种，可大力发展杜仲产业。杜仲这个古老的经济林木，将会带来巨大的经济效益和社会价值。

杜仲分布于陕西、甘肃、河南、湖北、四川、云南、贵州、湖南及浙江等地，现各地广泛栽种。在自然状态下，生长于海拔300～500m的低山、谷地或低坡的疏林里，对土壤的选择并不严格，在瘠薄的红土，或岩石峭壁均能生长。城口杜仲资源丰富，分布很广，各乡（镇）均产，常年产量约1万kg。经济价值较高，现全县有很大的储存量。

二、种子种苗繁育技术

（一）育苗技术

杜仲繁育方式有播种、嫁接、压条、扦插和分蘖等，生产上以播种、扦插、压条为主。

1. 播种育苗

（1）种子采集。每年10—11月从树龄10年以上、长势良好的杜仲雌株上采集种子，要求种皮黄褐色、有光泽、籽粒饱满。种子采集完成后，去除瘪壳和杂质，经过充分干燥，装入麻袋、箱、缸等容器中，置于通风、干燥的库内储藏，以防受潮霉烂和鼠害。

（2）苗地选择。苗圃地一般选择排水良好、地势平坦的开阔地或1°～3°的缓坡地，以土壤肥沃、灌溉方便、交通便利的微酸性土壤地块为宜。土黏雨多的地区，宜选用3°～5°的坡地作为苗圃地，以利于排水。在山区坡度较大的地方开设苗圃地时，可选择南坡或东南坡、土层深厚的地块，并修成水平梯田。

（3）整地与施肥。于深秋或初冬将圃地上的一切杂物清理干净，并进行一次深粗耕，深度不小于35cm，不耙散。冬闲时沿苗圃地四周挖宽40cm、深35cm的排水沟（俗称围沟）。经过一个冬季的翻晒和冻垡，加快改善土壤的理化性质，促进苗圃地土壤风化改良，尽量减少地下害虫和病原体。第2年2月下旬，用机械进行"三耕三耙"，耙碎垡块和结皮，亩施腐熟厩肥2 000kg或硫酸钾型复合肥（N∶P∶K=16∶16∶16）75kg或发酵腐熟的饼肥200kg，配施过磷酸钙50～75kg，施肥后轻微镇压土壤，平整土地。

（4）开沟作床。杜仲播种一般采用平床，按1.50m宽划线开厢沟。苗床宽1.20m，厢沟宽0.30m、深0.25m，长度控制在15m以内。为使幼苗免受日灼伤害，苗床长边一般以东西向为宜，但在坡地应使苗床长边与等高线平行。如果苗圃地过长，需要开挖排水沟，使外沟、中沟、厢沟、围沟等沟沟相通。合理分布的沟道有利于排水及人员行走作业。

（5）苗床消杀。播种前，需要对苗圃地进行一次严格、彻底地杀菌、杀虫。苗圃地杀菌一般亩用70%五氯硝基苯粉剂1kg或硫酸亚铁粉剂20kg撒于土壤表层或播种沟中，整地时翻入表土层灭菌。苗圃地杀虫可亩用3%克百威颗粒剂5kg混拌适量细土撒施。

（6）层积催芽。为确保杜仲种子出芽整齐，播前需要进行层积催芽。催芽前先用0.3%～1.0%硫酸铜溶液对种子进行消毒，并在45℃左右温水浸泡一昼夜。准备湿度不低于60%的河沙，要求手握成团、松开即散。选择干燥通风、便于观察的房间，先在地面上铺一层约10cm厚的湿沙，再将杜仲种子和湿沙按1∶3的比例交叉层积、混合堆放。混合堆高度一般不超过50cm，最上层覆盖湿沙，在湿沙上间隔一定距离插入透气竹筒或木制通气孔，便于空气流通。也可将种子与湿沙按1∶3的质量比混合，装入带有通气孔的木箱、木筐或木桶内，放置于通风的室内。层积催芽期间应密切关注种子堆的温湿度情况，定期检查种子催芽情况，温度较高时要进行人工翻动，以防种子霉烂变质影响出芽率。杜仲种子层积催芽天数一般以40～60d为宜。

（7）播种。待杜仲种子翅果顶端缺口处稍露白头，裂口种子数在30%以上时，即可进行播种。为使播种行通直，要划线开一条播种沟，沟深2～3cm，行距25cm，开沟深度要均匀。将杜仲种子用筛子过筛，将饱满的种子均匀地条播在沟基内，亩可撒播种子10kg左右。撒播后覆盖2cm厚细土，再在沟上覆以锯末、谷壳、稻草、松针等，用以保墒、防鸟害，营造良好的种子发育环境。播种后需一次性浇足水，后期要根据天气情况保持土壤湿度适宜。15d左右杜仲种子即可发芽出土。为防日灼伤害幼苗，应搭遮阳棚，并逐渐揭去稻草、松针等覆盖物。通常，每天10时关闭遮阳棚，16时或17时后打开遮阳棚。每隔10d左右，要用50%多菌灵或者70%甲基硫菌灵可湿性粉剂1 000倍液喷于苗床杀菌。亩可产苗3万～4万株，待幼苗出齐后，转入苗期日常管理。

2. 扦插育苗

杜仲扦插繁殖分硬枝扦插和嫩枝扦插，硬枝扦插主要在早春杜仲新叶未萌发前进行，嫩枝扦插可在6—8月进行。

（1）硬枝扦插。杜仲硬枝扦插在早春2—3月进行，主要是用一二年生木质化枝条进行扦插。

苗地整理：可从山上运来富含腐殖质的黄心土，与圃地土壤混合，施足基肥，做成宽1.2m的龟背形苗床，两侧用15cm高的挡板固定。扦插前24h用0.1%高锰酸钾溶液对苗床充分浇灌杀菌。

搭遮阳网：根据苗圃扦插地的地形搭好遮阳棚，装上50%遮阳网。苗圃地四周要打地桩，将遮阳网用铁丝及绳子固定在地桩上，遮阳网接头之间要用铁丝连接固定，以防风吹倒伏。

采穗扦插：3月初，选取生长健壮、无病虫害的杜仲树，剪取树上一二年生未萌芽枝条，用湿布缠裹，置于阴凉背风处。边短截，边扦插。将枝条短截成10～15cm长，每穗留两三个顶芽；上端平剪，上切口离最上面芽1cm；下端切口面剪成马蹄形；要求上下切口平滑，防止劈裂表皮及木质部。然后用0.1%吲哚丁酸溶液速蘸扦穗基部5s，稍稍晾干即可扦插。扦插深度为扦条的2/3，行距30～80cm，株距10～30cm。待一厢苗地插好后用喷壶一次性浇透浇足水，并用50%多菌灵可湿性粉剂1 000倍液喷洒苗床杀菌。再用竹片搭建保温小拱棚，在小拱棚两头分别搭一个"十"字架用作检查封口，用宽2m、厚0.03～0.04mm的中厚膜覆盖在小拱棚上，薄膜四周用土块或石块封实以保温保墒。为直观掌握棚内温湿度变化，可内挂温湿度计，以便随时观察调整。

插后管理：杜仲硬枝扦插完成后，前30d应保持小拱棚内空气相对湿度在90%以上，土壤含水量在60%左右。扦插30d后，部分穗条开始生根，当多数穗条开始生根后逐步开膜通风，降低土壤含水量。当穗条全部生根或50%以上穗条发芽后，可逐步去除薄膜炼苗，此时应注意保持土壤有一定湿度，每隔15d使用50%多菌灵或70%甲基硫菌灵可湿性粉剂1 000倍液喷雾，并及时将病株、死株、枯苗拔出烧毁。9月以后，可揭除遮阳网，苗床开始全光炼苗。

（2）嫩枝扦插。嫩枝扦插是指利用杜仲树当年生半木质化状态较好的枝条（具有细胞分裂旺盛、生根快、成活率高等特点），于6—8月在全光间歇喷雾大棚内进行扦插育苗的繁殖方式。

苗床准备：苗床宽度一般为1m，长度控制在10～15m，苗床与苗床间隔30cm。苗床底部先铺一层河沙以利排水，再把蛭石、珍珠岩和泥炭土按质量比2∶1∶1充分混合铺在上面，在苗床四周用15cm厚的挡板固定基质。一次性喷灌浇足水，并在扦插前24h用0.1%高锰酸钾溶液浇透基质杀菌。

采穗母树管理：应加强对杜仲母树的水肥管理。在春季，半环穴施农家肥或复合肥1次并覆土。如遇干旱天气，可浇水稀释，促进杜仲母树吸收营养。采集扦条前10d，可用0.2%~0.3%磷酸二氢钾+50%多菌灵1 000倍液对杜仲树喷雾1次，5d后再喷雾1次。经过上述处理的杜仲母树枝条活力强、病虫害少、易于生根成活。

采穗扦插：杜仲嫩枝扦插采条应在早上日出之前或阴雨天进行。插条以当年生半木质化、健壮的嫩枝最佳，采集后需用湿布缠裹捆扎放于阴凉背风的室内，并经常喷水保持湿润，以防脱水。原则上要求当天采条当天扦插。一般将枝条短截成6~10cm，需去掉插条下部的两三片叶子，留上部一两片叶，多数为1~4个节间。插穗上端要在芽上2cm处平剪；插穗下端在叶片或腋芽之下，剪成马耳形斜切口，以利于生根。为减少叶片水分蒸发，也可将叶片减半。剪好的插条以50根为一捆捆扎整齐，再用100mg/kg吲哚丁酸（IBA）或者生根粉（ABT）溶液浸泡插条基部1~2h，稍稍晾干即可扦插，现泡现插最好。插条入土要浅，深度一般在1~5cm。插条的叶片应尽量朝一个方向，以利于插条均匀受光。扦插密度以插条叶片互不遮挡为宜，插完一厢后应尽快浇水保湿。

全光间歇喷雾管理：杜仲嫩枝扦插完成后，可采用全光间歇自动喷雾管理方式。插穗生根前，为保持大棚内有适宜的空气湿度，晴天应每间隔10~30min喷雾10~30s，阴天及夜晚可减少喷雾次数。一般在杜仲叶片上水膜蒸发剩1/3时开始喷雾。当插穗开始生根后，可在叶面水分完全蒸发后再进行喷雾。晴天2~3h喷雾1次，阴雨天或夜晚可不喷雾。插条完全生根后，可只在中午前后高温时间喷雾，视天气状况灵活掌握。另外，应及时清理苗床上的腐烂杜仲插穗并移除烧毁。为提高插穗成活率，每天傍晚停止喷雾后，可用50%多菌灵或70%甲基硫菌灵可湿性粉剂1 000倍液喷雾灭菌。

3. 压条育苗

杜仲压条育苗多在雨水充沛的早春或生长旺盛的6月下旬进行。将杜仲一二年生枝条弯曲，压入湿度适宜的土壤中，深15cm，部分枝条或梢部露出地面。压条后加强水肥管理，保持土壤湿润。待压入土中枝条萌发新根，第2年秋季落叶后，从母树上断开，挖出假植。

（二）杜仲育苗期管理

1. 遮阴

为使杜仲幼苗在夏季免受高温干旱或日灼伤害，一般苗圃地需搭2m高的遮阳棚，布设50%左右的遮阳网。一般9月后应拆除遮阳网，增加苗木受光时间，以增强苗木的抗性，提高幼苗适应自然环境的能力。

2. 间苗补苗

间苗应遵循"间小留大、间密留稀、去劣留优、全苗等距"的原则。幼苗间苗一般要进行3次。幼苗高5cm左右时开始第1次间苗，用小尖铲将密集处幼苗轻轻铲起，随即补植在幼苗稀疏的苗床处，注意踏实起苗和补植处并浇足水，保证整个苗床幼苗分布均匀。第2次间苗补苗在第1次间苗后10d左右进行。最后1次间苗在定苗速生期之前完成。定苗后的留苗数要大于计划苗数的5%～15%。

3. 除草松土

种子发芽或扦插成活后，应根据苗田和大棚内的苗木实际生长情况进行除草松土。对苗床、排水沟、围沟、中沟、厢沟内的杂草及时进行清除，减少杂草与幼苗争肥、争水、争空间的机会，防止土壤板结。对扦插苗床，需要用小尖铲仔细清除杂草，注意防止损伤苗木根系并浇水踏实。对排水沟、中沟、厢沟、围沟内的杂草，可采用化学除草方法，如将草甘膦用水稀释喷雾，但须控制好喷雾器的喷雾范围，严禁喷洒到幼苗上，以免形成药害造成苗木损伤。应经常进行松土除草，5—7月每月可进行2次，8—10月每月进行1次即可，促进幼苗快速生长。

4. 水肥管理

合理进行水肥管理是保证杜仲幼苗正常生长发育的前提。播种初期，为促进种子萌发，应少量多次浇水。梅雨季节必须加强清沟排涝；夏季干旱时应增加灌水次数；秋冬季为使杜仲组织老健，尽量少浇水，可根据苗床干湿情况和天气状况来调整浇水或排水。在6—8月，应结合浇水对幼苗追肥。对杜仲扦插苗地，可用0.2%～0.3%的磷酸二氢钾溶液进行叶面喷施，每间隔10～15d喷施1次，连续喷施3次，可促进幼苗快速生长。对播种苗地，可将尿素用水稀释后进行浇灌，并在浇灌后用清水洗苗，以免造成肥害。9月以后，为促进杜仲幼苗木质化，应停止一切追肥，并在苗木根部覆盖一层灶土灰，以提高杜仲幼苗的抗寒能力。

5. 病虫害防治

杜仲主要病害有立枯病、根腐病等，虫害有金龟子、地老虎、蝼蛄、刺蛾等。防治病害可用50%甲基硫菌灵可湿性粉剂800倍液，或25%多菌灵可湿性粉剂800倍液灌根，效果良好。防治虫害可用90%敌百虫原药1kg加饵料100kg充分搅拌后均匀撒于苗床，或用50%辛硫磷乳油800～1 000倍液喷洒，治虫效果良好。平时应加强苗床土壤管理，及时疏沟排涝，以减少病虫害发生。

（三）大苗栽培管理

杜仲幼苗移植应尽早，一般可从秋季开始落叶到第2年春季苗木未萌芽之前进行。根据栽植需要，也可在雨季起苗。沿苗行方向，距第1行苗木20cm处先挖1条浅沟，再沿沟壁下部挖1个斜槽，根据起苗的深度铲断主根，再切断苗木侧根，并把苗木轻轻推倒在沟中，即可取出完好的幼苗。不能用力拔出苗木，以防损伤苗木侧根和须根。起苗深度在18～20cm。

小苗需带宿土，大苗应带土球，最好随取随栽。如果需要运输苗木，需用草包、聚乙烯袋、纸盒等对苗木进行包装捆扎，并及时浇水保证苗木的湿度。

苗木定植后要一次性浇透水，施入适量的农家肥作为底肥，平时注意通风透光，及时修剪过密枝条。杜仲的主要树形是自然圆冠形，应注意培养主干，及时修剪侧枝、病枝。

三、种植技术

1. 地块选择

杜仲对土壤要求不是很高，适应能力比较强。选择肥沃、中性、排水良好的地块即可。山地可采用整梯田、鱼鳞坑等方式整地。山地植苗应挖宽、深60cm的方形穴坑；平地应挖宽、深80cm的方形穴坑。

2. 定植

定植密度一般为2m×4m或者3m×4m。春季深翻耙平土壤，深翻前施足基肥，每亩施入农家肥或缓释肥2 000kg左右，掺入过磷酸钙50kg，然后挖穴，穴的规格为60cm×60cm×60cm。苗木选用3年生无病虫害、无机械损伤的壮苗，造林前根部浸水1~2d；按照"三埋两踩一提苗"技术栽植，根据土壤含水情况隔2周再浇水1~2次，促进苗木成活。

3. 栽后管理

一年生树苗生长较慢，需要加强抚育，及时进行松土、锄草、施肥浇水。当幼苗长出2~4片叶子时，为使每棵幼苗之间的距离不太近，需拔除多余的幼苗，并进行第1次追肥，施用尿素22.5~30.0kg/hm²，以钾肥为主。当幼苗长出5~6片叶子时，结合调整株距把多余的幼苗除掉，补在稀少的地方，保留30万~45万株/hm²。杜仲在幼苗后期容易死苗，要在播种前对土壤用0.5%的波尔多液每隔10d喷洒1次，1个月后用0.1%波尔多液每隔15d喷洒1次进行消毒，重复2~3次。切根虫、蝼蛄等害虫可以用毒饵诱杀。秋天或第2年春天及时除萌，除去过密枝。每年于4—5月、8—9月分别进行1次全面除草、培土。每年春季施肥1次，应带状开沟深度在10cm以上，每株施饼肥等有机肥500g。每年4—5月结合除草、采用上坡环状挖沟每亩追施复合肥100kg。

（1）换干。换干的作用为保墒以及防止抽出的新芽条枝被风吹倒。若有苗木栽植后被风刮倒或出现枝干弯曲时，可从根部重新截断干部，让其长出新干。在第2年春季发芽前，在地面相平处或高出地面2cm处截干，然后覆土1~2cm，等新萌发的枝条长到30cm高时，选择一根最高的直立枝条予以保留，其余的全部抹除，然后再覆土踩实，以免被风刮倒。新生芽条当年便可直立生长并且达到原来的高度。

（2）接干。有些苗木因被虫咬伤或受到外伤等原因顶枝出现弯曲，可将上部歪斜枝条从基部剪除，待下部萌芽长到20cm时，只保留一根直立的旺势枝条，新枝条将会和原主干截口愈合。下部已经长出直立枝条的要保留，将弯曲的枝条从基部剪去。

（3）修枝。杜仲萌芽力较强，幼树每年春天都要及时抹芽或修剪，主干保留

2～3.5m，树冠主枝以下小枝条及时剪掉。

4. 病虫害防治

杜仲病虫害一般情况下较少发生，但要注意食叶害虫为害。一般在 4 月以后加强监测，防止金龟子、斑衣蜡蝉、刺蛾等害虫。贯彻"预防为主，综合防治"的植保方针，减少农药使用量。

（1）农业防治。选用抗逆性、抗病性强的品种，通过栽培管理，提高抗病性；加强有害生物检疫、监测；及时修剪、清除杂草，控制有害生物传播和为害。

（2）物理防治。采用人工捕杀；利用害虫的趋性，进行灯光诱杀、糖醋液诱杀、色板诱杀。采用诱虫灯诱杀成虫，每个诱虫灯覆盖半径 70m，防虫效果好。

（3）生物防治。利用瓢虫、蜘蛛、捕食蛾、寄生蜂、啄木鸟等有益生物捕杀害虫；使用生物源农药。

（4）农药防治。使用多菌灵、甲基硫菌灵、退菌特等杀菌剂防病、治病；使用菊酯类杀虫剂、印楝素、金龟子芽孢杆菌粉、白僵菌液、机油乳剂、Bt、敌百虫、辛硫磷乳油等杀虫剂治虫。通过监测，发现幼虫及时防治。

①喷雾防治：药剂采用仿生制剂或高效低毒农药，包括 25% 灭幼脲Ⅲ号 1 500 倍液、2.5% 高效氯氟氰菊酯 1 000～2 000 倍液。仿生药剂使用要注意把握用药时间，虫龄越小越好。

②喷烟防治：对郁闭度比较好的片林，可用 1.2% 烟·参碱乳油，或 4.5% 高效氯氰菊酯乳油，或 3% 高渗苯氧威乳油进行喷烟防治。

四、采收与加工技术

杜仲叶用林栽培后第 2 年开始每年采收树叶，胶用叶采收期为每年 10—11 月，落叶无杂质；保健及药用叶采收应在每年的 6 月或 9 月天气晴朗时手工采收；第 3 年开始采收杜仲皮和枝干，南方每年 3 月新芽萌动前砍树采收，通常用手锯或利刃直接切除 30cm 主干高度以上部分枝干，剥皮。

（一）杜仲叶的采收与加工

1. 药用叶的采收与加工

药用的叶片要选择无病虫害和没有喷洒过农药的绿叶为佳，种植成活后第 3 年即可采收叶子，8 月采叶最好。药用叶一般在 10 月中旬（霜降前）叶子未发黄时采收，选择晴朗的天气 10 时以后（避开早晨露水）开始采收。采下的杜仲叶置通风处阴干，以保持绿色（不能发黄），或在低温下烘干，当达到气干状态，含水量不超过 10% 时，用袋或竹席包装，置通风干燥处。注意不能在强烈的太阳光下长时间暴晒，晾晒时要及时翻动。遇下雨天气时要及时回收，不能发霉变质，或颜色发黑。晾晒后的叶片颜色应为青绿色或暗绿色。其他发黑、发黄、发褐白的叶片药理成分多半消失，应视为变质叶片而抛弃。药用叶片要求完整，破损率不宜超过 30%。

2. 茶用叶的采收与加工

采叶时间和方法与药用叶相同。采用"茶叶杀青"加工。手工杀青的具体操作是杀青前将炒锅洗刷干净，然后加热，使锅温达 200～220℃，投入鲜叶 1～2kg，开始时"闷炒"即叶子下锅后，立即盖上锅盖，闷炒 1～2min，待锅盖缝冒出较多的水汽时，开盖扬炒，抖散水汽，翻炒均匀，炒至叶面失去光泽，叶色暗绿，叶质柔软，手握不粘手，失重 30% 左右为度。杀青后摊凉即可。

3. 胶用叶的采收与加工

采叶时间和方法与药用叶相同。除腐烂变质的叶片外，其余的绿叶、黄叶均可用于提取杜仲胶。采收的杜仲叶应放置于通风处摊开阴干，有条件的可烘干处理，当含水量降至 10% 以下时装袋，放在通风处储藏。杜仲叶的含胶量因成熟程度不同而异。一般而言，成熟的杜仲叶含胶量是 3%～5%。嫩绿的叶子含胶量最少，不及 2.3%，生长到 8 月的老绿叶含胶量为 2.8%，到 10 月叶现绿黄时含胶量增到 3.6%，到 11 月叶黄色后胶量增到 4%。因此，采叶制胶，越老越好。一般在 11 月叶变黄色后采收最好，但务必及时回收晾晒，不能变质发霉。

（二）杜仲皮的采剥与加工

当树龄达到 6 年、胸径 10cm 以上时开始采皮，一般在 6 月上旬至 8 月初韧皮部与木质部最易分离时剥皮。剥皮前先浇一遍水或在雨过天晴后进行。采用条带剥皮技术剥皮，即在树干的不同方位采剥 2～3 块宽 5～10cm 的条带，之后每年更换位置轮番采剥。皮剥下后，用开水稍烫一下，然后内皮相对，层层叠起，放在以草垫底的平地上，盖上木板，再压上石块等重物，四周围一层草，进行堆闷。7d 后观察，当内皮变为青紫色或褐色，再摊开晒干、压平。

第十节　川黄柏

一、概况

黄柏是我国传统大宗中药材，在我国已有 2000 多年药用历史，最早记载于《神农本草经》，原名"檗木"，列为上品。常用的清热药之一，其性寒，味苦。具有清热燥湿，泻火除蒸，解毒疗疮的功效。现代药理研究表明，具有抑菌、抗炎、抗氧化、保护心血管、调节免疫系统、抗肿瘤、降血糖等作用。黄柏不仅具有较高的药用价值，其木材还可用作装饰用材，嫩芽及叶亦可食用及药用，黄柏汁可作为防蛀纸张原材料，种子及果实可用于制作驱虫剂及精油等产品。

国内黄柏市场主要用于中药饮片、中成药及相关衍生产品。其衍生品在大健康产品、保健食品、动物趋避剂、杀生剂、植物生长调节剂、化妆品及动物饲料等应用领域备受青睐。据不完全统计，国家批准上市，含有黄柏有效成分的中成药处方有39种，此外，有87种黄柏中药配方颗粒已备案上市。主要有黄柏胶囊、黄柏片、复方黄柏祛癣搽剂、黄柏果油软胶囊、黄柏八味散、复方黄柏液涂剂等剂型药品，制剂类型主要以胶囊剂为主。《中华人民共和国药典》（2020年版）规定，黄柏的药材来源为芸香科植物黄皮树的干燥树皮。习称"川黄柏"。

川黄柏，俗称川黄檗、黄皮树等。川黄柏树高达15m。成年树有厚、纵裂的木栓层，内皮黄色，小枝粗壮，暗紫红色，无毛。叶轴及叶柄粗壮，通常密被褐锈色或棕色柔毛，有小叶7～15片，小叶纸质，长圆状披针形或卵状椭圆形，长8～15cm，宽3.5～6cm，顶部短尖至渐尖，基部阔楔形至圆形。两侧通常略不对称，边全缘或浅波浪状，叶背密被长柔毛或至少在叶脉上被毛，叶面中脉有短毛或嫩叶被疏短毛；小叶柄长1～3mm，被毛。花序顶生，花通常密集，花序轴粗壮，密被短柔毛。果多数密集成团，果的顶部呈略狭窄的椭圆形或近圆球形，径约1cm，大的达1.5cm，蓝黑色，有分核5～8（10）个；种子5～8粒，很少10粒，长6～7mm，厚5～4mm，一端微尖，有细网纹。花期5—6月，果期9—11月。属于国家二级保护植物，主产四川、湖北、湖南、贵州、云南等地。现多为栽培，是山区的支柱产业和农民增收的重要来源。为速生树种，气候适应性强，喜凉爽气候，抗风力强，怕干旱、怕涝。苗期稍耐阴，成年树喜阳光，耐严寒。幼树易遭冻害，以选土层深厚，疏松肥沃，富含腐殖质的微酸性或中性壤土栽培为宜。

城口是川黄柏的传统道地产区。历史上有着大片野生川黄柏树种群分布，但在1988年曾出现川黄柏等药材疯狂抢购，野生川黄柏资源被严重破坏，之后城口通过退耕还林等政策大力发展川黄柏等药材，川黄柏在各地开始人工栽培，并且在2016年左右也出现过一次规模栽培川黄柏，2022年前后，由于川黄柏价格快速上涨，县内川黄柏资源再次受到大规模采收，但同时同步人工栽培发展近万亩的川黄柏。目前估计全县川黄柏资源总量有数万亩之多，但可采收的10年生以上川黄柏资源有限。

二、种子种苗繁育技术

生产上川黄柏主要采用种子繁殖，育苗移栽。

（一）川黄柏种子采收、制备

1. 采种母株选择

选择生长快、高产优质、生长健壮、无病虫害的15年以上成年树留种。

2. 种子采收

9—10月，果实由青绿色变成黑色时采收果穗。

3. 种子处理、保存

采收后，堆放于屋角或木桶里，盖上稻草，经10d后取出，把果皮捣烂，揉搓出种子，放清水里淘洗，去掉果皮、果肉和空壳后，阴干或晒干（切勿烘烤），于干燥通风处储藏。种子具休眠特性，低温层积2～3个月能打破休眠。

（二）川黄柏种苗繁育技术

1. 选地、整地

育苗地宜选地势比较平坦、排灌方便、肥沃湿润的地方，每亩施农家肥3 000kg作基肥，深翻20～25cm，充分细碎整平后，做成宽1.2～1.5m的畦。

2. 播种时间

分春播或秋播。春播在4月至5月上旬进行，秋播在10月下旬至11月进行。

3. 种子催芽处理

春播，宜早不宜太晚，播前用40℃温水浸种1d，然后进行低温或冷冻层积处理50～60d，待种子裂口后播种；层积处理的方法：干净的河沙至太阳下暴晒至干，消毒杀菌。将种子和河沙按1:（3～5）比例混合，加水使沙的湿度以手握能成团但不滴水，一触即散即可。

秋播，播种前20d处理，湿润种子至种皮变软后播种。

4. 播种育苗

待种子裂口后，开沟条播，行距30cm，深3cm，将种子均匀撒入沟内，播种量750～900kg/hm^2。播后覆土，搂平，稍加镇压、浇水。

5. 苗期管理

（1）间苗、定苗。苗出齐后应拔除弱苗和过密苗。一般在苗高7～10cm时，按株距3～4cm间苗，苗高17～20cm时，按株距7～10cm定苗。

（2）中耕除草。一般在播种后至出苗前除草1次，出苗后至树冠封行前中耕除草2次。

（3）施肥。结合间苗中耕除草应追肥2～3次，每次每亩施人、畜粪水2 000～3 000kg，夏季在封行前也可追施1次。

（4）排灌。播种后出苗期间应经常浇水，以保持土壤湿润，夏季高温也应及时浇水降温，以利幼苗生长。多雨积水时应及时排除，以防烂根。

6. 苗木出圃

一般培育1～2年，当苗高40～70cm时，即可移栽。

可在秋季起苗，采用露天假植方法越冬，也可在第2年春季随起苗随造林。起苗前5～6d灌足底水。假植或包装前对根系采取蘸泥浆等保湿措施。

三、种植技术

（一）造林地选择

川黄柏在山区、平原均可种植，以土层深厚、便于排灌、腐殖质含量较高的中性至微酸性沙壤土生长最好，零星种植可选沟边路旁、房前屋后、土壤比较肥沃、潮湿的地方种植。pH值5～7，重庆地区海拔高度以800～1 800m为宜。

（二）种植模式

川黄柏的种植应根据立地条件、种植目的选用不同的种植模式。可选择纯林种植、混交林种植、林粮（菜）、林草、林药等种植模式。

（三）定植穴准备

造林地灌草植被生长繁茂的，应进行割灌。一般采用穴状整地或带状整地。定植穴长0.5m、宽0.5m、深0.4m。整地应在造林前一年的雨季或秋季完成。

（四）造林时间

春季造林在3月下旬至4月下旬。秋季造林待苗木落叶后进行，一般在10月中下旬至11月下旬。

（五）造林苗木

苗木质量主要是依据地径粗度和根系的多少，最低标准是苗主干完全木质化，未完全木质化苗不能用作造林。一般选择苗木的地径＞0.5cm，苗高＞30cm，苗木主根长度＞20cm且主根根皮完整。造林前对苗木进行修根，一般保留根长15～20m，并用保水剂或泥浆根处理，确保在起苗、包装、运输和造林各个环节保持根部湿润，减少水分流失。

（六）造林密度

根据种植模式来确定栽植密度，株行距在（2～4）m×（3～4）m。

（七）植苗技术

土壤干旱时应适当深栽，覆土超过原根茎处2～3cm。秋季造林宜进行截干处理。造林后根据成活情况及时进行补植。

（八）林地抚育

首次抚育为扩穴培土，用镐头将穴面表土打散，向根茎处培土，扶正苗木。其他抚育为割灌除草，割除穴面上的杂草和灌木。

在树木休眠期进行修剪。选留主干2.0m以上枝条，每层1对对生芽，四面应有枝。及时修去受损枝、病虫害枝、交叉枝、徒长枝和枯梢，修枝高度≤1/3树高。萌生枝条进行摘芽和定干，切口平滑与树干平行，不留枝桩。

（九）病虫害防治

川黄柏的主要病虫害是锈病和螨类。

1. 锈病

6月开始发生，为害叶片。发病初期，叶片上出现近黄绿色近圆形边缘不明显的小点，到了发病后期叶片背上出现橙黄色微突起的小疮斑，小疮斑破裂后散发出橙黄色的孢子，叶片上病斑增多，导致叶片枯萎。防治方法：发病初期用97%敌锈钠400倍液或25%三唑酮700倍液喷洒，每隔7～10d喷1次，连续喷2～3次。

2. 螨类

体型小，红色或黄色，主要为害川黄柏的幼嫩叶片，多聚集在叶背。叶片受害后，呈现不规则黄斑，叶缘上卷，叶变小，严重时黄化脱落。因此，川黄柏叶片早落可能与螨类为害有关。螨类一年发生多代，从春季5月开始一直到秋季10月，均可为害，但高峰期出现在5—6月和8—9月，苗圃尤为严重。5月喷20%螨死净2 000～3 000倍液或75%克螨特2 000倍液。

除此之外，川黄柏病虫害还有褐斑病、煤污病、蚜虫、凤蝶、木蠹蛾、银杏大蚕蛾等，但多为局部发生，应采取定点观测防治。

四、采收初加工

（一）采收

川黄柏定植10～15年后可采收，收获最佳时间在5月上旬至6月下旬。可砍树剥皮，也可采取只剥去一部分树皮，让原树继续生长，以后再剥的办法，但连续剥皮，再生树皮质量和产量不如第1次剥的树皮。操作方法：选择晴天，先在要割部位的树干上，上下横切一刀，再纵切，剥下树皮，深度以恰好割断韧皮部而不伤及木质部为度，轻轻地把树皮割下，剥离树皮后的茎干裸露部分用塑料薄膜或白棉纸包裹遮阳，经过适当的保护，7d后树皮重新生成，2年后长成的再生皮还可以重新剥离，剥离后还可以再生，以后每年在树干上轮流剥取。

(二)初加工

剥下的树皮趁鲜刮去粗皮,至显黄色为度,晒至半干,重叠成堆,用石板压平,再晒干即可。产品以身干、色鲜黄、粗皮净、皮厚者为佳。

第十一节 厚 朴

一、概况

厚朴为木兰科厚朴属落叶乔木,别名川朴、紫油厚朴,为我国特有,现为国家Ⅱ级重点保护野生植物。主产陕西南部、甘肃东南部、河南东南部(商城、新县)、湖北西部、湖南西南部、四川中部和东部、重庆东北部、贵州东北部。生于海拔300～1 500m的山地林间,广西北部、江西庐山及浙江有栽培。厚朴药材为干燥树干皮、根皮及枝皮,味苦、辛,性温,归脾、胃、肺、大肠经,具有燥湿消痰、下气除满之功效,用于治疗湿滞伤中、脘痞吐泻、食积气滞、腹胀便秘、痰饮喘咳等症,是我国重要的传统中药,另外其花、果都是常用的重要药材。叶大荫浓,花大美丽,可作绿化观赏树种,木材的利用价值也很高。

国内厚朴市场主要用于中药饮片、中成药、保健食品。据不完全统计,国家批准上市,有厚朴成分的中成药处方有324种,中药方剂1 759条,《中华人民共和国药典》(2020年版)收载含有厚朴的中成药品种69种,国家健字号的保健食品9种,如"扑莱牌当归厚朴枳实胶囊""思朗牌麻仁厚朴饼干""匀致牌茶多酚厚朴胶囊"等。

厚朴喜光,喜凉爽、潮湿的气候,宜生于雾气重、相对湿度大、阳光充足的地方。其对土壤的要求较一般树种高,喜疏松、肥沃、腐殖质含量高、湿润、排水良好、微酸性至中性的土壤,一般以山地黄壤和石灰岩形成的冲积钙土为宜。野生的多混生在落叶阔叶林、毛竹林内,在溪谷、河岸、山等湿润、深厚、肥沃林地生长良好。在不同立地条件下,人工栽培的厚朴生长差异很大,水湿条件、温度、土壤是厚朴生长和分布的主要限制因素。

城口是厚朴的传统道地产区,城口第一部县志《城口厅志》(1844年)记载"厚朴,以川产为道地,川朴以厅产为道地,厅朴尤以野产者为佳,厅境厚朴,皆为紫油……"。城口农业历史资料记载,厚朴1991年产量52t,2003年产量18t,2005年产量13t。

二、种子种苗繁育技术

（一）育苗技术

1. 种子育苗技术

（1）苗地选择。适宜生长在微酸壤土地块，在选择地块时要尽可能选择土层深厚、富含腐殖质的疏松土壤，以微酸、中性的沙壤土为佳，山地的黄壤、红壤土也可种植，但不要选择排水性不好的黏重土壤。育苗地要向阳、干燥，避开风口。地块选定后，先进行深翻、平整，宜在秋季进行，清除土中垃圾杂物，同时将杂草翻入土中，破坏细菌、害虫的越冬环境，杀灭土壤中的越冬害虫。另外，翻耕后的土壤经过冬天的阳光暴晒，能改善土壤的理化性能，利于苗木生长。整地时施足基肥，每亩施入土杂肥3 000kg，以腐熟农家肥为主，第2年春季播种前将地块耙细耱平，育苗地做成宽1.2～1.5m的苗畦，长度可结合地块而定。

（2）采种。选健壮母树，在9—10月当果实由青绿转为紫，种子果鳞显出红色种子，便可进行采集。选果大、种子饱满、无病虫害的作种。由于种子外皮含蜡质，水分较难渗入，播后不易发芽，应进行脱脂处理，果实采回后摊于通风的室内，堆放厚度约20cm，每天翻1～2次，让其后熟2～3d，再置于日光下晾晒，待果裂开，取出种子；或将种子放于冷水中浸泡1～2d，捞出放在竹箩里，置于浅水里，用脚在箩中踩擦，一边踩擦，一边洗去油蜡物，除净后，将种子放在温水中洗净，捞出晾干以备播种。第2年春播的，则要将果实直接装入透气的帆布袋或麻袋中，置于阴凉通风处保存，注意不要将果实与种子分离。如需外运，也不要采后使果实和种子分离，这样会降低发芽率，将果实晒2～3d再装袋运输。在播种前将果实取出，进行种子处理后再播。

（3）浸种催芽。播种前，先搓尽种子外面的蜡质层，再将种子放入盛有30℃温水的暖水瓶中浸泡7～8d，待水分渗入种皮内部，置阳光下晒10min后种皮自然裂开，即可播种；也可用浓茶水浸种24～48h，能快速去蜡。去掉蜡质后，将种子用清水冲洗，晾干，便可以播种育苗。

（4）播种。厚朴播种可以秋播，也可以春播。厚朴种子的发芽温度在18℃左右，当日平均气温达到15℃时即可开始播种。春播一般在3月下旬至4月初。如果播后加盖地膜保温，播期可提前半个月。如果条件允许，也可在9月底至10月初种子采下后及时趁鲜播种，可提高出苗率。每亩用种量为5～6kg。可采用条播方式，行距25cm，株距为6cm左右，覆土1.5cm，再盖以薄层稻草或薄膜，土壤保持湿度，经20～30d开始出苗。

2. 扦插育苗

扦插育苗是厚朴育苗的重要方式之一，一般在初春时进行，每年的2—3月，选择成年健康母树上的 1～2 年生枝条，径粗在 1cm 左右，无病虫害，采下后剪成 20cm 长的插穗，插前将苗床浇透水，待水渗干后便可以进行扦插，为了促进快速生根，扦插前将插穗基部浸泡在含有杀菌剂（25% 多菌灵 1 000 倍液）和生根剂（20% 萘乙酸 1 000 倍液）的溶液中浸泡 10min。然后将插穗插到苗床里，及时洒水保持土壤湿度，很快便能生根出苗，第 2 年便可以进行移栽定植。

3. 压条育苗

10 年生的厚朴树干根部周边会生出很多幼苗，可以利用这些枝条进行繁殖育苗。在立冬之前或者早春时将母树树干基部泥土挖开，在新生苗与母树着生的附近用刀割开，从外侧向内割至一半，然后用手握住树条中下部，向切口反向用力压，使树苗在切口处裂开约 2cm，在裂缝处放小石子卡住裂口，然后用土盖住，厚度为高出地面 15～20cm，压实浇水，第 2 年春割口便可生根，刨开盖土可将其截断进行移植。采收厚朴时，只砍去树干，不挖树桩，在树蔸基部也会有大量幼苗萌发，均可以进行压条育苗。

（二）苗期管理

1. 中耕除草

播种后畦面水分充足，杂草生长很快，幼苗出土后要及时撤掉畦面覆草，同时做好松土除草工作，保持畦面干净，利于幼苗生长。除草时要避免伤及苗根，有条件可以撒一层火烧土，以保护幼苗根部。适时松土能避免土壤板结，增加通透性，利于保墒增温。

2. 合理水肥

要提供幼苗生长所需水分，及时在畦面洒水以保持土壤湿度。雨季到来时，要做好排水管理，避免苗地积水浸根。厚朴苗长到五叶包心时，地上部分基本完全木质化，这时要适时追肥，补充养分，亩用尿素 5kg，根据土壤肥力适当增减，追肥可以结合洒水进行，或者在雨天直接撒施，满足幼苗生长的养分需求。苗期可追肥 3～5 次，在幼苗长出 2 片真叶、苗高约 5cm 时结合移栽进行第 1 次追肥，以后可看苗施肥，间隔期一般为 1 个月左右，到 9 月停止施肥。要培育厚朴壮苗，一般每亩留苗密度应控制在 2 万株左右。

（三）病虫害及其防治

1. 根腐病

为害幼苗，根部发黑腐烂，呈水渍状，全株枯死。

防治方法：①注意排除苗畦积水；②发现病株立即拔除，并用石灰消毒病穴；③发病初期用 50% 甲基硫菌灵 1 000 倍液灌根。

2. 立枯病

幼苗出土不久，靠近土面的茎基部呈暗褐色病斑，病部缢缩腐烂，幼苗倒伏死亡。

防治方法：①注意排除苗畦积水；②发现病株立即拔除，并用石灰消毒病穴；③发病初期用50%多菌灵1 000倍液或50%甲基硫菌灵1 000倍液浇灌病区。

三、种植技术

（一）选地整地

厚朴性温，耐寒，味苦，喜温凉湿润气候和排水良好的酸性土壤，一般种植在潮湿多雾的山区地带。同时，厚朴为喜光树种，在栽种的时候需要种植在光照较好、土壤肥沃的地带，不宜种植在土壤黏重、排水不良的地带。由于厚朴耐寒，因此厚朴具有较强的适应能力，不会受到冷空气的影响降低厚朴的存活率。造林地宜选择在海拔1 000~1 600m的中下坡位，阳光充足，排水良好，土层深厚，质地疏松，土壤肥沃，含腐殖质较多的微酸性至中性土壤。整地前全面清理造林地的采伐剩余物或杂草、灌木等天然植被，有少量针叶树宜保留。采用全垦、穴（块）状和带状整地，禁止25°以上的山地全垦整地，山地、丘陵要适当保留山顶和山脊天然植被，或沿一定等高线保留3m宽的天然植被。在整地与造林过程中，最好有一段降水频繁的时间，提高土壤的湿润程度，可以显著提高厚朴造林的成活率。

（二）定植

秋季或春季栽植均可，以秋末冬初栽植最佳，特别是水源较远，灌水不便的地方，更应以秋季栽植为主。此时土壤情况较好，地下温度较高，有利于苗木根系恢复，提高苗木成活率。厚朴造林苗木应选择1~2年生健壮、无病虫害的优质苗。成片栽植要进行整地，深翻33cm，清除树桩、树根、石块、草根等，然后按株行距3m×3m挖穴，穴宽60cm、深30cm，每穴栽苗1株，每株苗木留根3~5条。先将苗木放直栽入穴内，使根向不同方向平展，不弯曲，然后分层将土放入穴内压紧，浇足定根水后再盖上一层松土，高出地面，以防积水。

（三）田间管理

幼树每年中耕除草2次。为提高经济效益，在栽植当年至树冠郁闭前，可间种豆类、菜籽等农作物。林地郁闭后一般仅冬季中耕除草、培土1次。结合中耕除草进行追肥，可施人、畜粪肥及厩肥、堆肥等。

1. 中耕除草

幼树期每年中耕除草4次，分别于4月中旬、5月下旬、7月中旬、11月中旬进行。林地郁闭后一般仅在冬天中耕除草、培土1次。

2. 追肥

结合中耕除草进行追肥，肥料以腐熟农家肥为主，辅以适量麸饼和复合肥。每亩每次施入农家肥 500kg、复合肥 5kg。在距苗木 6cm 处挖一环沟,将肥料施入沟内,施后覆土。若专施化肥,其氮、磷、钾的配比为 3∶2∶1。

3. 除萌、截顶

厚朴萌蘖力强,常在根际部或树干基部出现萌芽而形成多干现象,除需压条繁殖的外,应及时除萌,以保证主干挺直,生长快。为促使厚朴加粗生长,增厚干皮,在定植 10 年后,当树长到 10m 高左右时应将主干顶部截除,并修剪密生枝、纤弱枝,使养分集中供应主干和主枝生长。

4. 斜割树皮

当厚朴生长 10 年后,于春季用利刀从其枝下高 15cm 处起一直至基部围绕树干将树皮等距离斜割 4～5 刀,并用 100mg/kg ABT2 号生根粉溶液向刀口处喷雾,促进树皮增厚,割后 4～5 年即可剥皮。

(四) 病虫害防治

1. 病害

(1) 立枯病。多发生在苗期,发病初期可用 5% 石灰液浇注,每隔 7d 浇注 1 次,连浇 3～4 次,在病株周围喷 70% 甲基硫菌灵 1 400 倍液或 50% 多菌灵 600 倍液。

(2) 根腐病。对发生根腐病的田块,要及时排湿,并用 50% 退菌特 750 倍液或 40% 克瘟散 1 000 倍液,每隔 15d 喷 1 次,连喷 3～4 次。

(3) 叶枯病。发生叶枯病时,要及时摘除病叶,进行深埋或烧毁,每隔 7～8d 喷 1∶1∶120 波尔多液或者 50% 退菌特 800 倍液,连喷 2～3 次。

2. 虫害

(1) 金龟子。可用黑光灯诱杀,或在为害期用敌百虫 1 200 倍液喷杀。

(2) 褐天牛。刚孵出的幼虫先钻入树皮中咬食树皮,影响植株生长。初龄幼虫在树皮下穿蛀不规则虫道;长大后,蛀入木质部,虫孔常排出木屑,被害植株逐渐枯萎死亡。成虫期进行人工捕杀。幼虫蛀入木质部后,用药棉浸 80% 敌敌畏原液塞入蛀孔,毒杀幼虫。冬季刷白树干防止成虫产卵。

(3) 白蚁。筑巢于地下,4 月初白蚁在土中咬食林木和幼苗的根,出土后沿树干蛀食树皮。用灭蚁灵毒杀,或挖巢灭蚁。

四、采收与加工技术

(一) 采收技术

1. 皮的采收

一般栽后 15～20 年收获,收获期为 5—6 月。选择生长势强、胸径 20cm 以上的树,在傍晚或阴天进行环剥。在离地面 6～7cm 处向上取一段 30～35cm 长的树干,在上、下两端用环剥刀绕树干横切，上面的刀口略向下，下面的刀口略向上，深度以接近形成层为度。然后呈"工"字形纵割一刀，在纵割处将树皮撬起，慢慢剥下。长势好的树，一次可以同时剥 2～3 段。被剥处用透明塑料薄膜全裹，保护幼嫩的形成层。包裹时上紧下松，尽量减少薄膜与木质部的接触面积。整个操作过程中，手指切勿触及形成层。剥后 25～35d，被剥皮部位新皮生长，即可逐渐去掉塑料薄膜，第 2 年按上法在树干其他部位剥皮。

2. 花的采收

厚朴定植 5～8 年开始开花，于 3—4 月花将开放时采摘花蕾。宜于阴天或晴天的早晨采集，采时注意不要折伤枝条。

（二）加工技术

1. 皮的加工

采回的树皮、根皮，先放进沸水中烫软，然后直立放室内或大木桶内，盖麻袋等物使之发汗，待皮内侧或横断面都变成紫褐色或棕褐色，并较油润，有光泽时，将每段树皮卷成双筒，用绳扎紧，暴晒至全干即成商品。小根皮及枝皮，可以直接晒干即可，如遇雨可以烘干。全干后，打捆包装即成商品。质量以皮厚、肉细、油性足、内表面色紫棕而发亮结晶状物、香气浓者为佳。

2. 花的加工

厚朴花采回后，放蒸笼里先蒸 5～10min，取出摊开晒干，遇雨可烘干，但温度不宜太高。晒时不要翻动次数过多，否则影响质量。厚朴花以身干、花未开、花头完整、外表红棕色、香气浓者为佳。

第十二节 南五味子

一、概况

南五味子为木兰科植物华中五味子的干燥成熟果实。其性温，味酸、甘，具有收敛固涩、益气生津、补肾宁心的功效，用于久咳虚喘、梦遗滑精、遗尿尿频、久泻不止、自汗盗汗、津伤口渴、内热消渴、心悸失眠等证。

五味子有南北之分，《中华人民共和国药典》（2020 年版）分别收载了"南五味子"药材和"五味子"（习称"北五味子"）药材，但是两种药材的性味归经和功能主治两项内容都完全相同。南五味子与北五味子药材来源为木兰科五味子属同属植物，均以果实入药，成分种类相近，临床药效也相近，但具体成分组成和含量差异较大。

尽管在古代典籍中将"五味子"和"南五味子"作为相似的药材使用，但是明清以来，医家认为"南北各有所长，藏留切勿相混，风寒咳嗽南五味为奇，虚损劳伤北五味最妙"。

现代研究发现，南五味子中含有挥发油、有机酸、多糖、木脂素等多种活性成分，具有保肝护肝、镇静催眠、抗肿瘤、降血糖、抗氧化及增强免疫力等作用，具滋补强壮之力，有很高的药用价值和食用价值。除此之外，种子还可榨油制肥皂或作润滑油等。在秦巴山区南五味子还被用作水果大量食用。

南五味子为落叶木质藤本。产于山西、陕西、甘肃、山东、江苏、安徽、浙江、江西、福建、河南、湖北、湖南、四川、贵州、云南东北部。多生于海拔600～3 000m的湿润山坡边或灌丛中。喜阴凉湿润气候，耐寒，不耐水浸，需适度荫蔽，幼苗期尤忌烈日照射。适宜温度19～22℃、年降水量800～1 300mm、相对湿度70%～80%的阴凉湿润气候。以选择土壤疏松、肥沃、富含腐殖质的壤土栽培为宜。

城口五味子是五味子科木质藤本植物华中五味子，俗称南五味子。城口自古就有大量南五味子野生资源分布，是当地老百姓泡酒原料之一。当前全县有人工栽培南五味子约500亩。

二、种子种苗繁育技术

南五味子种苗繁育可用种子、扦插、嫁接等方式。在生产上用实生苗建园相对比较快捷、便利，但其缺点主要是株系间差异较大、抗病性及果实品质参差不齐，不利于规范化的栽培管理和果实品质的提高。现优良品种的选育主要采用选择育种，先选择优良株系，再结合嫁接等无性繁殖技术进行扩繁。

（一）良种选择

优先使用地方良种和农家品种。

（二）砧木培育

1. 苗圃地选择

苗圃地宜安排在土质疏松、肥沃、排水良好、交通及灌溉条件便利的地方。

2. 苗圃地整理

深翻土地，结合整地每公顷撒施有机肥5 000～6 000kg和氮、磷、钾复合肥100kg，做宽1～1.2m、高15cm、长10～30m的苗床。苗床要求土粒细碎、表面平整。

3. 果实采集与取种

选择生长健壮，无病虫害的母树，采集种子。一般在7月至10月中旬，待果实由青绿色变为红色或紫红色，表明果实内种子已成熟，及时采收。采收时将整个果穗采下，放在通风、阴凉、干燥处晾干，忌暴晒。待果皮干燥时，搓掉果皮和果肉，种子经充分晾干,去杂质后,放在通风干燥处保存。

4. 种子处理

于3月中下旬,取出采集的种子,用清水浸泡5～7d,隔2d换水1次。浸泡后,捞出,控干水。按种子量的2～3倍与湿河沙混拌,进行沙藏处理。河沙湿度以手握成团、松开即散为宜。种子裂口后备播。

5. 播种

采取露地直播法进行播种。以条播为宜,在畦面上按20～30cm的行距,开深2～3cm的浅沟,每平方米播种量30g,播后覆1.5～2cm细土。覆土后,洒水浇透床面,覆盖1～2cm厚的草帘。

6. 苗期管理

当出苗率达到50%～70%,幼苗高至5～6cm时,及时揭去草帘。苗期遇干旱及时浇水,并适时追肥、锄草、松土。当幼苗长出2～3片真叶时进行间苗,株距保持在10cm。

苗木病害主要是根腐病,易造成感病苗木死亡。5月上旬至8月上旬发病,发病期可用50%多菌灵500～1000倍液灌根防治。

(三)嫁接

1. 接穗采集

从当地良种、农家品种或生长健壮、丰产、无病虫害的母树上,剪取发育良好的一年生半木质化新梢作接穗。接穗最好随采随用;如果需远距离运输,应做好降温、保湿和保鲜工作,以提高成活率。

2. 嫁接时间

在树液流动后到萌芽前10d。

3. 嫁接方法

采用劈接的方法。

削接穗:选择充分成熟、粗细与砧木相当的枝条作接穗。剪截长度4～5cm,留2个芽眼,芽上剪留0.5cm,芽下保留2cm左右;用切接刀在接穗芽眼的两侧下刀,做成削面长2.5cm左右的长楔形双斜面。

砧木处理:在砧木苗根茎处剪砧,接口下面留2枚叶片,用锋利的芽接刀削平剪口。嫁接面距最上叶基部4cm左右,保留砧木上的叶片。

嫁接:在砧木的中心处下刀劈开形成3cm长的切口,插入劈口内,要求有一边形成层对齐,接穗削面露白长度为1～2mm。然后用薄膜条将接穗嫁接口严密包扎好,用塑料薄膜将接穗剪口封顶"戴帽",仅露出接穗上的叶柄和腋芽。

4. 嫁接后管护

嫁接后如果土壤干旱,必须灌足水并保持土壤湿润。干旱会使嫁接成活率降低。接后8d检查成活情况,如果有死亡,可立即补接。如果接穗萌发,让其自然生长,至

9月初摘心。

(四) 起苗

一般要求嫁接苗生长健壮，无病虫害，苗高＞15cm，嫁接口以上3cm处苗粗＞0.4cm，主根长＞15cm，侧根＞4条，即可达到起苗移栽。

三、种植技术

1. 选地、整地

选择土壤深厚肥沃、质地疏松、排灌条件便利的地方建园。栽植前做好防护林、道路、排灌设施等规划。栽植沟深40～50cm、宽70～80cm，挖土时把表土放在沟的一侧，心土放在另一侧，沟挖好后先填入一层表土，然后分层施足腐熟有机肥。与土壤拌匀后，分2～3次回填踩实。

2. 立架

南五味子为多年生缠绕性藤本植物，喜光照，不耐荫蔽，要搭架栽培。架形通常有篱架和大棚架。篱架前期投资少，但产量低，内膛透光不良，劣质果多，树势易早衰；大棚架早期投资大，但丰产稳产，优良果多，宜长期栽培，应用广泛。大棚架宜采用"T"形，架高1.7～1.8m，架线3～4条，间距60cm。

3. 栽植

春栽在土壤解冻后至发芽前进行，秋栽在落叶后至土壤封冻前进行。株行距为(1.5～1.8)m×(3.0～3.5)m，山地可密些。穴栽，挖直径30～40cm、深20～30cm的坑穴，宜浅不宜深，栽植时要求根系舒展，踩实，并做好直径为60cm的蓄水盘，浇足定根水。

南五味子为雌雄异株，雌雄株配置比例为4:1或5:1。

4. 田间管理

(1) 施肥。每年追肥2次，分别为幼果发育前期(6月至7月上旬)、果实成熟前期(8月中下旬)。第1次以氮肥为主，每株施入0.1kg尿素。第2次以磷、钾肥为主，每株施入0.1～0.2kg优质磷、钾复合肥。果实采收后，进行全园深耕，深度为20～25cm，并施足底肥。单株施入10～20kg优质有机肥。

(2) 浇水与排涝。萌芽前、幼果发育期、果实膨大期遇旱情应及时浇水。提倡滴灌等节水灌溉技术。水源困难的地方可采用覆草、覆地膜或穴储肥水等节水保墒措施。雨季及时排水。

(3) 中耕除草、清理萌蘖。根据田间情况及时进行中耕除草。同时要及时除去南五味子根茎处萌蘖苗及地下横走茎。

5. 整形修剪

(1) 幼树引蔓上架与整形。南五味子新梢生长迅速，枝蔓柔软易倒伏，须设立架杆，引蔓上架，新梢长至40～60cm即将缠绕时，将其绑缚在架杆上，用活扣，不能太紧，防止缠绕。前两年只引蔓不修剪，每株培育3～5个主蔓上架。上架后，将主蔓绑缚在铁丝上，各主蔓在架面上的面积基本相等且按方位均匀分布。对主干上60cm以下的所有分枝夏季摘心，冬季疏除。

（2）结果树修剪。修剪分为冬剪和生长季修剪，以冬剪为主。冬剪方法以疏、截为主。从植株落叶后2～3周至第2年树液流动开始前进行。

修剪时，剪口离芽眼2～2.5cm，离地表50cm不留侧枝。在枝蔓未布满架面时，对枝蔓延长枝只剪去未成熟部分。对侧枝的修剪以中短截为主，保留12～20个芽，侧枝间距保持15～20cm。单株剪留侧枝量以6～8个为宜。叶丛枝原则上尽量保留。

6. 病虫害防治

（1）主要病害及防治。

叶枯病：多在5月下旬至8月上旬高温多雨不通风时易发生。先从叶尖或叶缘开始发病，出现暗褐色的病斑，逐渐向下扩大蔓延到整个叶片，最后使整个叶片变成暗褐色干枯脱落。选择通风良好的地块栽植。加强田间管理，合理进行修剪，避免枝叶过度重叠，郁闭度过大。发病后用50%甲基硫菌灵1 000倍液，80%代森锰锌800倍液，80%代森铵1 000倍液喷雾。

根腐病：多在7月初至8月中旬雨季时发病，涝洼地、低洼地、渗透性差的地块发病重。发病后地上部植株叶片萎蔫下垂，根部与地面交接处出现黑斑，逐渐向上向下蔓延，使根部变黑腐烂，根皮脱落。选择地势较高、排水良好、渗透性较强的地块栽植南五味子。雨季积水要及时排除，防止内涝。发病后用50%多菌灵1 000倍液，50%噁霉灵1 000倍液根际喷洒。

（2）主要虫害及防治。

小绿叶蝉：主要以成虫和若虫在叶背和嫩枝上吮吸汁液为害。成虫出蛰前清除落叶及杂草，减少越冬虫源。掌握各代若虫孵化盛期及时喷洒50%马拉硫磷乳油1 500～2 000倍液，或10%吡虫啉可湿性粉剂2 500倍液。

卷叶蛾：主要以幼虫取食嫩叶为害，3龄后吐丝将叶片卷起，在卷叶内取食叶肉，为害叶片，严重时影响果实发育，甚至果穗脱落。幼虫卷叶前用4.5%氯氰菊酯1 500倍液，或80%敌敌畏乳油1 000倍液喷雾，消灭在卷叶前。卷叶后用50%辛硫磷乳油1 500倍液喷雾。

特别注意在果实成熟前1个月禁止用药。

四、采收、初加工及储藏

（一）采收

以果色全部变红、变软为适时采收期。由于南五味子成熟期不集中，一般要分批进行采收。

（二）初加工及储藏

作药用的果实：及时晒干或置于烘箱内，用 45～48℃的温度烘干。干果储藏于冷凉干燥处。

鲜果用为主的果实：及时销售，在温度为 1～5℃、空气湿度 98%～100% 的低温高湿环境下储藏保鲜。

第十三节 黄 连

一、概况

中国是黄连属植物分布的中心，野生黄连中药材的主产地，黄连药材产量居世界首位，此外日本有少量栽培，印度、缅甸、西欧、北美有少量分布。在我国，黄连主要分布在东经 97°～122°，北纬 22°～33°。集中分布在西南和中南地区的山地、丘陵。目前，黄连野生资源已经被采挖破坏得非常严重，几乎所有黄连药材均来自栽培资源。总体来讲，按自然地理分布和黄连种类，当前，我国黄连分布区大致划分为味连区、雅连区、云连区。味连区主要包括重庆、湖北、四川、湖南、陕西、贵州等地，其中重庆石柱和开州，湖北利川及四川北川、什邡、安州、彭州等地是味连的主产区，也是全国黄连药材的最主要产区，估计栽培面积在 15 万～20 万亩，年产量估计在 3 500t 以上，产量占到整个黄连市场 90% 以上。雅连区栽培资源主产于四川洪雅黑山村、黑林村，栽培面积较小；在四川峨眉、洪雅、马边、金口河、雅安、雷波等地有少量次野生雅连资源（次野生雅连资源是指多年前曾栽培后荒废逃逸的黄连资源），但资源量极少。云连区主要包括云南西北部及西藏东南部，主产于云南的福贡、泸水、德钦、贡山、腾冲、云龙、兰坪、剑川，以及西藏的察隅等地，其中福贡、贡山、泸水、云龙、兰坪云连经营管理非常粗放、亩产非常低，所以整个云南黄连的年产量也很少。

城口是黄连模式标本采集地。城口黄连是典型的"味连""鸡爪连"，分布在城口海拔 1 000～2 500m 间的山地林中或山谷阴处，城口纯野生的黄连已经非常稀少，但是还能找到部分数十年前栽种后遗留的黄连。城口黄连为多年生草本植物，根状茎黄色，常分枝，密生多数须根。叶有长柄；叶片稍带革质，卵状三角形，宽达 10cm，三全裂，中央全裂片卵状菱形，长 3～8cm，宽 2～4cm，顶端急尖，具长 0.8～1.8cm 的细柄，三或五对羽状深裂，在下面分裂最深，深裂片彼此相距 2～6mm，边缘生具细刺尖的锐锯齿，侧全裂片具长 1.5～5mm 的柄，斜卵形，比中央全裂片短，不等二深裂，两面的叶脉隆起，除表面沿脉被短柔毛外，其余无毛；叶柄长5～12cm，无毛。花葶1～2条，高12～25cm；二歧或多歧聚伞花序有3～8朵花；苞片披针形，三或五羽状深裂；萼片黄绿色，长椭圆状卵形，长9～12.5mm，宽2～3mm；花瓣线形或线状披针形，长5～6.5mm，顶端渐尖，中央有蜜槽；雄蕊约20，花药长约1mm，花丝长2～5mm；心皮8～12，花柱微外弯。蓇葖长6～8mm，柄约与之等长；种子7～8粒，长椭圆形，长约2mm，宽约0.8mm，褐色。2—3月开花，4—6月结果。

城口有着悠久的黄连人工栽培历史，城口第一部县志，《城口厅志》（1844年）记载"黄连，产高山，厅民多植之以为货，种子八年后始可采，年久愈佳，获利数十倍"。可见黄连在城口中药材历史上有很高的地位和规模。据老一辈药农回忆，计划经济时期，城口高山林下广泛栽培黄连，规模上万亩（粗放经营），至今在荒无人烟的高山林下区域还能找到不少黄连植株。当前城口有规范化林下栽培黄连上千亩，主要集中在高燕镇、北屏乡海拔1 200m以上的山林下，均采用林下生态种植模式。

二、种子种苗繁育技术

（一）采种

5月上旬，采集通过育苗移栽生长3～4年的黄连种子。生长年限未到3年的黄连种子，因过度营养生长，种子不够饱满，而达到4年以上的黄连种子，由于地下部分过度消耗，用于生殖生长的养分不足，种子也不够饱满。只有在营养生长和生殖生长较为平衡的3～4年间所结的种子数量较多，种粒充实饱满，出芽率高。当黄连植株结的蓇葖果开始出现裂纹尚未完全开裂时，果实颜色向黄绿色转变，种子的胚乳呈黄色浓乳状，即可采收。选择晴天采收较为充实饱满的蓇葖果，采收时，将蓇葖果经过日晒、揉搓，经2～3d全部裂开，即可抖出所有种子，并于阴凉通风处摊放，厚度不可超过1cm，每天需翻动1～2次。

（二）种子处理

将采收的种子摊放于阴凉通风处后熟2～3d，筛去杂质及瘪种，然后用湿河沙对种子进行层积处理，按河沙、种子3∶1的比例混匀，装入编织袋或其他透气容器中，存放于室内阴凉通风处，控制温度在3～6℃，可储藏5～6个月。在此期间，使用玉米素、赤霉素等处理可以加快黄连种子的后熟。

（三）选地整地

选择坡度在20°以内的缓坡地或向阳避风的梯田作为育苗地，要求土壤肥力充足、腐殖质深厚且排水良好。育苗地在前一年需深翻做好土壤熟化，并结合整地施用3～5kg/m^{2}五氯硝基苯混合剂或5g/m^{2}多菌灵可湿性粉剂随深翻翻入沟内进行病虫害的杀灭工作，以减少害虫基数。同时，于翻地前施入5 000kg/亩厩肥及土杂肥作基肥，翻地深度23～30cm，除去树根、石块，做约1.3m宽的高畦，沟宽40cm，深20cm，并按等高线方向做好排水沟。大的土块需耙细整平，因黄连种子千粒重仅0.6～1.2g，易随土壤缝隙落入深土层，影响整体出苗率和一致性。整平土面作厢，厢宽1.8m，高15cm，厢沟宽33cm。如选择在低山阴坡或半阴坡进行育苗，高山栽培的方法，可提前育出壮苗。

（四）播种

于当年10—11月播种为宜，种子要求颗粒饱满、无病虫害。将种子与10倍细腐殖质土拌匀后均匀撒于畦面上，每亩播种3～4kg，播后稍微压平压实，再薄撒一层细碎粪土，看不见种子即可。最后畦面覆一层薄膜或盖一层稻草，保持温度和湿度，待第2年早春回暖后即可除去，依此法每亩可育50万株苗左右。

（五）苗期管理

搭棚育苗在整地后进行。搭遮阳棚可使荫蔽度达80%左右。棚架由棚桩、纵向杆和横杆组成。棚桩可用木桩、石桩和水泥桩，用石桩或水泥桩虽投入要大些，但使用时间长，还能减少林木砍伐，经济上划算，有利于保护生态。黄连厢宽1.8m，桩柱间距2m，桩柱埋在厢中间。搭建一亩黄连棚，大约需要桩柱300根。平头一端埋入地下，有凹形槽的一头立在地面，同一厢桩柱要在同一直线上。用铁丝作为纵向杆，一头拴在固定桩上，沿桩柱把铁丝放入凹形槽内，另一头也要拴在固定桩上，使棚架稳固。横杆用杂竹或灌木条，并与铁丝一起扎紧。用玉米秆和茅草作盖材，不仅原料丰富，还有利于山林植被保护。不同盖材分开使用，缓坡地，铺排盖材从坡下到坡上，用竹条或树枝压顶，并扎铁丝；向阳面用遮阳网遮挡，既遮阳，又防鸟雀和畜禽进入。

三、种植技术

（一）选地整地

1. 生荒地栽培

选地势稍具斜坡的山地或平坦地，于第1年的秋季，或当年的春季，除选留搭棚架材料外，将灌木杂草除尽，将表层10cm左右的腐殖质土挖出，与废弃杂草、灌木等焚烧烟熏。待火灭土凉后进行耕翻，深约20cm，除去树根和石块，耙平整细，作高畦。畦宽40cm，深15cm，畦长以10～15m为宜，周围做好排水沟。

2. 熟地栽培

选地后，每亩施入土杂肥5 000～6 000kg，耕翻深20cm，结合整地将肥料翻入土中作底肥，耙细作畦。通常畦宽1.5cm，高15cm，四周开好排水沟，沟宽25～30cm。

3. 林间栽培

选土层深厚肥沃、透光良好的常绿阔叶林，将过密的枝干除去，保持林间透光度在30%左右，去除林下的落叶和残枝，依其自然地形开畦栽培，畦宽约8cm，沟宽约20cm，株距、行距根据林间树木实际分布情况而定。在黄连生长期间，要做好林间管理，及时清理杂草，视黄连生长情况而定，合理补充土壤肥力。生长后期应逐年去掉多余的枝干，增加透光度，扩大光合面积，促进黄连的光合作用。林下栽培充分利用了森林资源，节约了栽培成本，显著提高了黄连种植户的经济效益。

（二）搭棚

采用较粗的树干或水泥预制行条作支撑物，将树桩或水泥行条埋入土内深50cm，使地面上部桩高有1.7m左右。桩埋好后，将顺杆用铁丝牢固地捆在桩柱上，再将横杆捆在顺杆上。然后在其上面均匀地铺盖遮盖物，一般前2~3年棚内荫蔽度需在60%~70%，后4~5年应逐渐降至40%。盖材的选择以遮阳网最佳，也可用竹枝、树枝等替代。最后，将围篱、棚栏、棚门装好，以防兽害、风吹和日晒。

（三）栽种

在第2年2—3月或5—6月气温回升后，选择3年生健壮、无病害的黄连种苗移栽。栽时选阴天或雨后边起苗边移栽，每100株捆成1把，剪去过长的须根，注意保护根系不受损，根土过多可轻抖落，不可水洗，栽时用栽秧刀开穴，按行株距10cm×10cm，自叶片以下将黄连苗完全栽入土内，最深不超过6cm，让根系充分伸展，栽后随即覆土压实，土不超过苗心位置。每亩栽苗5.5万~6万株。种植密度不可过高，否则会抑制黄连幼苗的前期生长，影响黄连的产量和品质形成。

（四）田间管理

1. 间苗、补苗

春、夏移栽的幼苗，于秋季用3年生的健壮苗带土补苗。当黄连的幼苗长至1~2片真叶时，就要进行间苗，如果生长过密，应该拔除部分弱苗，使株距保持1cm左右。过密不利于植株的养分吸收以及光、温、水等自然条件的均匀分配，之后再根据出苗和生长情况进行多次间苗。

2. 除草

黄连幼苗前几年生长缓慢，杂草生长旺盛，应及时除去杂草，除草时用镰刀勾出草根，避免留下草种。幼苗移栽后，每年根据育苗地杂草生长情况除草3~5次即可，草量不多时采用人工除草，杂草疯长时用化学除草剂除草，如50%扑草净、20%敌草隆等强效除草剂。等到第5年收获时，仅需除草1次即可。

3. 施肥

准备播种前7~14d，按70~80kg/亩磷肥和1 500~2 000kg/亩腐熟的猪粪或牛粪进行施肥，施肥时将磷肥作为底肥结合耕翻施入，然后泼腐熟的粪水，再覆上一层细细的表土。移栽后5～7d，追施1次稀薄人、畜粪水或腐熟饼肥水1 500kg/亩，促使幼苗适应育苗地肥力水平，促进幼苗生长；于9—10月，每亩施厩肥1 000kg与饼肥100kg、土杂肥500kg进行第2次追肥。此后于黄连幼苗生长的第2年、第3年、第4年的春季和秋季，各追肥1次。春季，每亩施用人、畜粪水1 000kg，或饼肥水1 000kg，或尿素10kg和过磷酸钙25kg与细土拌匀撒入畦面。秋季，每亩施用厩肥、火土灰、饼等1 500～2 000kg充分腐熟细碎后撒于畦面。

4. 培土

黄连移栽后的2～4年，春季、秋季追肥后，需用细碎的腐殖质土均匀地铺于畦面进行培土，厚1.5～2cm。培土太厚易导致黄连根茎过于细长，影响黄连的商品质量。

5. 除花葶

当第2年黄连植株花葶抽出后，需尽早剪除，防止地上部分过度生长，促进根部对养分的吸收利用，避免地上部分过度徒长。如需留种，应保留花葶。

6. 荫棚管理

移栽后，当年透光度保持在15%～20%，第2年至第3年透光度逐年增加至30%～40%，到第4年透光度扩大至50%左右，到第5年收获时去除荫棚，加强黄连的光合作用，促进有效成分的积累，加快根及根茎的生长，增加产量。

（五）病虫害防治

1. 白粉病

病害发生早期，叶表会出现类圆形的黄褐色病斑，直径5～20mm，随后逐渐扩大，进而生成白色粉末，至发病后期，病斑上会生成黑色颗粒状子囊壳，白色粉末遍布全叶，随后根及根茎逐渐腐烂，严重者全株死亡。

防治方法：一是可通过调节荫蔽度，在生长后期降低荫蔽，增强植株抗病力。二是发病初期喷65%代森锌500倍液，每周1次，持续2～3周。如病害加重，可喷0.3波美度石硫合剂，或70%甲基硫菌灵1 000～1 500倍液，每周1次，持续3周以上。

2. 炭疽病

该病害在雨季常见高发，发病初期叶表出现4～25mm大小的不规则油渍状病斑，中间灰白边缘暗红色，同时叶表会凸起黑色病原菌分生孢子，叶柄基部逐渐产生紫褐色病斑，导致叶柄部位脱落，病害高发时全株死亡，严重为害黄连的产量和品质。

防治方法：一是及时清理田间杂草及植株发病部分，统一销毁，防止留越冬病源。二是病害发生早期，可喷洒1∶1 000波尔多液，每周1次，持续3～4周。三是发病后及时清除发病部位，喷50%多菌灵800～1 000倍液或60%炭疽福美400～600倍液，每周1次，持续2～3周。

3. 白绢病

白绢病主要发生在黄连的根及根茎部位，多发于低洼积水地带。发病初期地表近茎基部会出现白色绢状菌丝体，叶片呈紫褐色，严重时叶片开始萎蔫，叶柄及根茎逐渐腐烂，最终全株逐渐枯死。

防治方法：一是及时清理田间病株，对病穴采取石灰消毒。二是病害发生后用50%退菌特500倍液喷洒，每周1次，持续2~3周。三是田间积水后及时排除，控制低洼地带的灌水量。

4. 列当

常见于黄连根及根茎处，通过吸盘寄生于黄连根部，吸取汁液，阻碍根部的水分和养分传导，严重为害黄连的生长发育，且列当传播性极强。

防治方法：一是一旦发现根部有列当寄生，立即将病株连根围土一起挖除，换填新土。二是在7月上旬，列当种子尚未完全成熟时，结合中耕除草，将列当铲除干净。

四、采收及初加工

（一）采收

黄连移栽5年以上，可于11月下旬至12月上旬，选晴天，拆除荫棚等遮蔽物，小心挖出黄连全株，轻轻敲打抖落泥沙，抖土时不可过于用力，防止根部破伤，影响药材品质。采收后，剪去须根及叶柄，即得鲜黄连。收集的根茎、须根、叶子分别全部运回加工，均可入药。

（二）初加工

将采收的鲜黄连直接置于炕房内炕干，或置于烘箱中60℃烘干。当黄连干至一折就断时，趁热迅速放入槽笼内来回摇晃撞击，撞除根上附着的残余须根、泥沙及叶柄，即得干黄连。须根和叶子炕干或烘干后，除去杂质，也可入药。

第十四节　川党参

一、概况

党参是我国传统的补益药，也是中医临床使用中常见的中药之一，其性味甘，平。具有健脾益肺，养血生津的功效。用于脾肺气虚，食少倦怠，咳嗽虚喘，气血不足，面色萎黄，心悸气短，津伤口渴，内热消渴。现代药理学研究证实，党参化学成分众多，包含多糖类、生物碱类、炔类、三萜类、黄酮类、维生素、微量元素等多种活性成分，在传统功效的基础上，具有抗氧化、抗疲劳、增强免疫力等作用。在我国传统饮食文化中，党参素有煲汤、火锅用料、泡茶、泡酒等用法。2023年11月，国家卫生健康委员会和国家市场监督管理总局联合发布公告，将党参正式纳入"食药同源"目录。随着国民对健康诉求的不断提高，民众在医疗保健上的支出快速提升，基于党参的功效特性，在开发为保健品、党参食品方面将展现出巨大潜力。以党参为原料的产品，如党参饼干、党参脯、党参牛轧糖、党参酒、党参蜜饯、党参黄芪饮料等，有望成为新食品领域的研究热点。

《中华人民共和国药典》（2020年版）收载，药材党参的来源为桔梗科植物党参、素花党参或川党参的干燥根。川党参为多年生草质藤本，是中药材党参的3种基原植物之一。独具"味甘气浓、皮肉紧凑、嚼之渣少、滋补力强"的鲜明特色。分布于重庆、贵州北部、湖北西部及陕西南部等地，生于海拔900～2 300m的山地林边及灌丛中。重庆党参产区所用的原植物主要是川党参，主产巫山、巫溪、城口、奉节、云阳、南川、武隆等地。由于长期栽培形成很多地方品种，巫山产的称庙党，巫溪产的称大宁党，奉节产的称夔党，川党参以其单枝肥壮、味甜、肉质等特点远销我国香港、台湾及东南亚地区。

城口是川党参的主要产地之一，植株除叶两面密被微柔毛外，全体几近于光滑无毛；根常肥大呈纺锤状圆柱形，较少分枝或中下部稍有分枝，长15～30cm，表面灰黄色，上端1～2cm部分有稀或较密的环纹，而下部则疏生横长皮孔，肉质；茎缠绕，长可达3m，有多数分枝，侧枝长15～50cm，小枝长1～5cm，具叶，不育或顶端着花；叶在主茎及侧枝上的互生，在小枝上的近对生，卵形、窄卵形或披针形，长2～8cm；叶柄长0.7～2.4cm；花单生枝端，与叶柄互生或近对生；花有梗；花萼几完全不贴生于子房，近全裂，裂片长圆状披针形，长1.4～1.7cm；花冠上位，钟状，长1.5～2cm，径2.5～3cm，淡黄绿色而内有紫斑，浅裂，裂片近正三角形；花丝基部微扩大；子房下位，径0.5～1.4cm；蒴果下部近球状，上部短圆锥状，径2～2.5cm；种子椭圆形，无翼。

城口第一部县志《城口厅志》（1844年）记载党参"掘其根，干之入药，性与人参同，产高山。近有收其子种植者，必五年后始可采。年越久，根愈大而愈佳。厅产有大盈握，长三四尺，每一根重斤余，盖数十年物也，不可多得，厅民以此为货，获利者众"。可见城口党参的人工种植利用历史悠久，历史上的规模效应空前，城口自古以来有丰富的野生川党参资源，在海拔1 000m以上的山地林边、路边灌丛中都有野生川党参分布，尤其在城口旗杆山一带野生川党参质量最佳，据当地老药农回忆，旗杆山一带党参不仅具有典型的狮子头、菊花心的特征，还具有红色断面的独特特征，被当地百姓称为"旗党"。目前，城口有人工栽培川党参5 000余亩，主要集中在咸宜镇、鸡鸣乡、高燕镇等海拔1 500m以上的高山坡地、荒地，大多数采用粗放的仿野生栽培模式。农户将采集的川党参种子撒在高山的地里后，每年秋季进行人工除草，连续5年后开始采挖，期间完全不施肥、不打药，采挖过程中也是采大留小，之后如此反复刀耕火种式粗放经营,此种经营的党参产量很低,但是品质非常优异。检测结果表明,城口川党参含有丰富的糖类、苷类、生物碱类成分,见表4-5。

表4-5 城口出产川党参中药材部分成分指标检测结果

成分	含量（μg/mL）	成分	含量（μg/mL）
葡萄糖	1 079.45	蔗果九糖	359.42
蔗果三糖	468.06	蔗果十糖	506.38
蔗果四糖	324.16	色氨酸	4.16
蔗果五糖	280.34	丁香苷	0.90
蔗果六糖	281.07	党参苷	53.22
蔗果七糖	330.35	党参炔苷	41.79
蔗果八糖	322.45	党参炔苷宁	3.80

二、种子种苗繁育技术

川党参用种子繁殖,采用育苗移栽,也可直播,以育苗移栽为主。

（一）采种母株选择

选择具有栽培种的典型特征、植株生长旺盛健壮、无病虫害的植株作为采种母株。

（二）种子采收

以三年生植株,充实饱满种子为好,一般在8—9月,当果皮微带红紫色部分开裂、种子变褐色时采收。采收后置于室内后熟数日,待果实大部分开裂再搓出种子阴干,储藏备用。隔年种子发芽率低,不宜作种。

（三）选地、整地

川党参育苗地在平原地区宜选择地势平坦,靠近水源,土质疏松肥沃,排水良好的沙质壤土;在山区应选择排水良好,土层深厚,疏松肥沃的沙质壤土。坡度15°~30°的半阴半阳的山坡地或二荒坡地地势不宜过高,一般海拔2 000m以下为宜。

若选熟地,前茬作物收后翻耕1次,使土壤充分风化,减少病虫害,播前再耕1次,并施堆肥、厩肥作底肥;若选用生荒地,先铲除杂草,拣除石块、树枝、树根,将杂草晒干后铺于地面焚烧,深耕土地,耙细整平。

（四）苗床整理

播种前对育苗地要精耕多耙,使土壤细碎疏松,按1.3m宽开箱,间留20~30cm操作通道,畦面土粒细碎,表面平整。

（五）播种时间

春播在 3 月下旬至 4 月上旬，秋播在 9 月中旬至 10 月上旬。

（六）种子处理

为使种子提早发芽，可实行温汤浸种处理，即用 40～50℃的温水浸种 10～20min，边搅拌边放入种子，然后将种子装在纱布内，用清水洗数次，再放在室温 15～20℃沙堆上催芽，每隔 3～4h 用清水淋洗 1 次，经 5～6d 种子裂口或露白即可播种。

（七）播种育苗

将种子拌成种子灰，均匀播于厢上，条播和撒播均可，条播的亩用种量 1.5～2kg，撒播的亩用种量 2～2.5kg。播后覆盖一层薄土，以盖住种子为度。播后要注意适当浇水，经常保持土壤湿润，利于种子发芽出苗。播后最好盖一层蒿秆或草，出苗后揭去。

（八）苗期管理

1. 中耕除草、间苗

苗高 5～7cm 时要除草间苗，每隔 2cm 留 1 株苗，缺苗较多要及时补苗。以后见草就拔。

2. 施肥

施清淡人、畜粪水加适量尿素提苗，后期配合施用氮、磷肥。

3. 搭设支架

苗高 30cm 时要用竹竿或树枝搭支架。

4. 浇水

排灌水出苗期保持湿润，幼苗期根据地区、土质等自然条件适当浇水，苗长到 15cm 以上就不需要浇水。雨季注意排水，防止烂根烂秧。

三、种植技术

（一）选地

移栽地选择不严格，除盐碱地、涝洼地外，生地、熟地、山地、梯田等都可种植，以土层深厚，疏松肥沃，排水良好的沙壤土为佳。过黏重或过贫瘠的沙土不宜选择，忌连作，前作以玉米、马铃薯为好，无论选择生地或熟地，必须符合国家土壤环境质量标准。

（二）整地施肥

深耕，耙细，清除杂草。结合深耕施足基肥。

（三）起苗

川党参育苗一年即可移栽，移栽期多在秋季倒苗后或春季萌芽前。高海拔山区可采用育苗两年再移栽。移栽前将秧苗挖起，捆成 30～50 株的小把，放在荫蔽潮湿的地方，挖起的秧苗最好当天栽完。如果发生苗干时不要浇水，应埋入湿土中 1～2d，秧苗即可复原。

（四）移栽

移栽行距 20～23cm，株距 5cm 左右。栽时，视秧苗长短，在厢上开深浅合适的沟，将苗斜放沟中，尾部不要弯曲，覆上细土，踏紧后再覆土与厢面平。在较高山区秋季移栽，其芦头应在土面以下 7～8cm，以防冰冻危害。在有些高山区育苗两年再密植移栽，亩产量较高。

为防止或减少病害，移栽时可用 25% 多菌灵 300 倍液浸根 30min 再移栽。

（五）田间管理

1. 中耕除草

清除杂草是确保川党参增产的主要措施之一，封行前要勤除杂草，松土，并注意培土防止芦头露出地面。

2. 施肥

移栽地在整地时要施足底肥（土杂肥），春季除草后施人、畜粪水加适量尿素提苗，秋季亩施磷酸二铵或复合肥 50kg，结合中耕培土将肥翻入土中。

3. 搭架

苗高约 30cm 搭设支架，便于茎蔓攀援，通风透光，增强光合能力，促进苗强苗壮，减少病虫害。

4. 疏花

川党参花较多，非留种田及当年收获的参田要及时疏花，减少养分消耗，以利根部生长。

（六）病虫害防治

在病虫害防治中，要以"预防为主，综合治理"的原则，采用综合防治方法，科学地使用物理防治、生物防治与化学防治技术，有效控制川党参病虫为害。

1. 病害

锈病：7—8 月发生，植株感病后叶片枯黄而死。应选择不过分潮湿的地块栽培；设立支柱；发病初期用三唑酮或敌锈钠 500 倍液喷雾防治。

根腐病：5—6 月发生，雨水多时易引起根部腐烂。应处理病根残株，注意排水；发病时用 50% 甲基硫菌灵可湿性粉剂 800 倍液淋窝。

2. 虫害

川党参虫害主要是蚜虫、红蜘蛛和蛴螬。可人工捕杀幼虫，或用90%晶体敌百虫与炒香的菜籽饼制成毒饵进行诱杀，用50%辛硫磷乳油1 000倍液浇灌根际周围也能达到较好防治效果。

四、采收及初加工

（一）采收

1. 采收年限

直播3～4年采收；育苗移栽2～3年采收。

2. 采收时期

9月下旬至10月上中旬地上部分枯萎时采收。

（二）采挖

采挖选择晴天，先除去支架，割掉参蔓，在厢的一边开深沟，要仔细深挖，把全根挖出，以免浆汁外溢形成黑疤而影响外观和质量。

（三）初加工

将挖出的党参剪去藤蔓，抖去泥沙，摊放于晒场，晒至三四成干呈柔软状，按大小分级，用手顺握成把，置木板上用手揉搓后再晒，反复3～4次直至晒干，多雨地区无法晒干，可用炕，炕至三四成干揉搓，反复数次直至炕干。

第十五节　黄　精

一、概况

《中华人民共和国药典》（2020年版）收载黄精品种为百合科植物滇黄精、黄精或多花黄精的干燥根茎。按形状不同，习称"大黄精""鸡头黄精""姜形黄精"。春、秋季采挖，除去须根，洗净，置沸水中略烫或蒸至透心，干燥。

我国黄精资源分布较广，在西南、华南、华中、东北等地广泛分布。黄精在重庆绝大部分区（县）均有分布，是野生资源的主要分布区之一，主要分布在海拔300～2 000m的阴湿沟边、林下。现阶段重庆地区的野生黄精资源分布很零星，蕴藏量不大。黄精野生资源较多的省份主要是贵州、云南、四川，其次就是重庆、陕西、湖南、安徽、河南、广西南部以及湖北西部等地。当前黄精中药材栽培已经很成熟，其中四川、贵州、重庆、云南、陕西、湖南、湖北、浙江、安徽等南方省（市）均有栽培，栽培规模已经突破百万亩。

黄精是我国规定的药食同源品种之一，《食疗本草》记载"饵黄精，能老不饥"，就是说吃黄精能延缓衰老，不感到饥饿。黄精药用价值主要可以概括为以下几点。

（1）具有补脾润肺、滋阴补肾、填精益髓等功效，可治疗脾胃虚弱、体倦乏力、肺虚燥咳、内热消渴、精血不足、口干食少、心悸气短等症。

（2）具有延长寿命，提高肌体生命活力，增强肌体免疫功能，抗氧化、抗衰老作用，促进 DNA、RNA 及蛋白质合成，其多糖类萃取物有促进淋巴细胞转化作用。

（3）能增强心肌收缩力，增加冠状动脉流量，改善心肌营养，防止动脉粥样硬化，防止脂肪浸润，抑制脂质过氧化。

（4）能降低血糖 cAMP 及 cGMP 含量，具有降血糖、降血脂作用。

（5）具有抗炎、抗病原微生物作用，对伤寒杆菌、金黄色葡萄球菌、结核分枝杆菌和皮肤真菌也有抑制作用，可治疗泌尿系统感染、骨关节感染等症，外用还可以治脚癣及股癣。

（6）具有抗疲劳、耐缺氧等抗应激作用，有提高和改善记忆能力的作用。

（7）用于呼吸系统疾病，可治疗肺结核病、百日咳、慢性支气管炎等。

（8）抗病毒、抗肿瘤，可用于治疗肝炎、肿瘤等疾病。

黄精性味甘甜，食用爽口。其肉质根状茎肥厚，含有大量淀粉、糖分、脂肪、蛋白质、胡萝卜素、维生素和多种其他营养成分，生食、炖服既能充饥，又有健身之用，可令人气力倍增、肌肉充盈、骨髓坚强，对身体十分有益。黄精根状茎形状犹如山芋，山区老百姓常把它当作蔬菜食用。将黄精根茎洗净蒸熟，和猪肉片煸炒，味道鲜美；亦可将其烹调成药膳，如"黄精饭""黄精膏""黄精饼""黄精粥""黄精粉""黄精糖稀"等。每天用黄精少许煎汁代茶饮，有强健身体之功效，尤其对病后恢复体力用最好。用黄精一两煲鸡汤食饮用，可以滋润骨骼，治疗骨质疏松症。黄精肉质根状茎中含有 K、Fe、Mg、Ba、Cu、Mn、Bi、Na、Al、Ca、Ge、P、Zn、Sr 等元素和 As、Hg、Pb、Cd 等微量元素，以及 16 种人体所必需的氨基酸，可以加工成保健品。此外，黄精果实中还含有丰富的维生素 B_1，可用来加工制成干果、酿造果酒或加工成不同风味的罐头和饮料，如"黄精蜜饯""黄精饮料""黄精保健酒"等。黄精根状茎还可以加工成粉末状调料，供烧菜时使用。

二、种子种苗繁育技术

（一）生长发育特性

黄精为多年生草本植物，喜欢阴湿气候条件，具有喜阴、怕干旱的特性，在干燥地区生长不良，在湿润荫蔽的环境下植株生长良好。在土层较深厚、疏松肥沃、排水和保水性能较好的壤土中生长良好；在贫瘠干旱及黏重的地块不适宜植株生长。重庆地区的野生黄精多生长在山坡阴处、林下、灌丛、草丛或山谷沟边，一般在3月初幼芽出土（出苗期可持续到10月），一般来讲，重庆地区黄精在4月和9月有两个出苗高峰期，花期4—5月，果期6—9月，9—10月果实成熟脱落，最后地上部分枯死（较温暖地区地上部分有的也不枯死，等到第2年新苗长出后陆续枯死），与此同时，部分枯死植株地下块茎又萌芽出苗，未长出地面的芽成为越冬芽，到11月中下旬进入整个黄精生长发育的越冬休眠时间，一直到第2年3月又开始出苗返青。

黄精的地下部分由根状茎和着生根状茎的须根组成，根状茎的形成过程如下：做种的根状茎（可称为"母体"）发芽出苗后，逐渐长成地上部分的主茎，随着主茎的生长，"母体"开始逐渐膨大，母体的腋芽开始萌发出茎苗，即一次分枝，分枝基部逐渐膨大，形成一次根状茎（可称为"子体"），"子体"上的侧芽继续萌发，抽生新苗，形成二次分枝，二次分枝基部继续膨大形成二次"子体"，如此反复形成三次、四次……"子体"，这便形成了由一个"母体"和多个"子体"组成的完整根状茎。

（二）生长发育的环境条件

1. 土壤

选择比较湿润肥沃的林间地或山地，林缘地最为合适，要求无积水，土壤偏酸性，无盐碱影响，以土质肥沃，疏松，富含腐殖质的沙质土壤最好。土薄，干旱和沙土地、严重黏土、积水地不适宜种植。

2. 温度

黄精适合温暖气候区域种植，年平均气温为15℃左右为宜，年极端最高温度不超过38℃，年极端最低温度不低于-8℃，夏季平均温度为24℃，也就是在夏无酷暑、冬无严寒气候较为适合。

3. 光照

黄精为喜阴植物，属于阴生植物范畴，适当遮阴有利于黄精生长发育，尤其是幼苗阶段的遮阴程度要更高一些。也可选择林下荫庇环境进行栽培。

4. 水分

黄精喜湿润环境，要求栽培地年降水量在1 000mm以上，以川渝气候为例，早春经常出现短暂性干旱，黄精的苗期相对缺水，在春旱（4—5月）持续时间较长的季节（在雨季未来临之前），根据土壤含水量适当采取滴灌、喷灌、浇灌的方式保苗。在移栽定株后如连续无下雨要浇定根水，若碰小雨后移栽最好，可不浇或少浇，进入雨季后要提前做好清沟排水准备，避免积水造成黄精烂茎情况发生。

（三）育苗、播种与栽培技术

1. 种子繁殖

（1）种子处理。选择生长健壮，无病虫害的二年生植株留种，加强田间管理，秋季浆果变黑成熟时采集，冬前进行湿沙低温处理。具体方法是：在院落向阳背风处挖一深坑，深40cm，宽30cm。将1份种子与3份细沙充分混拌均匀，沙的湿度以手握之成团，落地即散，指间不滴水为度，将混种湿沙放入坑内。中央放高秸秆，利通气。然后用细沙覆盖，保持坑内湿润，经常检查，防止落干和鼠害，待第2年春季4月初取出种子，筛去湿沙播种。

（2）苗床建设。选用耙细均匀的沙质壤土铺垫发芽床，按行距15cm划深3cm细沟，育苗肥按尿素50～60kg/亩、普钙85～100kg/亩、硫酸钾15～20kg/亩均匀拌土施入细沟内，将吸胀12h的供试种子分别清水冲洗后均匀植入发芽床细沟内，覆平细沟旁侧细土，用木耙轻排压实，浇1次透水，上覆盖一薄层碎小秸秆，也可以插拱条，扣塑料农膜，加强拱棚苗床管理，及时通风、炼苗。

（3）育苗管理。在塑料大棚环境下将温度控制在25℃左右，白天可适当通风，保持充足光照，若逢阴雨天，可打开大棚内日光灯。20d左右出苗，出苗后小心揭去秸秆后锄草，等苗高3cm时，昼敞夜覆，逐渐撤掉拱棚，及时除草、浇水，促使小苗健壮成长。秋后或第2年春就可以出苗移栽到大田。

2. 根茎繁殖

取多年生黄精地下新鲜根茎，选择具有顶芽的根茎段作种栽，根茎段长度选择在8～10cm，种茎重在500g左右，播种前一年10—12月选择长势较好的同一种根茎留种育苗，用湿润细土或细沙集中排种于避风、湿润荫蔽地块越冬，第2年2—3月翻开表土，选择健壮萌芽根茎，将根茎切削成段后用草木灰涂切口，于阳光下暴晒1～2d播种。

三、规范化栽培技术

（一）移栽

1. 移栽时间

南方在10月后为宜，北方在3月后为宜。

2. 选地

选择土层深厚、肥沃的沙质壤土或黏壤土，有荫蔽条件和排水条件，上层透光性充足的林下开阔地带或有人工遮阴条件的地块进行栽培。在农田种植时，茬口选择上最好前茬为水稻、绿肥或休闲地块；若是和天冬、玉米间作，最好以水稻和油菜作为前茬。

3. 基肥

移栽前施入充分腐熟的厩肥，结合整地按3 000kg/亩施入，并加入过磷酸钙20kg。

4. 整地

秋末倒茬后，及时进行深翻，然后耙平耙细，做宽1.0m、高0.25～0.30m的畦，畦沟宽0.5m，同时在地块四周疏通沟渠，用于排水防涝。

5. 移栽方法

在整好的畦上按深10～15cm挖穴，穴底挖松整平施入1kg土杂肥，每穴栽黄精苗1株，覆土压紧，淋透定根水，再盖土与畦面齐平，移栽1周后，再浇水1次。

6. 种植密度

黄精株行距为（25～35）cm×（35～50）cm，即每亩3 800～7 600株为宜。若地力较差可采用高密度即7 000株/亩左右，土壤肥沃则以每亩4 000～5 000株为宜，间作其他高秆作物可采用低密度，即3 000株/亩左右。如林下栽培，根据林下空隙大小安排，一般为2 000～4 000株/亩。

（二）田间管理

1. 中耕锄草

生长前期为幼苗期，杂草相对生长较快，且重庆地区的雨季土壤容易板结，要及时进行中耕锄草，最好每年的4月、6月、8月、11月各进行1次，具体锄草时间可酌情选定，勤锄草和松土的同时，注意宜浅不宜深，避免伤根，生长过程中也要经常培土，可以把垄沟内的泥巴培在黄精根部周围，在加快有机肥腐烂的同时也可以防止根茎吹风或见光。

2. 定期施肥

土杂肥或人、动物粪尿1 500kg/亩或复合肥45～60kg/亩，施肥要结合中耕锄草进行。黄精生长前期需肥较多，4—10月要保证黄精营养生长阶段有足够的养分吸取。根据生长情况每亩施入人粪尿1 000～2 000kg，11月重施冬肥，每亩施土杂肥1 000～1 500kg并与过磷酸钙50kg、饼肥50kg混合均匀后在阴天或者多云天气，最好是下雨之前将肥料在行间或株间开小沟施入，之后立即顺行培土盖肥。

3. 荫蔽

对幼龄苗或者新出苗采取适当遮阴处理。对于幼龄苗在3月下旬黄精即将出苗，无荫蔽条件则需搭设荫棚，荫棚高2m，四周通风，到10月中旬秋老虎基本消退时除去荫棚，林下间作黄精遮阴效果好就无须遮阳棚，人工搭设荫棚其透光率在30%最佳。

4. 修剪打顶

重庆地区的黄精花期为5月上旬，至7月中旬，果期从6月初开始到10月果实才开始成熟，漫长的生殖生长阶段对营养造成了大量的耗费，所以对以地下根状茎为收获目标的黄精，在花蕾形成前期及时将其摘除，以阻断养分向生殖器官聚集，从而使养分向地下根茎积累。一般在 5 月初即可将黄精花蕾剪掉。

5. 合理灌溉

重庆早春经常出现短暂干旱，黄精的苗期相对缺水，在重庆 4 月中旬即进入雨季，故此在雨季未来临之前，可适当采取滴灌、沟灌、喷灌、浇灌的方式保苗，在移栽定株后要浇足定根水（若碰小雨后移栽最好，可不浇或少浇），保持土壤湿润以利成活。另外，进入雨季要做好清沟排水准备，避免积水造成黄精烂茎。

6. 病虫害防治

（1）病害防治。黄精的病害主要是叶斑病，4—5 月开始发病，多发生于夏、秋两季，雨季发病较严重，受害叶片先从叶尖出现椭圆形或不规则形、外缘呈棕褐色、中间淡白色的病斑，从病斑向下蔓延，使叶片枯焦而死。

防治方法：收获后清洁田园，将枯枝病残体集中烧毁，消灭越冬病源；发病前和发病初期喷波尔多液或 50% 退菌特 1 000 倍液。每 7～10d 喷 1 次，连喷 3～4 次或 65% 代森锌可湿性粉剂 500～600 倍液喷洒，每 7～10d 喷 1 次，连续 2～3 次。

（2）虫害防治。黄精的幼苗期害虫主要以地老虎、蛴螬为多，主要咬食黄精的幼嫩根茎，咬断根茎伤害幼苗，其破坏性不容小视。5 月中旬到 7 月，黄精处于生殖生长的开始阶段，随着根状茎的膨大，黄精的花器官和幼嫩果实会受到飞虱伤害，可导致结实率降低，尤其是树林下套作的黄精受害相对严重。

防治方法：每亩 2.5% 敌百虫粉 2～2.5kg 加细土 75kg 拌匀后，沿黄精行开沟撒施防治蛴螬。对地老虎可用上法同样防治，但用量加大，2～2.5kg 配细土 20kg，也可将敌百虫混入香饵里于傍晚在地里每隔 1m 投放一小堆诱杀。

四、采收及初加工

（一）采收

1. 采收时间

黄精在 12 月到第 2 年 1 月茎秆上叶片脱落枯萎时为最佳采收期。

2. 采收天气

选择在无烈日、无雨、无霜冻的阴天或多云天气进行，如果选择在晴天进行应选择在 15 时以后。

3. 适宜采收的土壤干湿状态

土壤湿度在 20%～25% 范围内收获较好，此时土壤容易与黄精根茎疏松分离不易伤根茎，根茎的颜色泛黄，表面无附着水，用滤纸粘贴吸水呈微量吸附，下雨天气或土壤湿度过大均不宜采收

4. 采收标准

根状茎饱满、肥厚、糖性足；表面泛黄、断面呈乳白色或淡棕色；气味浓烈嚼之

有黏性；在老根茎先端或两侧未形成或刚刚形成新的顶芽和侧芽，茎节痕明显有凹陷。

5. 采收方法

按黄精垄栽方向依次将黄精根茎带土挖出，去掉地上残存部分，使用竹刀或木条将泥土刮掉（注意不要弄伤块根，须根无须去掉，如有伤根另行处理）。注意在产地加工以前，不要用水清洗。

6. 留种

将已经起挖的块根选择大小中等、肥厚饱满、颜色润黄、无伤害痕迹、茎节较多者留种。

（二）初加工

将即将成为商品药材的黄精进行产地初加工，操作人员不能是传染病人，体表有伤口或皮肤过敏者首先应佩戴口罩。将黄精须根摘下统一处理，再将处理好的块根和须根分开洗净，然后将黄精块根较大或较厚的分成两半，放入事先准备好的蒸锅内蒸 $0.5 \sim 1h$，取出阴干或 $45℃$ 烘干即可。黄精商品以味甜不苦、无白心、无须根、无霉变、无虫蛀、无农药和无残留物超标为合格。以块大、肥润色黄、断面半透明为佳品。

传统黄精中药材加工需要"九蒸九晒"，大致方法如下。

（1）拌黄酒。要求与适量（约 10% 用量）黄酒与干净黄精拌匀，并闷润至酒吸尽。

（2）第 1 次蒸制、晒干。要求第 1 次"蒸至黄精中央发虚为度"（蒸制过程注意收集黄精汁），取出"晒至外皮微干"，然后将黄精拌入黄精汁和适量黄酒，并"闷润至辅料吸尽"。

（3）反复蒸制、晒干。按第 1 次蒸制、晒干方法。再蒸，再晒至外皮微干，再拌入黄精汁和适量黄精，如此反复，蒸制、晒干 8 次。第 $2 \sim 8$ 次蒸制需要使用黄酒的 70% 用量。

（4）第 9 次蒸制、晒干。最后将剩余（20% 用量）黄酒及黄精汁一起拌入，蒸至外表棕黑色，有光泽，中心深褐色，质柔软，味甜为度。

（5）将蒸制合格的黄精，晒至八成干，然后转后切制工序。

五、包装、储藏及运输

（一）包装

黄精在包装前应仔细检查是否已充分干燥，并清除杂质和异物。将全干燥的黄精装入洁净的麻袋或布袋中，内衬防潮纸（本品极易吸潮）。每件可包装 50kg 并附合格证、装箱单和出货日期，然后打包成件。

（二）储藏

采用密封的塑料袋比较好，能有效控制其安全水分（<18%），主要针对黄精易吸潮的特点进行储藏，同时可将密封塑料袋装好的药材放入密封木箱或铁桶内，防虫防鼠。

（三）运输

黄精的运输应遵循及时、准确、安全、经济的原则。将固定的运输工具清洗干净，将成件的商品黄精捆绑好、遮盖严密，及时运往储藏地点，不得雨淋、日晒，长时间滞留在外不得与其他有毒、有害物质混装，避免污染。

第十六节　川牛膝

一、概况

川牛膝为苋科植物川牛膝的干燥根，别名牛夕、对节草、土牛膝。味苦、酸、性平，归肝、肾经，具有补肝肾、强筋骨、逐瘀痛经、引血下行功能。生用散淤血、消痈肿、活血祛瘀、通利关节等功效，用于淋病、尿血、难产、胞衣不下、产后淤血腹痛、喉痹、痈肿和跌打损伤等症。熟用补肝肾，用于腰膝酸痛、四肢拘挛、痿痹等症。四川乐山、雅安、凉山及重庆城口等地均有分布，栽培历史较久，产量大，质量好。

多年生草本植物，高50～100cm。主根粗壮，长圆柱形，黄白色或红色，茎直立，茎下部近圆柱形，中部近四棱形或近方形，具糙毛，茎节略膨大，似牛膝状，叶对生，叶柄密生糙毛，叶片椭圆形，先端渐尖，基部楔形，全缘，表面暗绿色。顶生或腋生绿白色小花，花密集成圆头状花序。胞果长椭圆状，种子1粒，倒卵形。基部略被疏柔毛，种子卵形，赤褐色。花期7—9月，果期9—10月。

川牛膝喜寒凉湿润的自然环境。重庆、四川多栽培于海拔1 200～2 000m的高寒山区，一般年降水量约1 200mm，冬季有3～4个月积雪。在海拔1 500m左右，一般使用生长3～4年植株的成熟种子，播后10～15d即可出苗，且发芽率高，种子寿命为1年，播后第1年为营养生长，第2年为生殖生长。夏季为旺盛生长期，并同时长根，秋末冬初进入冬季休眠期。

二、种子种苗繁殖技术

川牛膝多采用种子繁殖。培育采种产区，一般在海拔 1 500m 左右地带，建立种子田，繁育良种，或在适宜留种地带划出留种区，并加强管理，生长 3～4 年采种。也可在海拔 1 500m 左右的大田中进行单株选种。

选种标准：3～4 年植株，发育健壮，无病虫害，根条粗大而长。10 月采种。当果实饱满，呈黑褐色时连果穗摘下，捏成一团，运回晾于通风处阴干，第 2 年播种前脱粒，亦可晾干后搓出种子备用。隔年种子发芽率很低，不能作种。

测试种子：播种前应测试种子的发芽能力，以便确定用种量，减少播后缺苗。测试方法，一是火选。取一定数量的种子投入火中，听其爆炸声响的多少计算种子的发芽率；二是搓选。搓出一定数量的种子种仁，视种仁的好坏数目计算发芽率。

川牛膝薹种植所产的秋子最佳，秋后种子成熟后采种即为秋子，秋子种植的川牛膝所产的种子为秋蔓薹子，秋蔓薹子种植的川牛膝所产的种子为老蔓薹子。当年种植的川牛膝所产种子质量差，发芽率低。霜降后，在川牛膝采挖时节，选择植株高矮适度、枝密叶圆、叶片肥大、根部粗长、表皮光滑、无分权及须根少的植株，去掉地上部分，保留芦头（芽）。取芦头下 20～25cm 根部即为川牛膝薹，在阴凉处挖坑深 30cm，垂直放入川牛膝薹，填土压实越冬。第 2 年 3 月下旬或 4 月上旬，按株行距 60cm×75cm 栽种川牛膝薹，苗高 20～30cm 时，每株施尿素 150g，适量浇水。也可在收获时选优良植株的根存放在地窖里，第 2 年解冻后再按上述方法栽种。

三、种植技术

1. 选地与整地

宜选土质肥沃，富含腐殖质，土层深厚，排水良好，向阳疏松沙质壤土栽培为宜。川牛膝对前茬作物要求不严格，9—10 月下雪前深翻土地，深度最好在 30cm 以上，翻后休闲冻土；第 2 年清明前后，再翻 1 次，因川牛膝的根深可入土中 60～100cm，所以一般要深挖地，翻地挖沟，宽 100cm，将一沟挖完后，再继续挖另一沟，挖沟时常常在下面淘进 30cm 以上，将旁边的土劈下来，再清理一下即可，这样可以减少劳动力。如此一沟一沟挖，地翻完后需浇大水，使土壤渗透下沉，等稍干后，每亩施土杂肥 3 000～4 000kg，加入 25～40kg 过磷酸钙，然后把沟填平整好，浅耕 20cm 左右，耕后耙细，耙实，同时使肥料均匀，以利保肥保墒，土地整平后作畦 1m 左右，并使畦面土粒细小。可与玉米、马铃薯间作。海拔较低地区可与玉米套种。整地时不作畦，谷雨前后先播玉米，行距 1m，株距 50cm，随即在玉米行间播种两行川牛膝，行距 33cm，株距 18～22cm。玉米定苗时每穴留 2 株，中耕除草与川牛膝结合进行，并在拔节前和孕穗后，各施 1 次追肥。川牛膝生长第 2～3 年亦可间种玉米，第 4 年不能再间种。

2. 播种

牛膝多采用种子繁殖。在栽培上所用种子实质为胞果，种子发芽力因生长年限而不同，3～4年生植株结的种子最好，栽培当年所结的种子常不能发芽，隔年陈种不作种用。播种分春播和秋播，播种时间因地区和收获产品的目的不同而不同，不能过早，也不能过晚。过早播种，地上部分生长过快，则开花结籽多，根易分杈，纤维多，木质化品质不好，播种过晚，植株矮小，发育不良，产量低。四川、重庆宜在8月初播种，春播在4月前后，由于海拔高度不同，播种时间有所差异，海拔低的可以稍早，以在雪后早播为宜，秋播为8月前后。主产区一般采取高山春播、低山秋播的办法，出苗率高，缺苗少。

每亩播种量0.5～0.75kg，播种前，将种子在凉水中浸泡24h，然后捞出，稍晾，使其松散后播种。也有催芽后播种的，有时播前将种子用20℃温水浸泡10～20h，再捞出种子，待种子稍干能散开时，则可播种。播种最好在下午进行，以免夏天高温影响出苗。播种时将处理过的种子拌入适量细土，均匀撒入土壤中，轻耙1遍，将种子混入土中，然后用脚轻轻踩1遍。保持土壤湿润，3～5d出苗，如不出苗，需浇水1次。

3. 田间管理

每年结合中耕浅锄松土，除草3～4次。播种当年的幼苗期，怕高温积水，应及时浅锄松土，第1次在5月中下旬，宜浅锄，并结合匀苗、补苗，每窝留苗4～6株，这次除草很重要，宜早尽早；第2次在6月中下旬，中耕前，再匀苗1次，每窝定苗2～3株；7—8月结合浅锄松土，将表土内的细根除断，以利于主根生长。如果高温天气，应注意适当浇水1～2次，以降低地温利于幼苗正常生长，大雨后要及时排水，如果地湿又遇大雨，易使基部腐烂。苗高40cm左右时，应间苗1次。间苗时，应注意拔除过密、徒长、茎基部不正常的苗及病苗、弱苗。苗高17～20cm时，应按株距20cm定苗，同时结合除草。定苗后浇水1次，使幼苗直立生长，定苗后需追肥1次，追肥须在7—8月进行，8月初以后根生长最快，此时应注意浇水，特别是天旱时每10d要浇水1次，一直到霜降前都要保持土壤湿润。同时在雨季应及时排水，否则容易引起病害。并应在根际培土，培土厚度以使根头幼芽埋入土里约7cm为宜，防止倒伏。如果植株叶子发黄，则表示缺肥，就及时追肥，可施腐熟稀薄人粪尿、饼肥或亩施过磷酸钙12kg、磷酸二铵7.5kg。

株高长势过旺时应及时打顶，以防止抽薹开花，消耗营养。为控制抽薹开花，可根据植株情况连续几次。适当打顶，使株高在45cm左右为宜。生产上打顶后结合施肥，促进地下根的生长，是获得高产的主要措施之一，但不可留枝过短，以免叶片过少而不利于根部营养积累。

第2年结合中耕除草2～3次，追肥3次。第3年若要收获，就只进行1～2次。并在根际培土，利于根部营养积累，提高产量。

4. 病虫害防治

（1）黑头病。多发生于春、夏季，主要是芦头盖土太薄，冬季受冻害，引起发黑霉烂。应注意排水防涝，冬季培土。

（2）叶斑病。7—8月发生，为害叶片，叶斑黄色或黄褐色，严重时整个叶片变成灰褐色，枯萎死亡。可用枯草芽孢杆菌治疗。

（3）根腐病。在雨季或低洼积水处易发病。发病后叶片枯黄，生长停止，根部变褐色，水渍状，逐渐腐烂，最后枯死。应注意排水，选择高燥地块种植，忌连作，发病初期可选用微生物菌剂灌根。

（4）红蜘蛛。5—6月为害叶片。可用哒螨灵喷雾。

四、采收及加工

1. 适期采收

川牛膝在播后3～4年的10—12月收获。过早收获则根不壮实，产量低，过晚收获则易木质化影响质量。采收前轻浇1次水，再一层一层向下挖。挖掘时先从地里一端开挖，然后顺次采挖，要做到轻、慢、细，不要将根部损伤，要保持根部完整。

2. 精细加工

挖回的川牛膝，先不洗涤，去净泥土和杂质，将地上部分捆成小把挂于室外晒架上，枯苗向上，根条下垂。任其日晒风吹，新鲜川牛膝怕雨怕冻，因此应早上晒晚上收。若受冻或淋雨会变色发黑，影响品质，应按粗细不同晾晒，在晒至七成干时，取回堆放室内盖席。闷2～3d，再晒干。此时的牛膝称为毛牛膝，传统上是将毛牛膝打捆投入水中，使之沾水，立即拿出，交错分开放入熏炕中，用席覆盖后，以硫黄熏。每50kg毛牛膝用硫黄0.7kg，到烧完硫黄为止。然后取出，将芦头砍去，再按长短选出特膝、头肥、二肥、平条等不同等级。川牛膝以皮细，肉肥，质坚，色好，根条粗长，黄白色或肉红者为佳，外皮显黑色，断面黑色有油的为次。

五、储藏与运输包装

将干的川牛膝小把用木箱装，内衬防潮纸或纸箱包装。装箱时做到闷不好不装，残条不装，碎条不装，霉条不装，油条不装，散把不装，混等级不装。每箱20kg左右，放置通风阴凉处，在每件包装上注明品种、规格、产地、批号、包装日期、生产单位，并附有质量合格的标志。储藏川牛膝适宜温度在28℃以下，相对湿度68%～75%，储藏商品安全水分11%～14%，夏季最好放在冷藏室，防止生虫、发霉、泛糖（油）。储藏期应定期检查，消毒，保持环境卫生整洁，经常通风。存放一定时间后，要换堆，倒垛。有条件的地方可密封，充氮降氧保护，若发生轻度霉变、虫蛀，要及时翻晒。运输工具和容器应具有较好的透气性，以保持干燥，并有防潮措施，同时不应与其他有毒、有害、有异味的物质混装。

第十七节 川 芎

一、概况

川芎，属伞形科多年生草本植物，以其根状茎入药，又名抚芎、芎菊、西芎等。川芎为著名的川产药材。高 40～70cm，全株有浓烈的香气。根茎呈不规则的结节拳状团块，有多数芽眼，表面棕褐色。茎直立，圆柱形，中空，下部节膨大成盘状（俗称苓子）。叶互生，复伞形花序顶生或侧生。花瓣白色，双悬果卵圆形两侧压扁，长 2～3cm。花期在 6—8 月，果期在 9—10 月。

川芎味辛性温，具有活血化瘀、祛风止痛功效。主治月经不调、经闭经痛、产后淤滞腹痛、风湿痹痛、感冒风寒、肠胁胀痛和高血压等症。

二、种子种苗繁育技术

1. 种子繁殖

川芎的种子繁殖是传统的繁殖方法，但生长周期较长，一般需要 3～4 年才能采收。在春季播种，将种子与细沙按 1∶3 的比例混合均匀，放入育苗盘中，浇透水后覆盖一层薄土，保持土壤湿润。1 个月左右，种子发芽，移栽至大田。

2. 根茎繁殖

川芎的根茎繁殖是现代繁殖方法，生长周期较短，一般 1～2 年即可采收。选择健康、无病虫害的川芎根茎，切成 5～10cm 长的段，每段保留一个节。将切好的根茎段放入育苗盘中，浇透水后覆盖一层薄土，保持土壤湿润。1 个月左右，根茎发芽，移栽至大田。

3. 无性繁殖

繁殖材料用川芎的地上茎节，俗称"苓子"。生产上高山育"苓子"，平川种川芎。平川育苓影响根茎的生长，易发生病虫害及退化，不宜采用。7 月中下旬茎节膨大略带紫色时收获。在阴天或晴天早晨露水干后挖出植株，选健株割去根茎，摘除叶片。将茎秆捆成小捆，置于小洞或阴凉室内，上下铺盖茅草，每周翻动 1 次，8 月上旬取出后按节的大小割成长 3～5cm、每节中间保持有一节盘的短节作为繁殖材料。

三、种植技术

(一) 选地

川芎适应性较强,但喜土层深厚、疏松肥沃、排水良好、富含有机质的沙壤土,中性或微酸性为好。土质黏重、排水不良及低洼地不宜种植。避免在低洼积水、黏土地等不利条件下种植。

(二) 整地

在播种前进行深翻整地,翻耕深度一般为20～30cm,以利于川芎根系的生长。同时,要进行土壤消毒处理,可用50%多菌灵可湿性粉剂800倍液喷洒土壤,或用40%五氯硝基苯酚乳油每亩200g拌土撒施。

(三) 育苓地

选择海拔900～1 500m的山地,高山宜阳坡,低山宜半阴半阳坡,选择生荒地,土壤可稍黏。选地后除净枯枝、杂草,就地烧灰作基肥,深耕25～30cm,整平耙细,按宽1.7m的规格作畦。

(四) 栽植地

平地栽种（水浇地）,开沟宽30cm,深25cm,做宽1.5m的畦,畦面撒入腐熟堆肥或厩肥3 000kg与表土混合,挖松打细,整成龟背形。

(五) 管理

3月上中旬出苗,当苗高10～13cm时,亮蔸疏苗,露出根茎上部,选留生长健壮、粗细均匀的地上茎8～10根,其余从基部割去。疏苗后及4月下旬各中耕除草1次,同时追肥,每亩追施人、畜粪便1 000kg,加腐熟饼肥50kg。

(六) 栽种

8月上旬为栽培适期,过迟气温降低影响根茎的物质积累。栽前取出苓秆,剔除有病虫害的无芽及芽已萌发的苓子。栽时选晴天在畦上按30cm行距侧横向开沟,沟深2～3cm,株距20cm,每行栽8个苓子,将苓子平或斜放入沟内,芽要向上并按实,不宜过深或过浅。行间两头各栽苓子2个,每隔5～10行的行间密栽苓子一行,以备补苗。栽后用细肥土盖住苓子,盖草保湿以防暴雨冲刷及强光暴晒。

四、田间管理技术

1. 灌溉

川芎喜湿润环境，但不耐水涝。在干旱季节，要保持土壤湿润；在雨季，要及时排除田间积水，防止根部病害的发生。

2. 中耕除草

川芎生长初期，应进行浅中耕，以疏松土壤、提高地温、促进根系生长。生长旺盛期和花果期，应适时进行深中耕，以利于根系的生长和养分的吸收。同时，要加强田间杂草的清除工作，减少杂草对川芎的养分竞争。每年进行4次，栽后15d左右，齐苗后揭去盖草，进行第1次中耕除草，以后每隔20d进行1次。注意浅除表土，切勿伤根。前两次结合进行间苗、补苗。第2年1月地上部分叶片枯黄时，去掉地上部分，然后清理田间，耙松表土，用行间泥土壅根，以利根茎安全越冬。

3. 施肥

川芎生长初期，应施足底肥，以腐熟有机肥为主。在生长旺盛期和花果期，应适时追施氮、磷、钾肥，以促进植株生长和提高产量。结合前3次中耕各追肥1次，每亩施人、畜粪便1 500～2 000kg，混入发酵饼肥液50kg，加适量水稀释后穴施，第3次追肥后用草木灰、土肥、腐熟饼肥等混合肥料，在植株旁穴施后盖土；第2年3月上旬施春肥，每亩用人、畜粪尿共7 500kg，硫酸铵7.5kg、硫酸钾5kg淋穴，可增加根茎产量。

4. 病虫害防治技术

（1）根腐病。为害根茎，多发生于近收获时。使用已感病苓子作种栽或雨水过多、排水不畅容易发生此病。染病根茎内部腐烂呈黄褐色有特殊臭味的襁糊状，俗称"水冬瓜"，地上部分逐渐凋谢枯死。

防治方法：选择无病健壮的苓子作种；收获抚芎和芎秆时，拔除病株，集中销毁，并用石灰水进行病穴消毒，或在周围喷50%的甲基硫菌灵1 000倍液，防止蔓延；与禾本科植物轮作。

（2）叶枯病。多发于5—7月。病叶上呈现多数不规则病斑，逐渐扩大并相互连接，使叶片焦枯。

防治方法：清洁田园；用25%的三唑酮1 000倍液喷雾防治；与禾本科植物轮作。

（3）白粉病。为害叶片，多发于夏、秋季。染病叶背和叶柄密布白色粉状物，后期病部长出小黑点，严重者叶片卷曲，变黄枯死。

防治方法：收获后将病株烧毁深埋，减少病源；发病初期用50%甲基硫菌灵1 000倍液或25%三唑酮1 500倍液喷雾防治。

（4）蛴螬。多发于9—10月，幼虫咬食幼苗根部，造成缺苗，多发生于旱地。

防治方法：用90%敌百虫1 000倍液或75%辛硫磷乳油700倍液浇灌。

五、采收及加工

栽后第 2 年小满至芒种（5 月下旬至 6 月上旬）收获。选晴天采挖全株，抖净泥土，除去茎叶，稍晒后及时干燥。以烘干为好，烘炕的火力不宜过大，每天翻炕 1 次。2～3d 后根茎散发出浓郁香气时，放入竹笼抖撞，除掉须根，烘至全干后用麻袋或竹篓包装，储存于阴凉通风干燥处。

第十八节　南沙参

一、概况

南沙参别名沙参、泡参、知母、白沙参、土人参、白参。中药材南沙参是一味补虚药，为桔梗科植物轮叶沙参或沙参的干燥根。春、秋两季采挖，除去须根，洗后趁鲜刮去粗皮，洗净，干燥。

南沙参主产于陕西、甘肃、安徽、浙江、江苏、贵州、四川、重庆等地。

南沙参呈圆锥形或圆柱形，略弯曲，长 7～27cm，直径 0.8～3cm。表面黄白色或淡棕黄色，凹陷处常有残留粗皮，上部多有深陷横纹，呈断续的环状，下部有纵纹和纵沟。顶端具 1 个或 2 个根茎。体轻，质松泡，易折断，断面不平坦，黄白色，多裂隙。气微，味微甘。

南沙参甘润微寒，能补肺阴、润肺燥，亦能清肺热，用于阴虚劳嗽、肺热燥咳、干咳少痰、咽干音哑或咳血等症，常与麦冬、川贝母等养阴润肺止咳药同用。有化痰之功，宜用于肺燥痰黏，咯痰不利者。胃阴不足、食少呕吐、气阴不足、烦热口干本品甘寒养阴，能养胃阴、清胃热，用于胃阴虚有热之口燥咽干、大便秘结、食少呕吐、舌红少津等症。

在我国传统饮食文化中，一些中药材在民间往往作为食材广泛食用，即按照传统既是食品又是中药材的物质（即食药同源）。根据国家卫生健康委员会、国家市场监督管理总局发布的文件，南沙参在限定使用范围和剂量内可作为药食两用。

二、种子种苗繁育技术

南沙参多用种子繁殖，选粗壮植株作种株，开花后剪去部分侧枝和花枝梢部，以减少养分消耗，果实成熟但尚未开裂时连梗采下，放于通风干燥的室内后熟数日后晒干、脱粒。

三、种植技术

野生南沙参生长于500～2 000m的草地和林木地带，多见于草地、灌木丛和岩缝中。人工栽培南沙参，亩产量一般在200～250kg。根据当前的市场价格，亩产值在4 400～7 500元（按照每千克22～30元的市场价计算）。南沙参种植具有一定的经济效益，但同时也需要注意种植过程中的技术和管理工作，包括选地、整地、播种、田间管理和收获等方面。此外，需考虑不同地区的气候差异和土壤条件。

（一）选地整地

选择阳光充足，土层深厚，疏松肥沃，富含腐殖质，排水良好的壤土或沙质壤土的平地或缓坡地。每亩用堆肥或圈肥2 000～2 500kg，加拌磷肥20～25kg作基肥。基肥撒匀后，深耕30～40cm，耙细整平，作畦，畦宽100～130cm，畦长视地形而定。

（二）浸种

将南沙参种子放入稀释的漂白水或其他适合的消毒液中浸泡10～15min，然后用清水冲洗干净。可以选择将南沙参种子浸泡在温水中，使其吸水膨胀。浸泡时间一般为6～12h，有助于促进种子的发芽。

（三）温度控制

将处理过的南沙参种子放入湿润的培养介质（如纸巾、蛭石等），并确保适宜的温度。南沙参的种子发芽温度一般在20～25℃。

（四）光照管理

南沙参的种子对光照要求不高，可以选择遮光或放置在阴凉处进行发芽，以避免过度光照对发芽的不利影响。

（五）保湿管理

保持培养介质湿润，但不要过度湿润，以免导致种子腐烂。定期检查并补充水分，保持适当的湿度。因此种植南沙参更常用的方法是通过根茎分株或其他无性繁殖方式进行。

（六）条播

秋播于11月，春播于3月中下旬。按行距30～40cm开4～6cm浅沟，将种子均匀撒在浅沟内，用细土覆盖，轻轻压实后浇水。有条件的可盖一层薄草，保持土壤温度。每亩用种子1kg。秋播于第2年3—4月出苗；春播20d左右出苗。

四、田间管理技术

（一）间苗

幼苗长出2片或3片叶时间苗，以幼苗叶片不重叠为度。苗高12~15cm时定苗，株距为10~15cm，行间按三角形留苗。间苗后浇水，适当追肥。补苗要带土移栽，不能伤及根部。补苗后浇水，使根和土壤充分接触。

（二）中耕除草

苗期选阴天拔除杂草，定苗后结合追肥松土除草。7—8月气候炎热时，要进行2次松土，以防土层板结。第2年植株生长旺盛，结合追肥培土壅根，防止倒伏。植株封畦后，应停止除草，以免折断茎枝。

（三）追肥

苗期施薄肥1次，用10%淡人粪尿或2%尿素水。定苗后用人、畜粪水追肥1次，每亩用量1 000~1 500kg，9月，如植株长势不好，宜加施人粪尿每亩1 000kg。入冬植株枯萎后，浅松表土，每亩施腐熟畜粪或土杂肥1 000kg。第2年出苗后，追施稀人、畜粪尿每亩1 000kg。6—7月开花前再追施人、畜粪尿1 500kg。

（四）打顶

从第2年起，植株生长迅速，为减少养分消耗，促进根部生长，可在株高40~50cm时打顶，控制植株高度。

（五）病虫害防治

1. 病害

褐斑病：主要为害叶片。雨后及时开沟排水，降低田间湿度；做好清园工作，用1∶1∶100波尔多液或65%代森铵可湿性粉剂500倍液喷洒叶面。

根腐病：为害根部。雨后及时排水，及时清除病株并用石灰撒入病穴，用50%退菌特500倍液喷根部。

2. 虫害

蚜虫：吸食茎叶汁液，受害植株茎叶发黄。冬季清园，烧毁落叶枯枝；在叶面上喷洒50%杀螟松1 000~2 000倍液或80%敌敌畏乳剂1 500倍液。

地老虎：以幼虫为害，在苗期咬断植株根茎。施用充分腐熟的粪肥；用灯光诱杀成虫，白天在植株根部捕杀或用毒饵诱杀幼虫；为害期用90%敌百虫1 000～1 500倍液浇灌。

五、采收及加工

（一）采收

人工栽培于播种后2年或3年采收，秋季倒苗后挖取；野生的在春、秋两季采挖，以8—9月苗枯前采挖为佳。在参畦旁边开60cm深沟，露出参根后仔细取出，然后按行刨出，参根抖净泥土，排整齐后用土覆盖，以防风干，不易扒皮。选择晴天，将参根洗净，并按长短粗细分开，分别扎成直径15～20cm的捆。

（二）加工

加工包括煮参、扒皮、晾晒3个环节。用大锅把水烧开，先将南沙参尾根放入水中转2～3圈后将捆打开，全部放在水中，随后翻动，捞出晾干后及时扒皮，将参头的皮扒掉，自上而下扒皮，放阳光下晾晒。晴天晒2d即可达到八成干，晚上放回室内堆放1～2d，将南沙参放到木板上搓一下，使其坚实笔直，再按粗细长短分等级扎成小捆。放在阳光下晒干即可。或趁鲜用竹刀刮去外皮，洗净、晒干。用麻袋或纸箱包装，放在阴凉干燥处密闭储存。遇阴雨时也可用微火烘炕。晒或烘烤均应保持清洁，勿沾灰尘影响质量。

第十九节 附 子

一、概况

附子为毛茛科多年生草本植物乌头的子根加工品。附子又名乌头、川乌，俗称乌药。依附主根而生的侧根叫附子。附子适应性强，但喜欢生长在凉爽的环境条件，怕高温，有一定的耐寒性。化学成分为胆碱、乌头碱。

附子，性热，味辛，有毒，具有强心、温阳、祛寒湿功能。主治亡阳冷汗自出，四肢厥逆，脉微欲绝，肾阳不足，命门火衰，畏寒肢冷，腰酸脚凉，阳痿尿频，寒湿偏盛，周身骨节疼痛等。

二、种子种苗繁育技术

附子一般用块根繁殖，先要选种根，块根按大小可分3级，第1级每100个块根重2kg，第2级重0.75～1.75kg，第3级重0.25～0.5kg，第1级和第3级多用作乌头种根，第2级块根用作附子种根，每亩用块根11 000～12 000个，为130～150kg，凡是块根皮上带黑疤及有伤口和病虫害的块根，不可作种。

附子种根挖出后，放在背风阴凉的地方摊开（厚约6cm）晾7～15d，使皮层水分稍干一些就可栽种。11月上中旬在畦中按顺序以株行距15cm×18cm、窝深12cm稳苗入坑，栽成3行，后覆土9cm厚，呈鱼背形以利于排水。

三、种植技术

（一）选地备耕

附子宜土层深厚、肥沃、土质疏松、排水灌溉方便的沙壤土栽培，忌连作。一般应选3年以上没有种植过附子的地块，种植前耕耙，使土壤细碎平整，然后按畦宽90cm、畦沟30cm作畦，在栽培畦面上，亩施腐熟过筛的圈肥5 000kg备用。

（二）栽培方法

附子采用无性繁殖，繁殖材料为地下块根。以每年10—11月为最佳栽培期，要求在冬至前6～7d栽完。播种过迟不利当年须根的生长发育，抗逆、抗病力差，影响产量提高。在整好的畦面上压穴下种，株行距为15cm×18cm。每穴放块根1个，芽头向上，压实土壤，畦面上盖土6～9cm，盖土后的畦面做成弓背形，每畦栽4行，平均亩下种量100～125kg。

（三）合理套种

附子下种后于当年冬季在畦面点种菠菜，第2年2月底至3月初菠菜收完后，附子尚未出苗，4月中旬，及时套种玉米，株距45～50cm，定向播种，使玉米叶片伸向畦面，既不影响田间通风，又可更好地为附子植株遮阴，7月中旬附子收获后可在畦面播种白菜，白菜收获后秋季栽油菜。

四、田间管理技术

（一）修根

用小手铲剖开附子根部周围土壤，附子主根和地下茎秆基部生长的小附子去掉。

第1次在4月上中旬进行，第2次在5月中旬进行。将母根上生长的附子选留2～4个，其余的去掉，可提高加工附片时的优质品率，增产增值。

（二）摘尖、掰芽

当附子苗高50cm左右，茎干生长叶片12～14片时，开始摘尖。摘尖后3～5d附子植株叶腋间长出腋芽，应及时掰掉，需连续掰芽3～4次直到无腋芽再生为止。

（三）追肥

3月上旬苗高10cm时进行第1次追肥，每亩施腐熟人粪尿3 000kg；第2次追肥在4月上中旬，每亩施腐熟人粪尿4 000kg，每100kg中加尿素1kg混匀穴施；第3次追肥在5月上中旬，每亩施腐熟人粪尿4 000kg、腐熟的油饼肥100kg，混匀穴施。

（四）除草

早春附子未出苗前，用短齿菜耙将畦面小草轻轻锄掉，注意不要碰伤附子芽头。出苗后每隔10～15d拔草1次，这是附子增产的关键，同时在每次追肥时清除杂草。

（五）灌水排涝

夏季高温干旱，尤其在修根后2～3d无降雨时及时灌水，选择上午或傍晚引水沟灌，注意不要漫上畦面和在田间久停；雨涝，尤其是在夏季高温突降暴雨后，应及时排涝。

五、病虫害防治

（一）病害

白绢病：附子的主要病害。4月下旬至5月上旬，当气温升至18～22℃时，开始发病，5月下旬气温达25℃左右时为发病盛期，主要为害附子根和茎部，病株基部叶片变黄，根部开始腐烂，呈褐色水浸状病斑。全部腐烂后，茎顶叶片萎蔫，随之全株枯萎死亡，雨水多或遭浸泡后，块根腐烂呈豆腐渣状，有腥臭味。

叶斑病：为附子植株生长期的主要病害，药农俗称"麻叶病"。6月中旬，气温高至25～28℃，空气相对湿度80％左右，为发病盛期。主要为害是形成黑色小点，严重时会整株死亡。

对于病害防治，实行轮作，选无病种根，控制好田间密度和湿度，保持良好的通风条件。结合修根在根基部撒施65％代森锌粉剂和50％退菌特每平方米10～15g拌细土施在根周围；在发病季节，每隔7～10d在根部周围喷1次退菌特500～600倍液，连续喷3～4次。

（二）虫害

害虫主要有钻心虫、红蜘蛛、蚜虫、地老虎、金针虫。

钻心虫常发生在春末夏初附子生长期，幼虫主要为害附子茎顶心叶，钻入茎内咬食茎干输导组织，破坏了水分和营养向茎尖输送，致使植株枯死。当发现田间有茎顶勾头下垂植株时，应从勾头处摘除茎顶带出地外烧毁。虫害发生盛期可用95%敌百虫1 000倍液于傍晚时喷雾防治，或用0.3%绿晶1 000～1 500倍液喷雾防治或灌施防治。金针虫等地下害虫，可用90%敌百虫1 000倍液喷洒地面或灌根防治。

六、采收及加工

附子一般在7月中旬至8月上旬采挖子根收获，商品附子采收后按大小分等级。

1. 传统采收方法

栽种至第2年的6月下旬到8月上旬采收。采收时，挖出全株，摘下乌头旁的子根。除去母根、须根及泥沙，习称"泥附子"，加工成下列规格。

选择个大、均匀的泥附子，洗净，浸入食用胆巴的水溶液中过夜，再加食盐，继续浸泡，每天取出晒晾，并逐渐延长晒晾时间，直至附子表面出现大量结晶盐粒（盐霜）、体质变硬为止，习称"盐附子"。

取泥附子，按大小分别洗净，浸入食用胆巴的水溶液中数日，连同浸液煮至透心，捞出，水漂，纵切成厚约0.5cm的片，再用水浸漂，用调色液使附片染成浓茶色，取出，蒸至出现油面、光泽后，烘至半干，再晒干或继续烘干，习称"黑顺片"。

选择大小均匀的泥附子，洗净，浸入食用胆巴的水溶液中数日，连同浸液煮至透心，捞出，剥去外皮，纵切成厚约0.3cm的片，用水浸漂，取出，蒸透，晒干，习称"白附片"。

2. 传统加工方法

盐附子：每100kg附子用胆巴40kg、清水30kg、食盐20～30kg（新开始加工用盐30kg，第2年利用原有部分盐胆水加盐20kg），其余同上。

黑顺片：每100kg泥附子，用胆巴45kg，加清水25kg，其余同上。

白附片：每100kg泥附子，用胆巴45kg，加清水25kg，其余同上。

熟附片：用较大的附子作原料。将泥附子除去须根，洗净，每100kg附子用胆巴40kg、清水25kg混合，将附子浸泡7d。然后将附子取出，在锅中煮1h以上，然后放入清水中浸一夜，剥皮后再浸一夜，横切成3～5mm厚片，放入清水中浸4～8d，取出，蒸12h后，用木炭火烘至半干，再晒干即成"熟附片"。

黄附片：用较大的附子作原料。泡胆同熟附片。将泡胆后的附子取出，在清水中浸一昼夜后剥皮，横切成3～5mm厚片，放入清水中浸4～6d。然后再经药汁炙，即用甘草12kg、红花15kg、猪牙皂2kg、老姜5kg熬水，再加入黄色染料250g，制成染色剂。切片放于染色液中浸一夜，染成黄色，然后烘至半干，再晒干，即得"黄附片"。

第二十节　金银花

一、概况

金银花为忍冬科忍冬属多年生半常绿木质藤本植物，最早记载于东晋时期葛洪所著的《肘后备急方》。别名银花、二宝花、双花、忍冬花等，全国大部分地区都能种植。

金银花自古以来就以它的药用价值广泛而著名，《神农本草经》载："金银花性寒味甘，具有清热解毒、凉血化淤之功效，主治外感风热、瘟病初起、疮疡疔毒、红肿热痛、便脓血"等。《本草纲目》中详细论述了金银花具有"久服轻身、延年益寿"的功效。20世纪80年代，卫生部对金银花先后进行了化学分析，结果表明，金银花含有多种人体必需的微量元素和化学成分，同时含有多种对人体有利的活性酶物质，具有抗衰老，防癌变，强身健体的良好功效。近年来，在传统医学的基础上，又开发出了诸如"银黄口服液""双黄连口服液"，含有金银花的"中华牙膏""健脑补肾丸""清热解毒口服液""金银花浴液""金银花洗面奶""金银花啤酒""金银花晶""金银花露""金银花茶"等数十个医疗和保健产品，在国内外市场一直俏销不衰。国家明确了金银花既是食品又是药品，长期食用无毒副作用。因它具有独特的清香，悦鼻清心，滋味醇和，鲜爽回甘，是人们历来非常喜爱而且重要的传统保健饮品，也是一种天然的饮料。金银花在制药、香料、化妆品、保健食品、保健饮料等领域也逐渐被应用，目前全国金银花年实际产量500万kg左右，而社会需求量大约是1 700万kg。金银花生产投入少，经济价值高，社会效益好。

二、种子种苗繁育技术

（一）种子种植

种子于秋季成熟时采下，去皮，阴干，储藏。第2年春季用35～40℃温水浸种一昼夜，在整好的苗床上按行距25cm开沟条播，覆土1cm，然后在畦面上盖一层薄稻草并浇水润土。播后半个月出苗，当年春天选阴天定植。幼苗需带土移栽，以保证成活率，每穴1～2株。

（二）扦插繁殖

生产上多采用此法繁殖，生长快，易成活。扦插时期，南方在秋雨连绵季节，山东在8月上旬，秦巴山区多在7—8月，此时土壤和空气湿度大，成活率高。扦插分直接扦插和育苗扦插两种，育苗扦插面积小，便于管理。具体方法是：先选择近水源的沙质壤土做好苗床，在阴雨天，剪取1～2年生健壮枝条，截成25～30cm小段，摘叶留芽，随采随插，以利成活。插时按行距20～25cm开沟，沟深18～20cm，将插条按株距5cm斜插于沟内，地上露出5cm，填土踏实。如天旱无雨可适当浇水保湿。为保证出苗，可在畦上搭遮阳棚，新根生出后，拆除遮阳棚。第2年春季移栽定植。如直接扦插种植地，可不再移栽，每穴选留一株壮苗。

（三）压条种植

分春、秋两季，春季宜在新芽未萌发后；秋季在8月底至10月中旬为好。一般选择1～2年生健壮的枝条作压条，长50～80cm，覆土后踩紧，压条露出土面2/5，遇大旱要及时浇水。半个月开始发根，第2年春季或秋季进行定植移栽，采用一穴一株，定苗移栽。

（四）分根种植

秋季阴雨天气，将金银花母株挖出，然后分开种植。此法影响第2年花的产量，种源也有限，一般适宜于观赏用的大株金银花的繁育。

三、种植技术

（一）选地、整地、栽植

金银花适应性强，对土壤和水分要求不很严格，抗逆性较强，在平地和坡地均可种植，但以平整、疏松肥沃的土地为好，所选地块应有利于排灌。大田种植每亩施腐熟农家粪3 000～5 000kg、磷肥70kg、硫酸钾20kg、尿素10kg，深耕细耙。堤坝、坡地、沟边种植挖长、宽、深各33cm的穴，把足量的基肥与底土拌匀施入穴中，用穴栽法栽种。大田种植行距2m、株距1m，每亩大约栽植333株，穴栽每穴1株苗。金银花一年四季都可以栽种，但以冬眠期和早春萌发前栽种较好。种苗栽种前要用诱导剂和生物液肥拌土泥蘸根。栽时用细土把种苗压紧，浇透定根水。

（二）中耕、除草

每年中耕、除草3～4次。出新叶时进行第1次，7月、8月进行第2次、第3次。在秋末冬初霜冻前进行最后一次。结合中耕培土，以免花根露出地面。除草应从花棵外围开始，先远后近，注意切勿损坏根系。

（三）追肥

栽植后的头1～2年，是金银花植株发棵定型期，多施一些人、畜粪及草木灰、尿素、硫酸钾等肥料。栽植2～3年后，每年冬前或春初，应多施畜杂肥、厩肥、饼肥、过磷酸钙等肥料。"立夏"后每茬花采收后即应追适量氮、磷、钾复合肥料，为下茬花提供充足的养分。每年早春萌芽后和第1批花收完时，开环沟浇施人粪尿、化肥等。在入冬前最后1次除草后，施腐熟的有机肥或堆肥（饼肥）于花棵基部，然后培土，以利金银花植株的安全越冬。

（四）修剪

修剪是金银花增产的主要措施之一，主要是修剪病枝和整形，控制高度，通风透光，促使开花多产量高。

栽种后头两年的主要任务是使金银花的植株能够生长成伞形的植株。以后每年的秋、冬季节，修剪掉老枝、弱枝及徒长枝。使金银花植株的内外层次分明，通风透光，以利提高产量。每年的早春发芽前，将枝条顶端剪去，促使枝条下部逐步粗壮，直立生长。较大的植株应除去老枯枝和内膛无效枝，生长旺盛的植株要轻剪，生长弱的老龄植株要重剪，促使多成花枝。分幼苗期修剪和盛花期修剪两种修剪方法。

（1）幼苗期修剪。栽后1～2年的幼树以整形为主。春季萌发新枝后，选一粗壮直立枝作为主干培养，当其长到25cm时进行摘心，促发侧枝，萌发侧枝后及时除去下部徒长枝，通过疏枝，使主干逐年增粗；在主干上选留4～5个生长较壮的直立枝作为主枝，疏掉徒长枝及内部弱枝；采摘期结束后将其他枝剪截，促发花枝。经2～3年树便可成形，树高一般控制在1.5m左右，以方便采摘。

（2）盛花期修剪。种植后3年进入盛花期，此时以产花为主，以培养主干、主枝和扩大树冠为辅，一般一年修剪3次。入冬后至第2年早春为第1次修剪时期，这次修剪要"枝枝见剪，疏除徒条"，修剪宜轻不宜重，剪去花枝长的1/3和枯枝、病虫枝、徒长枝。春季萌芽后及时疏除下部和内部的徒长枝、芽，清明前进行摘心。第1茬花一般占全年产量的40%左右；6月中旬为第2次修剪时期，此时第1茬花采摘基本结束，修剪要"打尖清膛，除弱留强，疏阴留阳，通风透光"，可将老花枝截去1/2，疏去下部、内部弱枝和交叉重叠枝，使其通风透光；7月中下旬第2茬花采摘结束后进行第3次修剪，此时高温高湿，是生长最旺盛时期，修剪要细，剪截所有花枝，保留所有新生芽，疏去阴枝、内部弱枝和徒长枝。如果树体高大，要疏上留下；树体矮小，要留上疏下，树冠郁闭的采取大枝回缩或疏除的修剪方法，使其通风透光。

（五）病虫害防治

按照"预防为主，综合防治"的原则综合利用生物防治技术防治病虫害。

褐斑病：多在夏、秋季发生。发病严重时叶片脱落，引起植株生长衰弱。发病初期叶片上出现褐色小点，以后逐渐扩大成褐色圆形病斑，也有的受叶脉限制形成不规则的病斑，病斑背面有灰黑色霉状物，一张叶片如有2～3个病斑，就会脱落。秋季集中烧毁病残体，增加有机肥，加强水分管理。

蚜虫：为害嫩枝和叶片，5—6月为害严重。但要注意在开花前10d停止用药。

四、采收及加工

金银花的采收和加工是生产环节的最后两道工序，也是高产、高效、质量安全的最后保证。

（一）采收

金银花，春季栽植者当年即可结花，秋、冬季栽植者第2年结花，所以金银花一经栽植，就要考虑花蕾采收和加工问题，准备好采收花蕾的容器，建造花蕾加工烤房。

金银花每年开4茬花，第1茬花从4月中旬开始萌蕾，以后逐渐增多，到5月中旬花蕾发育成熟开始开花，5月底第1茬花结束，以后每30d左右开1茬，第4茬花不集中可陆续开到10月上旬。金银花单花从萌蕾到开放需13～20d，春季长些，夏、秋季气温较高，花蕾发育较快，发育时间短些。当花蕾长到应有长度的1/2时发育加快，花蕾颜色开始由青变白，如不及时采收，就要开放。

1. 采收时机

金银花从现蕾到开放、凋谢，可分为米蕾期、幼蕾期、青蕾期、白蕾前期（上白下青）、白蕾期（上下全白）、银花期（初开放）、金花期（开放1～2d到凋谢前）、凋萎期。青蕾期以前采收干物质少，药用价值低，产量、质量均受影响；银花期以后采收，干物质含量高，但药用成分下降，产量虽高但质量差。白蕾前期和白蕾期采收，干物质较多，药用成分、产量、质量均高，但白蕾期采收容易错过采收时机，因此，最佳采收期是白蕾前期，即群众所称二白针期。

2. 采收方法

金银花采收最佳时间是清晨和上午，此时采收花蕾不易开放，养分足、气味浓、颜色好。采收时要只采成熟花蕾和接近成熟的花蕾，不带幼蕾，不带叶子，采后放入条编或竹编的篮子内，集中的时候不可堆成大堆，应摊开放置，放置时间不可太长，最长不要超过4h。

（二）加工

金银花的初加工是将采集的新鲜花蕾通过一定方法，使之变为干燥花蕾。主要方法有晾、晒、烤等。

1. 烤房、烘架的建造

首先要根据种植面积大小确定烤房规模，一般每亩金银花需烤房 4～5m^2，烤房一般为平房，其建造方式有单排烤架式和双排烤架式两种。单排烤架式烤房长度根据金银花面积大小而定，宽 2～2.2m，高 2～2.5m，设一门一窗，顶部设 2 个排气孔，烘干架顺房的长边一侧建造，宽 0.8m，高 2～2.5m，0.8～1m 高处为最底层，向上每隔 15～20cm 为 1 层，共 6～10 层。双排烤架式烤房长度随金银花面积大小而定，宽 2.5～3.2m，高 2～2.5m，设一门一窗或两窗，房顶部或近房檐处设 2～3 个排气孔。无论单排式或双排式，都要求烤房的内壁光洁，不透气。

2. 火炉的放置

为了保证金银花快速干燥和烘烤质量，烤房内应有足够的火力，一般每 2～3m^2 应有 1 个火炉，火炉应放置在走道内，火炉上安装排气筒，以避免或减少二氧化硫等有害气体对金银花的污染。

3. 温度控制

开始烘干时温度控制在 30～35℃；2h 后将温度提高到 40℃左右；再经 5～10h，温度提高到 45～50℃，维持 10h；最后温度提升到 55～58℃，最高不得超过 60℃，烘干总时间为 24h。温度过高烘干过急，则花蕾发黑，质量下降；温度太低，烘干时间过长，则花色不鲜，呈黄白色，也影响质量。

4. 烘干方法

烘干时先将采回的花蕾撒在竹、苇等材料制成的方形烤盘内，置最下层，2～4h 向上移动 1 次，移至上层后要注意检查是否干燥，达到干燥标准后及时收下储藏。干燥的标准为捏之有声，碾之即碎。

注意，无论是晒花还是烤花，在花蕾干燥前均不能用手触摸或翻动，否则花蕾变黑，降低品质，影响销售。

5. 金银花规格标准

金银花的规格标准分为 4 个等级。

一等：干货。花蕾呈棒状，肥壮。上粗下细，略弯曲。表面黄、白、青色。气清香、味甘微苦。开放花朵不超过 5%。无嫩蕾、黑头、枝叶、杂质、虫蛀、霉变。

二等：干货。花蕾呈棒状，花蕾较瘦，上粗下细，略弯曲。表面黄、白、青色。气清香，味甘微苦。开放花朵不超过 15%，黑头不超过 3%。无枝叶、杂质、虫蛀、霉变。

三等：干货。花蕾呈棒状，上粗下细，略弯曲。花蕾瘦小。表面黄、白、青色。气清香，味甘微苦。开放花朵不超过 25%，黑头不超过 5%，枝叶不超过 1%。无杂质、虫蛀、霉变。

四等：干货。花蕾或开放的花朵兼有。色泽不分，枝叶不超过 3%。无杂质、虫蛀、霉变。

第二十一节 麦 冬

一、概况

麦冬为百合科植物麦冬的干燥块根，麦冬分布较广，西南地区的四川、重庆、云南种类多，资源丰富，多生于海拔2 000m以下的山坡、林下或溪边。国内主要药用品种，有杭麦冬、湖北麦冬、福建麦冬、川麦冬等。始载于《神农本草经》，被列为上品。

（一）药性与归经

味甘、微苦，性微寒。归心、肺、胃经。

（二）功能与主治

清热润肺：麦冬能够清热解毒、润肺止咳，对于热性咳嗽、喉咙干燥等症状有很好的缓解作用。

滋阴养颜：麦冬具有滋阴润燥的作用，能够增加人体体液，改善皮肤干燥、粗糙等问题。

益气养血：麦冬含有多种氨基酸、维生素和微量元素，能够调节人体免疫功能，促进造血功能，对于贫血、乏力等有很好的调理作用。主治咳嗽、痰多、口渴、失眠等症状。

二、种子种苗繁殖技术

分株繁殖法以4月中下旬至5月上旬栽种为宜。选生长旺盛、无病虫害的壮苗，切下块根和须根，剪去叶尖（保留约6cm）和老根茎，以茎基部断面出现白色放射状花心（菊花心），叶片不散开为度。这时拍松基部，使其分成单株，再捆成小把，用水稍浸即可栽植。在整好的畦内，按行距15～20cm开约5cm深的沟，每隔8～10cm为1穴，每穴放苗3株。基部对齐，使株间稍分开，垂直栽下，填土至叶基部踏实，做到地平苗正。种苗不能栽得过深，以防变成"高脚苗"而结块根少；但也不能栽得太浅，如基部高于地面，易被晒死。麦冬苗最好是边刨边栽。如遇劳力紧张，当日栽不完，则需"养苗"。养苗的方法是把理好的种苗扎成小捆，放水中浸泡一下，使其吸饱水，然后竖立在阴凉潮湿处，让茎基着地，周围培湿土，每天或隔天洒一次水，以免干燥或发热烧苗。养苗时间不能超过7d。

第四章 城口道地中药材种植技术

三、种植技术

（一）选地、整地

麦冬喜温暖湿润气候，炎热夏季，温度高于35℃生长受到抑制。适宜在疏松、肥沃、排水良好的中性或微碱性的壤土或沙质壤土中生长，过沙、过黏或酸性土壤生长不良。麦冬为常绿植物，耐寒冷，冬季 -10℃植株不会受冻害。一年四季均可生长。春季栽后15d抽叶返青，25d生长出营养根，9—10月为生长块根盛期，栽后3个月开始分蘖，开花时地下块根开始形成，11月为块根膨大期，1—2月膨大缓慢，第2年3—4月随气温升高迅速膨大。

麦冬须根发达，选择肥沃、疏松、土层深厚、具有排灌条件、前茬为禾本科植物的沙质壤土地块。亩施5 000kg优质农家肥，100kg腐熟饼肥，100kg过磷酸钙。深耕25cm，反复细耙，使表土细碎，整平后做成1～1.5m宽平畦，南方做成宽高畦，畦间沟宽30～40cm，使流水通畅。

（二）栽种

选择4月晴天或阴天进行。开沟条栽，行距15cm左右，深5cm左右。先在沟内施入稀薄猪粪水，然后按株距6～9cm栽苗，每丛3株，栽后覆土，压紧，踏实，使苗株直立稳固，做到地平苗正。穴栽，穴深3～5cm，按行距25cm，株距15cm，每穴栽苗9～10株。盖没基部，压实。

（三）田间管理

1. 浇水保苗

麦冬喜湿润的土壤，特别是在栽种后应立即浇透水，使土壤和苗基部充分接触，以利早发根成活。数天后再浇1次，一般15d可返青。以后视墒情适时浇水，雨季及时排除积水，以防烂根。

2. 中耕除草

麦冬为须根植物，需疏松土壤，严防板结。从栽植到收刨，浇水或雨后都要适时松土除草。5—7月，杂草滋生快，长势旺，应及时结合松土进行除草。松土易浅，以免伤根。整个生长期保持地中无杂草。

3. 追肥

麦冬生长期长，需肥量大，除重施基肥外，还要巧施追肥。栽后1个月（5月），苗已返青，应结合浇水每亩追施尿素10～15kg，或鲜人粪尿750kg，以提苗促壮；7—8月追施100kg腐熟饼肥和适量草木灰或者腐熟人、羊粪1000kg，以利块根迅速膨大；第3次11月，每亩撒于根际2 000～2 500kg牛马粪和100～150kg草木灰，增强麦冬的抗寒性，促进冬季块根的生长。南方2～3年才收刨。每年3月应追1次有机肥和磷、钾肥。

4. 摘花葶

为减少养分消耗，7—8月出现花葶时，应及时摘去。

5. 防治病虫害

黑斑病：病原为真菌中的一种半知菌，为害叶部。多发生于夏季，初期叶尖变黄，并逐渐向叶基部蔓延，出现青、白不同颜色的水浸状病斑，后期叶片全部变黄枯死。选用无病种栽，栽前用65%的代森锌500倍液浸种苗5min；发病初期，喷1∶1∶100的波尔多液，7～10d喷1次，连用3～4次；严防雨季积水。

根结线虫病：麦冬主产区常见到。为害根部，造成瘿瘤，降低产量与质量。与禾本科植物轮作；剪净老根，选健壮种苗。

虫害：主要有蝼蛄、蛴螬等。可用敌百虫等毒饵诱杀。

四、采收及加工

（一）采收

各地因麦冬种植习惯不同，收获年限也不一样。收获时先将全株刨出，抖去泥土，摘下所带块根，并将土中的拣净，然后从地一头挖深30cm、宽50cm的沟，将土一层层劈在沟内耙碎，拣出块根后，把土翻向后边，这样顺序前刨，直到刨完。

（二）加工

麦冬产地加工各地有所不同，一般把刨出的块根洗净后薄薄地放在晒席或晒场上暴晒，晒干水汽后（半干），用手搓去部分须毛，堆放或放在筐内闷2～3d（回潮），再翻晒3～5d，再搓去部分须毛，如此反复，直至全干。如遇阴雨天，可用40～50℃的微火烘干。一般4～5kg能干1kg商品。麦冬以块根肥大、两端修净、无杂质和须根、黄白色、质柔韧、嚼之发黏者为佳。

第二十二节　山茱萸

一、概况

山茱萸属山茱萸科山茱萸属的干燥成熟果肉。别名山萸肉、蜀枣、药枣、枣皮。

为我国常用名贵中药材，药用历史悠久，以干燥成熟果肉入药。分布于安徽、陕西、河南、山东、四川、重庆等地。

性味酸，涩，微温，归肝、肾经。补益肝肾，用于眩晕耳鸣，腰膝酸痛，阳痿遗精，遗尿尿频，崩漏带下，大汗虚脱，内热消渴。

二、种子种苗繁殖技术

（一）育苗播种

应选择海拔在600～1200m，土层深厚、肥沃、排水良好呈微酸性的腐殖土或壤土为佳。秋季果实成熟后，从皮厚粒大蒴果多、产量高的植株上采摘充实饱满、无病虫害的果实作种子。因种子皮内有一层胶质，不易吸收水分，严重影响其发芽。常用种子处理方法有温汤浸种、硫酸浸种、漂白粉处理，生产中有效的种子处理为硫酸浸种效果较好。其方法是：用浓硫酸浸种1min，或将硫酸加水稀释100倍，浸泡种子2h，用清水洗净后秋播或沙藏。播种前，将育苗地深耕1遍，打碎耙平，拣去树根、杂草和石砾等。按南北方向，做成1m宽的畦或1m宽、10cm高的垄，垄间距30cm，并施入腐熟的农家肥和硫酸亚铁。

一般在每年3月开始播种，在畦（垄）面上开3行沟，间距30cm，沟深5cm，将种顺沟均匀撒入，盖2cm左右厚的细土或沙土，覆盖地膜或者秸秆，每亩需种子约50kg。当幼苗出土率达到70%左右的时候，要逐步揭掉地膜和秸秆。当幼苗长出2～3片真叶时进行间苗，苗距10cm左右。当苗高10～20cm时，要注意防旱，庇荫。6—7月时要加强水肥管理，根据土壤墒情适时浇水，追肥2～3次，8—9月及时剪除幼苗根茎部的萌蘖。如水肥条件好，当年生的苗株可长至70～100cm。入冬前浇1次防冻水。

当幼苗长到3～4片幼叶，进行间苗；及时进行除草，确保苗木健康生长，春、秋两季各施肥1次，以氮肥为主；当苗木长至90～100cm时，将顶芽剪去，促进侧枝生长，为丰产树形打好基础；一般落叶后，11月至第2年3月及时出圃，并进行分级包装，待运。

（二）压条繁殖

压条繁殖是山茱萸较好的一种无性繁殖方法。压条应该选择5年生的山茱萸实生苗，在压条前一年5月在母株干基10cm左右处用消毒小刀划破树皮并环切两圈，进行促萌处理。冬天去除母株基部的部分萌芽条，并留长0.5～1cm的木桩。4月对已经萌发出的一年生枝条环切2圈，切入深度为枝条木质部的1/3，用偃枝压条法进行压条，压条的埋土厚度为15cm左右。压条后应勤浇水，保持土壤湿润以促进生根，还可以少量施用农家肥。压条第2年春，就可与母株分开。

（三）嫁接繁殖

一般在3月进行，从成年的品种优良、生长健硕、无病虫害的山茱萸树的外围阳面中上部，采集芽体饱满的一年生枝条，封蜡低温保存。一般在3—4月进行，砧木一般选择2年生的实生苗，在离地20cm左右，粗度大于0.7cm的部位进行嫁接，一般采用嵌芽接法，所削的芽片宽0.8cm左右，长2.5cm左右，嵌合紧密后，采用全芽绑扎方式捆扎起来，芽体上下部位要绑紧，而芽体处要稍松。嫁接后一个月及时解绑，剪砧除萌，加强嫁接后的管理。

三、种植技术

山茱萸为耐阴又喜阳植物，选择地势平坦或坡度小于10°的背风阳坡或半阳缓坡地，以土层质地疏松肥沃、深厚的沙壤土为宜，要求地下水位在1m以下，排灌方便，以下是最适宜山茱萸生长的条件：①生长适温为20～30℃；②不少于230d的无霜期；③年降水量在820mm以上；④在海拔800～1 000m生长良好。光照水分充足且温差大，有利于它的生长，也可根据当地栽培习惯，在房前屋后以及山坡边缘地带均可种植。

（一）整地

坡地砍除杂灌林，除去杂草，沿等高线进行带状整地。

（二）选苗

选用侧根发达，无病虫害的树苗，苗高在1～1.2m为佳。

（三）栽植时间

以秋季至第2年初春为好。

（四）栽植密度

一般按株行距4m×5m或3m×4m进行定植。

（五）栽植

按长、宽、深50cm×50cm×40cm挖穴，先填熟土至穴20cm处，将苗木按株行距对齐，进行定植，再浇定根水，踩实即可。

（六）除草

及时除草，本着"除早，除小，除了"的原则，年除草3～4次。

（七）肥水管理

苗期，6—7月追肥2～3次，每亩施尿素2～3kg或棉籽饼100kg，以加速幼苗生长。9月，为加速其木质化，要增施磷、钾肥。只要苗期田间管理好且水肥供给及时、充足，当年生苗株高可达80cm左右。幼树定植成活3～4年，每年春、冬两季各施1次有机肥。成年结果树在每年3月中旬至4月中旬应追施1次人、畜粪水10～15kg，11—12月每株增施农家肥或人粪尿20～25kg。根据园地土壤及树木生长状况，对有机肥施量不足的成年结果树，适量增施碳酸氢铵1～1.5kg、过磷酸钙1～2.5kg或每亩同时施腐熟农家肥2 500～3 000kg。

（八）整形修剪

定植后第2年春，当山茱萸树长至60cm左右时，须摘掉顶芽，目的是促进主枝和侧枝的生长。主枝的第1层可以留3条，第2层和第3层留2条或者3条，互相错开，达到通风透光的效果。以后每年2—3月都要进行修剪摘心。修剪时一定要注意，要求树膛通风透光，能充分利用空间，利于叶片充分进行光合作用，使树势强壮。通过这样修剪一般可提前2年挂果。由于山茱萸树在5～10年进入盛果期，在此期间的修剪要维持树的长势，调节主枝和侧枝之间的平衡，防止早衰和强果枝上移。平行枝、交叉枝、病虫枝、受伤枝等枝干可以直接去除。冬季和春季都要进行修剪，夏季要适当修剪。

（九）抗旱排涝

适时排涝和抗旱，确保苗木健康生长。

四、采收、加工及开发利用

（一）采收

山茱萸栽植后2年开花结果，5～10年进入盛果期。10月果实开始变红时，一般认为经霜打后质量最好，故常在霜降到冬至开始采收。采收要轻摘，要注意保护下年的花蕾，防止将果枝折断。

（二）加工

果实采收后放几天使之稍干。一般要加工去子，去子方法有水煎法和火烘法。

（1）水煎法。用砂锅煮。将果实倒入锅中，不停搅动，15min后，捞出放凉水中，用手捏皮。最后将萸肉与核分开，晒干即成。

（2）火烘法。将采收的果实放入竹笼内，用小火烘至果肉膨胀，温度35℃左右，

20min，取出摊开，等稍凉后，将果核挤出，然后晒干或用小火烘干，以果肉表面紫红色、皱缩、有光泽、含水量低于5%的干品质量佳。

（三）开发利用

近年来，秦巴山区山茱萸在历史上遗留下来的部分野生、半野生状态的基础上，通过人工栽植，迅速发展，资源丰富，"石磙枣""珍珠红""八月红""马牙枣""圆铃枣"等许多种质类型，这些高产、优质、抗病虫种质资源，正在得到开发利用。山茱萸果实不仅含有大量的药用成分，而且具有丰富的营养物质，如糖、有机物、维生素、脂肪、蛋白质、果酸以及矿物质成分等，可制成各种各样的加工品和保健品，开发潜力很大，目前研制的山茱萸酒、山茱萸药茶，市场开发潜力巨大。随着医药的发展和人民生活水平的不断提高，以及市场对保健品更高更精的要求，山茱萸的开发利用将向更高层次跨越。

第二十三节　当　归

一、概况

当归为伞形科植物当归的干燥根。多年生草本植物，是传统常用中药材，药用历史悠久。《神农本草经》中就有记载，由于其功效大，许多传统的中药方剂中大都离不了当归，故有"十方九归"之说。当归具有调血补血功能，一直被认为是妇科第一要药，人称"血中圣药"，甚至被尊为"药王"。独特的药理作用，促使当归全球市场需求量逐年增加，目前，年均需求量已超过30 000t，种植面积约43 000hm²。当归是常用的中药材，富含多糖类、苯酞类、黄酮类、苯丙素类、酚酸及其衍生物类、萜类及多种微量元素和氨基酸等成分，具有补血活血、调经止痛、润肠通便等功效，现已被列入药食同源植物名录。现代药理学研究表明当归还具有免疫增强、抗炎、保护肝脏、抗氧化、抗肿瘤、抗心律失常和镇痛等作用。当归主治补血活血、调经止痛、润肠通便。用于血虚萎黄，眩晕心悸，月经不调，经闭痛经，虚寒腹痛，风湿痹痛，跌打损伤，痈疽疮疡，肠燥便秘等症状。

当归除做煎汁服用外，还可浸酒、煎膏子、入菜肴等。当归全身都是宝，止血宜用归头，补血宜用归身，破血宜用归尾。补血活血宜用全当归。就连当归末，它仍含有当归药用的有效成分，还保留着当归的大部分药性，利用它来喂母猪，可变废为宝。

当归根圆柱状，分枝，黄棕色；茎直立，绿白色或带紫色，有纵深沟纹；叶羽状分裂，紫色或绿色，卵形；花白色，花柄密被细柔毛，花瓣长卵形，花柱基圆锥形。果实椭圆形至卵形，翅边缘淡紫色。当归多为栽培品，通常情况下，15～22℃是当归在自然生长状态下的最佳生长温度区间，最佳生长环境的土壤水分应控制在25%左右。一般来说，当归在5—6月会出现初期开花，7—8月是主要开花的季节，9—10月是开花末期。当归的花序生长在高约1m的花茎上，能够开出粉白色的花朵，比较小巧，花期并不长，一般只有10d左右，之后便会凋谢。

当归生于海拔2 000～3 000m的高山地区，尤以土层深厚、土质疏松、通气良好的沙质壤土为宜。在中国，主要分布在甘肃、云南、四川、青海、陕西、湖南等地的山区。当归适应性较强，当归的收获时间一般在种植后的第2～3年。

二、种子种苗繁育技术

当归育苗多采用播种育苗。在当归规范性种植过程中，育苗是非常关键的环节，影响当归的生长和质量，在育苗过程中要按照规范操作。

（一）选地、整地

每年5月中旬在海拔2 000～3 000m高度的半阴半阳缓坡处，选择排水性良好、土壤肥沃且富含腐殖质的微酸性沙质土壤作为当归种植的地块，然后清理种植区域内的杂物，完成整地。

（二）种子处理与播种

5月下旬选择成熟度好且纯度较高的头年生种子进行相应的处理，播种量为60～75kg/hm^2，将种子均匀地撒播于墒面上，然后再将过筛的湿土覆盖在墒面上即可。

（三）苗床管理

当归育苗期间必须保证苗床土壤湿润度达到当归育苗的要求，将苗床膜内温度控制在20℃左右，待播种10d左右出苗后即可揭开薄膜，拔除苗床上的杂草，确保当归幼苗的正常生长。种植户在进行二次间苗时，必须严格按照去弱留强的原则，将当归植株的间距控制在1～2cm，直至幼苗长出2叶1心为止。幼苗生长至3叶1心后，根据实际情况逐渐减少苗床中的遮阳物，并适量追施碳酸铵、有机肥等肥料，降低当归幼苗抽薹率与含糖量。

（四）起苗储藏

冬季来临后，种植户应及时进行起苗储藏的相关工作，挖开种苗周围的土壤，然后将种苗拔出，保证种苗根系完整并去掉种苗上多余的叶子。根据种苗的大小对其进行分类，然后按照 100 株/捆放置在阴凉干燥处储藏。一般情况下，种苗起苗捆绑后，需要晾晒 5～7d，在种苗晾晒期间，仔细观察种苗是否满足储藏标准和要求，并在种苗根系变软、外皮稍干且叶柄萎缩后按照要求储藏种苗。

三、种植技术

当归是一种喜凉的植物，在炎热干燥的环境下容易死亡，当归通常会种植在海拔较高、温度偏低的地区。当归种植过程中对土壤有较高的要求，土壤既要水分含量较高，也必须具有较好的排水性，同时还要按时施肥。土壤的排水性较好，可以保证当归根部不受积水侵蚀，避免当归出现烂根情况。为了提高当归质量，在当归种植过程中施用农家肥，适量使用化学肥料。

一般情况下，每年 4 月开始移栽，移栽前应处理好土壤，根据当归的种植要求合理控制幼苗的行距、坑间距以及坑深。

（一）整地择苗

种植户在整地择苗期间，在大田施腐熟农家肥 22 500～30 000kg/hm^2，然后将土壤深翻 25～30cm，在土壤深翻过程中施用复合肥 450～675kg/hm^2，最后再对土壤进行耙细平整处理。整地工作结束后，修整间距为 35cm、宽度为 1.2～1.5m、中间沟深为 0.2～0.4m 的墒，为后续当归幼苗移栽作业的开展做好准备工作。

（二）种苗处理及定植

种苗预处理完成后，种植户必须按照要求先在大田覆盖厚度为 0.005mm 的强力超微膜，然后再进行幼苗的移栽作业。幼苗移栽期间需将幼苗移栽的行距控制在 35cm 左右，穴距控制在 25cm 左右，穴深控制在 15～20cm，幼苗移栽完成后覆土压实即可。

（三）田间管理

幼苗移栽 25d 左右待苗齐后，及时开展查苗补苗的工作，在幼苗移栽时间 35d 后中耕除草，随着幼苗逐步进入膨大期，及时开展松土培土作业。待进入中后期后按照中耕除草的实际情况，追加复合肥 300～525kg/hm^2，为当归植株的正常生长提供充足的营养。当归进入生长中后期且下部叶片出现变老黄化的情况后及时摘除叶片，然后根据种植区域的情况补充水分，确保土壤的湿润度满足当归正常生长的要求，避免当归因水分不足而影响最终产量和质量。

在当归种植过程中，田地里会有很多杂草跟当归抢夺生长环境和营养，因此除草是当归规范化种植中非常重要的环节。根据田地中杂草的实际情况进行除草，每年至少要进行 3 次除草。第 1 次除草在齐苗之后高度达到 3cm 时，第 2 次除草在苗高 6cm

时，第 3 次除草主要对田地进行深耕。

为了满足当归生长所需要的水分，在苗高 15cm 时要进行灌溉，在非常干旱时也要进行灌溉。在雨季时要做好土壤的排水工作，否则容易出现积水导致当归烂根。当归种植中合理施肥可以提升当归的品质，根据当归生长情况施氮、磷、钾等肥料。

四、采收及加工

（一）采收时间

当归一般生长周期需要 3 年，在漫长的生长周期中更要加强对当归的管理。10 月底是当归的采收期，此时，当归的根茎已经充分发育，质量较高。为了保证采收质量，应提前做好准备，太早采收，当归尚未完全成熟，质量较低；太晚采收，当归可能已经开始木质化，影响品质。最好是人工采收。

（二）采收方法

当归的采收应当选择在天气晴朗的日子进行，以避免土壤潮湿导致当归受潮。采收时，应将当归整株挖出，去净泥土和残叶。挖出的当归应避免阳光直射，以防失去水分。

（三）初加工

挖出的当归应立即进行初加工。首先，将当归的须根和病根剪去，留下主根。然后，将当归的叶鞘去掉，使当归呈白色的根茎。初加工后的当归应放置在阴凉处，待进一步处理。

（四）晒干

晒干是保持当归品质的重要步骤。将初加工后的当归平铺在晒场上，每天早晚翻动 1 次，以免出现霉变。晒干后的当归应呈淡黄色，质地坚实。晒干的过程中要注意防止雨淋和夜晚的露水。

（五）包装

晒干后的当归应进行包装。包装前应再次检查当归的质量，如有霉变或病虫害的当归应剔除。包装材料应选择透气性好的麻布或棉布，以保持干燥。每个包装的重量一般为 2～3kg。

（六）储藏

储藏环境的湿度应控制在 60%～70%，温度应保持在 25℃ 以下。储藏时应定期检查，如发现有霉变的当归应及时处理。

（七）运输

运输过程中要防止重压和碰撞，以免损坏当归的品质，运输工具应保持干燥，防止受潮。

第二十四节 玄 参

一、概况

玄参又名元参、黑参、角参、乌元参，以块根供药用，为玄参属植物玄参的干燥根，是我国传统常用中药。玄参作为传统大宗药材，始载于《神农本草经》，被列为中品。性微寒，味甘、苦、咸，具有凉血滋阴，泻火解毒的功效，常用于热病伤阴、舌绛烦渴、津伤便秘等症。玄参中含有环烯醚萜苷类、苯丙素苷类、有机酸类等成分，其药理作用有抗炎、抗肿瘤、抗氧化、保护心血管、保肝、解热、保护神经以及抑菌等。

玄参茎四棱形，被扁平节毛和短腺毛。基生叶卵形到三角状卵形，长 3.5～5cm，宽 3～4.5cm，基部心形或浅心形；茎生叶对生，中部叶椭圆形或卵状椭圆形，长 5～8cm，宽 3.5cm，基部微心形、圆形或宽楔形；全部叶先端钝或急尖，边缘具浅裂片状的正三角形重锯齿；叶柄长 4～6cm。聚伞圆锥花序顶生，花序分枝长 8～15cm，具 10～25 花；花序轴及花序分枝纤细，"之"字形曲折；花梗纤细，长 1～2cm。花梗和花萼具扁平节毛和短腺毛。苞片披针形或线形，小。花萼 6～8mm；裂片裂到近基部，披针形。花冠黄绿色，二唇形，长 6～7.5mm；上唇长于下唇 0.5～1mm；裂片近长圆形。能育雄蕊 4 枚，与花冠近等长；退化雄蕊的花药长圆形，微小而不明显。子房卵球形，花柱长 5.5～6mm。蒴果卵球形，连喙长 4～5mm。种子多数，长圆形，长 0.4～0.5mm，直径约 0.3mm，具棱。花果期 6—8 月。

玄参主产于四川、山西、湖北、安徽、江西、湖南等地。多年生草本，高 20～45cm。玄参适应性很强，喜欢温暖湿润性气候，较耐寒、耐旱，可选向阳、土层深厚、疏松肥沃、排灌良好、富含有机质的土壤种植，忌连作，宜与禾谷类作物轮作。地势以背风向阳、地势平坦为宜。在平原、丘陵和低山坡均可栽培。

二、种子种苗繁育技术

玄参繁殖一般选用子芽繁殖或种子繁殖,还可以分株、扦插繁殖。由于种子繁殖产量低,质量差,多用于育种,一般采用子芽繁殖法。收获时选择无病、健壮、白色的长3~4cm的子芽作种芽。子芽从根茎上掰下来后,先在室内摊放1~2d,以后在室外选择高燥、排水良好的地方挖坑储藏,坑深30~40cm。坑底先铺稻草,再将种芽放入坑中,厚35~40cm,堆成馒头形,上面盖土7~8cm,随着气温下降逐渐加土或盖草,防种芽受冻。一般每坑可储100~150kg子芽。坑四周要注意开好排水沟,储藏期要勤检查,发现霉烂、发芽或发须根,及时翻坑,剔除烂芽。

(一)子芽繁殖

南方多数采用冬种,12月中下旬至第2年1月上中旬种植为好。早种根系发达、植株健壮,产量高。栽前挑选无病、粗壮、洁白的子芽作种,按行距40~50cm,株距35~40cm打窝,窝深8~10cm,每窝放子芽1个,芽向上,齐头不齐尾,覆土3cm左右。用种量650~750kg/hm²。

(二)种子繁殖

种子繁殖产量比较低,但生长快,1年即可出产品。玄参种子繁殖分为秋播和春播。南方适宜用秋播,在10月至11月上旬进行,幼苗在田间越冬,培育1年到第2年就可收获,品质、产量比春播好。

三、种植技术

玄参芽以冬种为主,于2月下旬至4月上旬栽种。按行距40~50cm,株距34~40cm开穴,穴深8~10cm,每穴放子芽1个,芽向上。秋播在10月至11月上旬进行;春播可当年收,但品质比较差,秋播生长快,在第2年3月左右即可收获,而品质、产量比春播好。

(一)中耕除草

苗期要及时中耕除草,且不宜过深,防止伤根。6月植株封垄后,杂草不易生长,不必再进行中耕除草。

(二)追肥、培土

植株封垄前追肥1~2次,以磷、钾肥为主,可以掺入土杂肥在植株间开穴或开浅沟施入。培土是玄参田间管理工作中的一项重要措施。培土时间一般在6月中旬施肥之后。通常在完成第3次追肥后，把洼沟中的泥土铲放到玄参植株旁边，对植株的芽头起到很好的保护作用，还具有保湿抗旱和保肥的功效，避免肥土的流失，能够有效地加厚表土层，加固植株，防止倒伏，提高子芽的质量。

（三）间苗排灌

玄参定植后第2年会从根部长出许多幼苗，使根部膨大，增加产量，及时拔除多余的植株，只留2～3株即可。如果干旱严重应及时浇水。雨季要及时排除积水，减少烂根。

（四）除蘖打顶

春季幼苗出土后，每株选留1个健旺的主茎，其余的芽要剪去。7—8月，植株长出花序时，及时除去，使养分集中于根部，促进根部生长。

（五）病虫害防治

以农业防治为基础，冬前深翻土地，开春后清除杂草和枯枝落叶，生长期拔除病株，科学施肥抑制病虫害的发生和为害，收获玄参后要将田间的杂草、病叶残株进行烧毁清除。化学防治时要严格控制农药使用浓度，选用已登记的农药或经农业技术部门实验后推荐的高效、低毒、低残留的农药，不同机理农药交替使用最佳。

（1）斑枯病。4月中旬开始发生，高温多湿季节发病严重，先由植株下部叶片发病，出现褐色病斑，严重时叶片枯死。防治方法：清洁田园；轮作；发病初期喷施1∶1∶100波尔多液，每7～10d喷1次，连续喷数次。

（2）白绢病。于4月中旬开始发病，初期地上植株无症状，6—8月高温潮湿为发病盛期，主要为害根及根状茎，根部内的菌丝穿出土面，在株旁土面先后形成乳白色、米黄色、茶褐色和似油菜籽状的菌核，受害植株根部腐烂，迅速萎蔫、枯死。防治方法：轮作；拔除病株，在病穴内用石灰水消毒；种栽用50%退菌特1 000倍液浸泡5min，晾后栽种。

（3）棉红蜘蛛。5月下旬开始，7—8月最为严重，为害叶片。通常植株下部叶先受害，受害叶片出现黄白小斑点，后变成红紫色焦斑，严重时全叶黄化失绿，最后变褐色干枯脱落。防治方法：清洁田园；发生初期用20%双甲脒1 000倍液喷雾；忌与棉花轮作或邻作。

四、采收及加工

一般当年10—11月，部分枝叶枯黄时，土壤呈半干状态，块根与泥土容易分离，晴天收获最为适宜。收后去除残留的茎叶，抖掉泥土，暴晒6～7d表皮皱缩后，堆积在一起盖上麻袋或草，使其"发汗"，4～6d后再暴晒，如此反复堆、晒，直到干燥，内部色黑为止。遇雨天，可烘干，温度控制在40～50℃，将根晒至4～5成干时采用人工烘干。产品以肥大、皮细、外表灰白色、内部黑色、无油、无芦头者为佳。

第二十五节 天 冬

一、概况

天冬是攀援状多年生草本植物。天冬为百合科植物天门冬的干燥块根，是一味历史悠久的传统中药材。天冬别名天门冬、大当门根、十二根等。喜温暖湿润的气候，不耐严寒，多生长在山林阴湿地，主产于我国广西、云南、贵州等地。据《中华人民共和国药典》（2020年版）记载，天冬味甘、微苦，性寒，归肺、肾经，具有养阴清热、润肺滋肾的功效。天冬主要含有甾体皂苷类、寡糖、多糖和氨基酸等成分，可用于肺燥干咳，顿咳痰黏，腰膝酸痛，骨蒸潮热，内热消渴，热病津伤，咽干口渴，肠燥便秘等症状。

天冬的入药部位呈长纺锤形，略弯曲，长5～18cm，直径0.5～2cm，表面黄白色或淡黄棕色，呈油润半透明状，光滑或具深浅不等的细纵纹或纵沟，偶有残存的灰棕色外皮。干透的天冬质地硬而脆，未干透的质地软润，有黏性，断面蜡质样，中柱黄白色，半透明，中间有不透明白心。气微，味甜、微苦。天冬以肥满、致密、黄白色、半透明者为佳；条瘦长、色黄褐、不明亮者质次之。

在我国传统饮食文化中，一些中药材在民间往往作为食材广泛食用，即按照传统既是食品又是中药材的物质（即食药物质）。根据国家卫生健康委员会、国家市场监督管理总局发布的文件，天冬在限定使用范围和剂量内可药食两用。天冬制成的天冬酒，不仅酒味香醇，还有很好的补益功效。苏轼也曾在诗中提到过天冬酒，一句"天门冬熟新年喜，曲米春香并舍闻"，更是写出了天冬酒浓郁香醇的酒香。《神农本草经》中也有记载，天冬有杀灭蛔虫、赤虫、蛲虫等寄生虫的作用。

天冬株色翠绿，叶色鲜绿，枝叶细密，清新自然，秀美典雅，自然成趣，常用作居家观赏植物。天冬茎丛生，柔软而蔓性下垂，分枝多。叶片退化成鳞片状，基部成刺状，叶状枝扁线形为8枚丛生。花朵颜色由淡绿色、淡红色至白色，花期在5—6月，有香味。果实为球形，果期在8—10月，成熟后为鲜红色。天冬喜温暖，不耐严寒，忌高温，多生长于山野林缘阴湿地、丘陵地灌木丛或山坡草丛中；适宜在土层深厚、疏松肥沃、湿润且排水良好的沙壤土或腐殖质丰富的土中生长。

二、种子种苗繁育技术

天冬育苗可采用种子繁殖、分株繁殖、小块根繁殖和扦插繁殖。天冬是雌雄异株植物，自然条件下雌雄比例为1∶2左右，种子少，出苗成活率低，所以主要采用无性繁殖育苗。由于组织培养育苗成本过高，所以大规模种植主要采用分株繁殖。最佳繁殖时间是10月至第2年3月，在设施完善的温室大棚中全年均可育苗。

（一）种子繁殖

播种时间分为春播和秋播，春播一般在3月下旬进行，而秋播则在9月上旬到10月上旬进行。种子繁殖通常在秋季，当果实由绿色变为红色时采集，然后堆积发酵后选择颗粒大且充实饱满的种子用于播种。播种时，需要在整好的畦面上按照沟距17～20cm开横沟，深度为5～7cm，播幅为8～10cm，然后将种子均匀地撒入沟内，每沟撒种量为60～80粒，每亩用地10～12.5kg种子。播种后覆盖细碎土杂肥或草木灰，并用稻草保温保湿。气温保持在17～20℃，并有足够的湿度，播种后18～20d出苗。发芽后除去覆盖于表面的稻草，幼苗出土时需要搭建遮阳棚并保持土壤湿润。在苗高4～5cm时，需要进行除草和追肥，每亩施肥用量为1 000～1 500kg。经过一年的育苗后，可以移栽成活的天冬幼苗。每亩苗床可以培育出4万～5万株幼苗，可用于定植8～10亩的土地。一般情况下，每亩使用的种子量在1 000～1 800株。

（二）分株繁殖

分株繁殖也称分蔸繁殖。在采挖天冬时选取根头大、芽头粗壮的健壮母株，然后将一年生根头上有较多幼芽的植株分割为数株（单芽的不分），使每个分株上芽有2个以上且带有3～5个小块根，作为繁殖栽种材料。注意分株上切口要小，并抹上石灰以防感染，摊晾1d后即可种植。此法常与天冬采收结合进行，边采收边分株，并及时栽种可以避免分株苗干燥。

（三）小块根繁殖

冬、春季收获天冬时，摘下带根蒂而未上药材级别的小块根作繁殖材料育苗移栽。育苗时，在整好的圃畦上，按行距25～27cm开横沟，深约13cm，将带蒂的小块根斜放沟中，每隔7～8cm放一根，覆土与畦面齐平，保持湿润。春植块根2～3周便可长出新苗，加强田间管理，当年就长出新块根，育苗一年便可移栽。

（四）扦插繁殖

选择生长旺盛且健康的枝条作为插条，确保它们的长度在15～20cm，去除顶端的嫩芽或花朵，留下上部数片叶子以减少水分蒸发。

修剪枝条底部，使之形成一个45°的斜面，长度5～10cm；剪除下部叶子，仅留上部几片叶子以保持适当湿度，促进插条的存活。准备适宜的培养基，如蛭石、沙土和腐叶土的混合物，将插条插入其中，确保底部至少1/3被培养基覆盖，上部叶子露出。保持培养基适度湿润，避免过度浇水导致插条腐烂。可用喷雾器维持土壤湿度，必要时定期浇水。将插条置于明亮的地方，但要避免直射阳光，因为天冬是一种喜阴植物。通常需要2～3周才能看到生根和新芽的出现。

三、种植技术

（一）起垄栽培

起垄栽培就是利用起垄机将土壤悬浮成垄，在垄（厢）面上种植作物并配套相关技术。天冬按生物学特性选择土壤，选土层深厚、土质肥沃且排水良好的沙质壤土或富含腐殖质的土地作栽培地。平地种植时，清除杂草后用专用起垄机械充分整松地面，一般按照等高线起垄，垄宽120cm，高40cm，形成种植畦。如果无起垄机械，可采用翻耕机械，种植前一个月机械深翻晒土，然后起垄宽120cm，垄高40cm的种植畦。

缓坡地种植时，要根据坡地形状，采取横坡起垄种植，然后坡下培土，使垄高达到40cm。此方式既可以达到保水保肥作用，又能避免水土及水肥流失，保证天冬良好生长。

整地后需要对土壤进行施基肥，可以采用每亩施用充分发酵的腐熟的农家肥2 000kg、钙镁磷肥200kg。

（二）中耕除草

天冬生长期间需要及时除草，一般都要中耕除草4～5次。种植第1年上半年用人工除草，下半年可用专用除草剂或敌草胺在无风、无露水的早、晚进行向下喷雾，尽量压低喷头，避免喷及天冬。并且除草与培土应该相结合，尤其7—8月暴雨后应及时培土，以防根块露出地面晒死，或造成根块呈空泡状而减产。茎蔓长到50cm的时候需要搭设支架，供藤蔓攀爬。

（三）追肥

栽后结合中耕除草，在3—4月和6—7月各追施人、畜粪水1次，也可用每亩15kg尿素（或复合肥）兑水淋，每隔1个月淋1次，9—10月追施1次土杂肥并培土。以后每年在萌芽前（即春节前）每亩追施厩肥2 000～2 500kg，其余两次与第1年同。

（四）病虫害防治技术

1. 病害

主要是根腐病，多是由于土质过于潮湿、积水，或是中耕除草太深，碰伤天冬块根感染所致。

防治方法：做好排水工作，防止土壤过于潮湿，还可用50%甲基硫菌灵1 000倍液喷施病株。

2. 虫害

天冬的虫害较少，草药自身散发的气味和物质是许多虫害的天敌。

（1）红蜘蛛。啃噬天冬的叶片，5—6月是高峰期。

防治方法：①冬季注意清园，将枯枝落叶深埋或烧毁；②0.2～0.3波美度石硫合剂喷雾，每周1次，连续2～3次。还可以使用3.2%阿维菌素3 000～5 000倍液喷雾，需要注意的是中药材种植过程中禁止氧乐果等限制使用的农药。

（2）蚜虫。会啃噬天冬的嫩叶和嫩藤，严重的还会使天冬藤蔓枯萎。

防治方法：初期用灭蚜灵1 000～1 500倍液稀释喷杀。对于虫害严重的植株，可以施加肥料，促使新藤生长。

四、采收、加工及储藏

（一）采收

天冬以冬季采挖为好。在种子繁殖栽后4～5年，分株繁殖栽后3～4年，便可收获。若采挖过早，块根少而不健壮，产量不高；年限过长，块根增长不大，不合算。采收时间自9月至第2年3月均可，以冬季采收质量最好。选择晴天，先把插扦拔除，将茎蔓在离地面6～10cm割断，整株挖起，抖掉块根间的附泥，将块根粗1.3cm以上的剪下，根头及附留的小块根可适当分割，用作繁殖留种。

（二）加工

将摘下的鲜块根剪去须根，用清水洗净泥沙分成大、中、小3级，分别置甑内蒸或沸水中煮至外皮能剥离为止，然后放入清水，趁热撕下外皮（注意切忌残留少数外皮，否则干后出现包壳影响质量）。剥皮时要一次性将外面粗皮和内层薄皮剥干净，或用锋利的果刀一次性将两层皮削除干净。凡先剥者应另泡于清水中，待全部剥完后，用清水漂洗除去外层胶黏物质，稍晾干表面水分后，放入硫黄柜（炉）内熏黄12h，使其色泽明亮。取出晒干或烤干，装入竹筐内，放通风干燥处。若用麻袋装则要防重压，预防黏结成饼块状。鲜根折干率为15%～18%。最好日晒夜熏黄，中午太阳光照强，晒时宜用竹帘盖上，防止变色。

（三）储藏

天冬储藏需要避光防潮，应盛装在木箱内或陶瓷缸内。应该先进行充分干燥，但不要马上装入木箱，待其稍回潮变软，第2天再装入箱内，应注意平铺压实以防潮气侵入，然后加盖麻袋，最适宜的储存温度为20～25℃。

第二十六节 百 部

一、概况

百部为百部科多年生草本植物，地下簇生纺锤状肉质块根，茎上部攀援其他物质上升。传统的中药材，干燥块根可入药，具有润肺下气、止咳、杀虫灭虱功效。常用于新久咳嗽，肺痨咳嗽，顿咳。

百部通常可分为3种即直立百部、蔓生百部、对叶百部。

1. 直立百部

块根呈纺锤状，粗约1cm。茎直立，高30～60cm，不分枝，具细长的纵向棱叶。叶片薄，具革质质感，一般每3～4枚轮生，几乎不会有5或2枚的，卵状椭圆形或卵状披针形，长3.5～6cm，宽1.5～4cm，顶端一般呈现短尖或锐尖形态，基部大体出现楔形，具有短柄或近似于无柄。花为单独开放，其为腋生，通常开自茎下部鳞片腋内；鳞片呈披针形，长约8mm；花柄向外平展，长约1cm，中上部具关节；花向上斜升或直立；花被片长1～1.5cm，宽2～3mm，淡绿色；雄蕊紫红色；花丝短；花药长约3.5mm，其顶端的附属物与药等长或稍短，药隔伸延物约为花药长的2倍；子房三角状卵形。蒴果有种子数粒。花期3—5月，果期6—7月。

2. 蔓生百部

它地下结构呈现出肉质的外观，聚集成簇分布，形状通常为长圆形或纺锤形，粗1～1.5cm。通常茎长可达1m左右，有时会分出一些枝条，根茎的下部呈直立状，上部则像攀爬一样伸展。叶子通常2～4片轮生，质地纸质或薄革质，呈卵形、卵状披针形或卵状长圆形，长4～9cm，宽1.5～4.5cm，顶端逐渐变尖或尖锐，边缘微微波状，基部有着圆形或截面形状，少数为浅心形和楔形；通常有5条主脉，有时可多至9条，两面都隆起，横脉则细密且平行；叶柄细长，长1～4cm；花序柄贴生于叶片中脉上，花通常单独开放或者多朵排列成聚伞状花序，花柄纤细，长0.5～4cm；苞片线状披针形，长约3mm；花被片浅绿色，披针形，长1～1.5cm，宽2～3mm，顶端渐尖，基部较宽，有5～9条脉，开放后会反卷；雄蕊呈紫红色，长度短于或近似与花被相等；花丝较短，长约1mm，基部多少合并成环状；花药线状，长约2.5mm，药顶端附有1个箭头状附属物，两侧各有一根直立或下垂的丝状体；药隔呈直立状，延伸成钻状或线状附属物；果实呈卵形、扁平，颜色赤褐色，长1～1.4cm，宽4～8mm，顶端锐尖，成熟后果壳会裂开，通常带有2粒种子。种子呈椭圆形，稍微扁平，长约

6mm，宽 3～4mm，呈深紫褐色，表面有纵向的槽状纹路，一端有许多淡黄色、膜质的短棒状附属物。通常在 5—7 月开花，果实成熟期在 7—10 月。

3. 对叶百部

块根通常呈纺锤状，长度可达 30cm。茎通常会有一些分枝，形成攀援状，下部会变得木质化，分枝表面带有纵槽。叶子通常是对生或轮生，很少会是互生，形状为卵状披针形、卵形或宽卵形，长 6～24cm，宽 5～17cm，顶端渐尖至短尖，基部心形，边缘稍微波状，叶子的质地是纸质或薄革质；叶柄长 3～10cm。花朵单生或以 2～3 朵排成总状花序，生长在叶腋或偶尔贴生在叶柄上，花柄或花序柄长 2.5～5cm；苞片较小，披针形，长 5～10mm；花被片为黄绿色并带有紫色脉纹，长 3.5～7.5cm，宽 7～10mm，顶端渐尖，内轮比外轮稍宽，具有 7～10 条脉；雄蕊为紫红色，长短不一，可能略短于或与花被等长；花丝粗短，大约长 5mm；花药长 1.4cm，其顶端有短钻状的附属物；药隔肥厚，向上延伸形成长钻状或披针形的附属物；子房小，卵形，花柱接近不存在。果实表面光滑，有多数种子。花期在 4—7 月，果期在 7—8 月。

二、种子种苗繁育技术

（一）种子繁殖

7—10 月当果实变为黄褐色、种子褐色时就可以采回果实，平铺在室内通风处晾晒 4～5d，等到果壳开裂，种子部分脱落时，就可以除去果壳杂物，然后晒干，储存备用。

苗床要选择近 4 年未种植过百部的田地，适宜阴凉湿润、土层深厚、肥沃疏松、富含腐殖质、排水良好的沙质土壤。前作收获后需要清除田间杂草和石块，撒施腐熟农家肥 22.5t/hm^2，普钙 450～750kg/hm^2，尿素 75～120kg/hm^2，来回深翻 30cm，翻 2～3 次，使土肥充分混匀，整细整平，做成宽 1.3～1.5m 的高畦，畦高 18cm，畦沟宽 40cm。播种分春播和秋播。春播于 3 月上旬至 3 月底进行。秋播于每年 8—9 月种子采收后立即进行育苗。播种方式可采用撒播、沟播和穴播。每公顷苗床播种量 30～45kg，可移栽 20～30hm^2 大田。用种子重量 0.3% 的退菌特或多菌灵，或种子重量 0.1% 的三唑酮拌种。沟播按行距 6～10cm 开深 1.0～1.5cm 的播种沟，将种子均匀地撒在沟内，覆土 1.0～1.5cm；穴播按株行距 15cm×24cm 打塘，塘深 3cm，每塘播种子 5～6 粒，覆土 1.5cm；撒播时将 1hm^2 苗床所需的种子与细湿土 120～150kg 拌匀，按种子重量的 40%、40% 和 20% 分 3 次在苗床上均匀撒播，撒播后用苗床本土与有机肥按 3∶1 配制的过筛营养土覆土 1.0～1.5cm。盖土后稍加镇压，用细眼喷壶浇足水分，再用 70% 敌克松 1 500 倍液浇施进行苗床消毒，覆盖稻草、麦草或薄膜，经常浇水保持土壤湿润，齐苗后在傍晚时揭去盖草或薄膜，并用遮光率 70% 的遮阳网搭棚遮阳。出苗后不可浇水太多，以免地温低而影响生长或烂根。苗高 5cm 左右间苗，去弱留强，间隔 2～3cm 留壮苗 1 株，施人、畜粪水 22.5t/hm² 提苗。苗高 10cm 时进行定苗，株距 5～8cm，并结合中耕除草进行追肥，施稀薄腐熟人、畜粪尿 22.5t/hm²。以后每 2 个月进行中耕除草和施肥 1 次，保持土壤疏松无杂草。雨季注意清理和疏通排水沟，防止积水烂根。秋季 9 月后可进行移栽。

（二）分株繁殖

在初春萌芽的季节，选择 2 年生以上植株，从地下根茎中筛选出健壮且粗壮芽多的根头，同时剪下大根加工药用，留下直径 1cm 以下完好无损的小块根和细小的块根，剪除病根、残断根，根茎部不需要的部分也要剪除。再把上部根芽分成几株，每株要有 2～3 个芽头，并带 3～4 个无损伤的小块根作繁殖材料。

三、种植技术

（一）栽植

精细整地，施足底肥，适时早栽。土地在近 3 年内未曾种植过百部、石刁柏和山药。在前作收获后，务必对田地进行清洁处理，并进行约 33cm 的深翻。从 9 月到第 2 年初，进行移栽。在栽植之前，需要均匀地施用腐熟农家肥、尿素、过磷酸钙和 5% 辛硫磷颗粒剂，然后进行 30cm 的深翻。栽植时，需按照 1m 的行距作高畦，在畦中线按 0.5～0.6m 的塘距，并在每个塘内栽植 1 株，每公顷栽种 1.8 万～1.95 万株。对于种子苗，应当选择具有 3 个以上块根的健康无病害苗作为种苗。分株苗每株需具有 2～3 个芽头，并带有 3～4 个完好的小块根。在移栽苗时，应用 84% 霜霉威水剂 400～600 倍液，或抗枯灵可湿性粉剂 600 倍液，或噁霉灵可湿性粉剂 300 倍液进行浸根处理 10～15min，并在根部进行消毒处理，待切口或块根稍稍晾干后再进行移栽。移栽时，需保持根芽朝上，芽头与土面垂直，小块根平铺于穴底，向四周散开，覆上细土稍压实，栽种深度以土盖住芦头 3cm，盖土略高于畦面，浇透定根水，待水渗下后覆土再进行覆盖，以实现长效保墒和除草。

（二）田间管理

1. 灌溉与排水

春、秋季干旱时需确保定期浇水，每 7～10d 浇水 1 次，以保持土壤湿润促进植物生长。然而，在萌芽前和发芽初期，应避免过多浇水，以免增加蒸发量。雨季时要留意清理和疏通排水沟，以防止积水导致根部腐烂。若遇到生长期间的插花性干旱，当叶片出现萎蔫时，务必及时进行浇水。

2. 耕作管理

在种植后，每年需要进行 3～4 次中耕，首次中耕应在苗期之后进行，随后每

2～3个月进行1次。中耕的深度宜浅,以免造成植物伤害,影响块根的生长或引发根腐病的发生。

3. 施肥与土壤培育

施肥的原则是"前期注重,中期稳定,后期防止过早衰老"。施肥应抓住4月、6月和8月进行。在4月,结合第1次中耕、除草和浇水,施用人、畜粪水22.5～30t/hm^2,或追施尿素150kg/hm^2、磷酸二氢钾150kg/hm^2;6月下旬是花果期,结合第2次中耕、除草和浇水,施用同样的肥料;8月是地下根部生长膨大的旺盛期,施用人粪尿30.0～37.5t/hm^2,或追施尿素150kg/hm^2、磷酸二氢钾150kg/hm^2,以及过磷酸钙450～750kg/hm^2。秋、冬季植物地上部枯萎后,须及时清理枯枝落叶,并在根部周围进行1次土壤培育。

4. 设立支柱、引蔓上架

百部是一种草质的藤本植物,当苗木长到约15cm高时,可以在植株旁边插入一根细竹竿或树枝条,或者架起一个三角形支架,或者栽种一个大桩并让它长出爬藤网,让藤茎可以缠绕向上生长。这个架子的高度或者网的高度应该在1.6～1.8m,应该努力让叶子在架子上形成单层叶布满,这样可以使植物在田间确保良好的通风和透光,有利于进行光合作用,减少病虫害的发生,促进块根的形成,提高产量和品质。在百部生长过程中,需要适当地进行人工引导,避免枝蔓分布不均匀,以免在架子上形成不规则的龙形或者包裹形。

5. 控旺

7月时,应当对茂盛生长的百部藤蔓进行控制,可使用15%多效唑可湿性粉剂,每公顷喷施0.9～1.0kg,搭配水675kg。对于生长过旺的田块,可以在7～10d后进行第2次喷雾处理。

6. 摘除花蕾

5—6月除留种植株外,应去掉所有花蕾,这样能够减少养分的消耗,也能够帮助根部更好地生长。

(三)病虫害防治

在百部的生长过程中常常会受到各种病虫的侵害。这些病害包括根腐病、黑斑病、炭疽病以及根结线虫病;虫害主要有红蜘蛛、白粉虱、蜗牛、地下害虫蛴螬和地老虎。为了有效防治这些病虫害,可以采取以下措施。

针对根腐病,可以在种子处理的同时,使用84%霜霉威水剂400～600倍液进行浸根处理;同时在田间种植时要留意排水情况,并且及时防治根结线虫和地下害虫,避免农事对根部的伤害;一旦发现病害可以使用铜制剂或广枯灵进行灌根。对于炭疽病和黑斑病,可以采用28%咪鲜·异菌脲或50%异菌脲可湿性粉剂进行1 000倍液的喷雾防治。

另外,对于根结线虫的防治,种植时可以用克线宝250～300倍液蘸根,整地时使用10%噻唑磷颗粒剂进行土壤处理，或结合浇水穴浇2%阿维菌素或高效氯氟氰菊酯进行灌根；还可以使用50%辛硫磷乳油进行1 000~1 500倍液的灌根处理。在防治红蜘蛛方面，及时使用15%哒螨灵进行防治；对于白粉虱，则可以采用70%吡虫啉1 000倍液进行防治。对于地下害虫，可以使用5%辛硫磷颗粒剂进行土壤处理，或者在田间发生时使用50%辛硫磷乳油进行灌根。

此外，在农田中，对于杂草的防治也十分重要，可以选择杂草2~3叶时进行浅中耕除草，但当杂草长到10cm以上时则需要进行人工拔除；而畦沟中的杂草，则可以选择中耕除草或者使用除草剂如草甘膦等进行喷雾防除。通过这些科学的防治方法，可以更好地保护百部，确保其茁壮成长。

四、采收及加工

（一）采收时间

通常在块状植株种植2~3年进行。每年秋季至冬季或早春发芽前均可进行采挖。

（二）加工流程

挖出块状植株后，清洗干净，修剪细根，放入沸水中烫煮至心部无白色，然后立即捞出，经晾晒或炕干后即成为商品。优质商品应该是干燥，条粗壮，质地坚实。通常每亩可收获鲜品1 000kg，干燥后的产量为鲜品的15%左右。具体操作如下。

（1）使用清水冲洗掉百部外表面的泥土与杂质，再放入清洗机内进行碰撞摩擦清洗；清洗机的转速为40r/min，清洗时间为15min，清洗后的百部外表皮保留量不超过10%。

（2）将清洗完成后的百部放入蒸煮锅或蒸房内；蒸制温度为100℃，蒸制时间为55min；蒸制的目的是将百部细胞内蛋白质凝固，淀粉糊化，破坏酶的活性，利于成品的保存；同时破坏结晶水，利于干燥；可增加透明度，提升外观好感度。

（3）采用多级分段式预干燥百部；预干燥过程分为6个阶段。

第1阶段为4.5h；干燥时干球温度为45℃，湿球温度为26℃；

第2阶段为5.5h；干燥时干球温度为50℃，湿球温度为27℃；

第3阶段为4.5h；干燥时干球温度为55℃，湿球温度为28℃；

第4阶段为5.5h；干燥时干球温度为60℃，湿球温度为29℃；

第5阶段为5.5h；干燥时干球温度为65℃，湿球温度为30℃；

第6阶段为6.5h；干燥时干球温度为60℃，湿球温度为28℃。

采用多段预干燥百部，可以将百部软化，方便后面的切制，与常规的干燥相比，减少干燥时间，提高价格效率。

（4）将预干燥后的百部切制成厚度为7mm的片状，采用多级分段式再干燥百部，再干燥过程分为6个阶段。

第1阶段为2.5h；干燥时干球温度为45℃，湿球温度为26℃；

第2阶段为2.5h；干燥时干球温度为50℃，湿球温度为27℃；

第3阶段为2.5h；干燥时干球温度为55℃，湿球温度为28℃；

第4阶段为3.5h；干燥时干球温度为60℃，湿球温度为29℃；

第5阶段为2.5h；干燥时干球温度为65℃，湿球温度为30℃；

第6阶段为2.5h；干燥时干球温度为60℃，湿球温度为28℃。

通过再干燥使百部的湿度均匀，再干燥后的百部含水量不超过13%。采用筛网除去药屑。

第二十七节　鱼腥草

一、概况

鱼腥草，又名折耳根、鱼鳞草、臭草，三白草科蕺菜属植物，因其茎叶搓碎后有鱼腥味而得名。鱼腥草味辛，性寒凉，归肺经。能清热解毒、消肿疗疮、利尿除湿、清热止痢、健胃消食，用治实热、热毒、湿邪、疾热为患的肺痈、疮疡肿毒、痔疮便血、脾胃积热等。现代药理实验表明，其具有抗菌、抗病毒、提高机体免疫力、利尿等作用。鱼腥草还含有蛋白质、粗脂肪、可溶性糖、灰分、膳食纤维、胡萝卜素、维生素C以及钙、磷、钾等矿物质，具有清热解毒的功效，尤其适用于呼吸系统疾病，还有很好的抗辐射和抗空气污染作用。

鱼腥草除有药用价值外，还可泡水作茶饮或烹食作菜吃，有化痰之效，用于治疗扁桃体炎、咽炎等症。

鱼腥草是一种多年生草本植物，株高介于30～50cm，全株带有腥臭味道。其茎部上端直立，常见紫红色，下端匍匐，节处生有轮状小根。叶片互生，薄纸质，具腺点，尤其于背面较为明显，呈卵形或阔卵形，基部心形，全缘，背面多为紫红色，具有掌状叶脉。花型较小，夏季开放，无花被，呈对生、长约2cm的穗状花序。蒴果近似球形，直径2～3mm，顶端开裂，花柱宿存。种子多数，卵形。花期为5—6月，果期为10—11月。其常生长于沟旁、溪边、田埂、背阴山坡及湿地草丛中，具有喜温暖、喜肥沃、喜湿润、不耐盐碱、怕强光、稍耐寒的特点。每年夏、秋季茎叶茂盛花穗多时采收，除去杂质、残根，洗净，晒干或鲜用，主要产于中国长江流域以南各省。

二、种子种苗繁育技术

鱼腥草种苗繁育方式一般有根茎繁殖和茎秆扦插繁殖两种。

（一）根茎繁殖

挑选健康不携带任何病害、虫伤的粗壮根茎，剪成长 5～10cm 的小段，每段确保有 2～3 个节茎，并有 3 条以上的须根。按行距 25cm、株距 5cm 栽植在种苗繁育田内，栽植后浇水、覆土，覆盖地膜保温保湿，土壤湿度保持在 70% 以上。

（二）茎秆扦插繁殖

扦插作业一般在每年的 6 月初进行。选择生长健康植株，将其枝条修剪成包含 3～4 节的插条，每 5 个插条捆扎为一束。将生物发酵菌液 100～150 倍液与浓度为 500mg/kg 的 5% 萘乙酸水剂混合均匀，然后将插条浸泡其中 25～30min。随后，按照行距 20cm、株距 10cm 的标准，将插条扦插在育苗畦内。扦插完成后，及时浇水，并使用遮光率 60% 以上的遮阳网进行覆盖，保持畦内湿度在 90% 以上。当新叶长出后，在晴天下午适时撤除遮阳网，并配合进行浅中耕除草。在此过程中，利用晴天的下午或阴天，采用生物菌液 100～150 倍液进行叶面喷施 2～3 次（每次间隔 7d），以培育壮苗，从而提高移栽成活率。

三、种植技术

（一）整地

在主要以春季播种的地区，初冬季是进行土地整理的最佳时机，耕作深度控制在 20～25cm，仅进行耕作而不耙地。通过晒垡和冻垡的方式，使土壤在冻融交替的过程中形成团粒结构，从而达到优化土壤结构的目的。同时，太阳光紫外线能使土传性病害中的致病菌活性降低甚至消失；越冬害虫的蛹部分暴露在地表，长时间低温或鸟类觅食等现象，可有效减少害虫蛹的存活率。当土壤墒情较差时，耕作前可通过浇水提升土壤湿度，以改善土壤的物理和化学性质。

（二）施基肥

在种植过程中，需将经过耙耢撒施充分腐熟并晾晒的农家肥 2 500～3 000kg、45% 硫酸钾型复合肥（N15-P15-K15）50kg、12% 过磷酸钙 100kg 作为基肥进行施用。在条件允许的情况下，可在农家肥腐熟前，将其与木质素菌肥按 100∶1 的比例进行充分混合，然后在散射光环境下进行发酵。这样既可提高农家肥中生物有益菌的含量，同时也能加速农家肥的腐熟过程。

（三）繁育前的准备

繁育田地的选择应考虑排水灌溉的便利性、交通的便捷性以及避免选择连续种植的沙质土壤地块。每平方米施加 0.1kg 木质素菌肥和 46% 的尿素 0.03kg，随后进行整平细耙，打造宽度为 1.2m 的南北向平整畦田。

（四）移栽

我国最低气温不低于 0℃的地区，周年可栽植，其他地区多在春季或夏初栽植。春栽时间在 3 月底至 4 月初，黄淮海以北地区秋栽时间在 9 月上中旬，重庆移栽时间以 10 月上中旬为宜。选择节茎 3 节以上，须根不低于 4 条的种苗，作为移栽苗。不同地区鱼腥草栽植方式不同，降水量较少的地区多采取平畦栽植，降水量较多的地区多采取高畦栽培。秋季栽植的，栽植后要覆盖稻草或地膜保温、保湿，确保植株能够安全越冬。

（五）水肥管理

针对鱼腥草在不同生长发育阶段对肥料需求的特性，进行相应的肥料追施。在鱼腥草苗期，氮肥需求较大，可在缓苗后结合浇水，每亩追施 46% 尿素。4 月初，随着鱼腥草地上植株生长加速，氮肥需求增加，每亩追施 46% 尿素。若植株长势较弱，可适当提高尿素施用量。当鱼腥草开花期进入养分积累阶段，追肥主要以有机肥和生物菌肥为主，限制化肥用量。鱼腥草喜湿怕涝，移栽后要经常保持土壤湿润，将土壤含水量保持在 70% 以上，尤其是缓苗前要保持土壤湿润，确保植株成活率。雨水多时要及时排水，高温天气若遇大雨，为防止大雨对鱼腥草根系的损伤，造成植株生长不良甚至出现死棵现象，在大雨过后应及时结合排水进行浇水，做到边浇水边排水。

（六）适当遮阴

夏季强光和高温天气持续时间较长的地区，可在栽植鱼腥草的畦垄上，按照 20cm 的株距点播玉米。通过玉米的遮阴作用，为鱼腥草的生长发育创造适宜的光照环境，从而有利于鱼腥草总黄酮和主要营养成分的积累。

（七）除草

杂草不仅与鱼腥草争夺养分，且导致鱼腥草行间通透性降低，易于引发各类真细菌病害。为确保鱼腥草绿色生产，通常避免使用除草剂。在鱼腥草生长发育初期，采用浅中耕方式防治杂草；而在鱼腥草生长发育中后期，则在栽培行间覆盖粉碎的作物或杂草秸秆，或使用黑色地膜进行除草。

（八）病虫害防治

鱼腥草常见病害是白绢病、叶斑病、茎基腐病，淮河以南地区以叶斑病为主。要及时清除行间杂草及老叶、病叶，带离种植田，深埋或销毁，确保田间有良好的通透性；用生物菌液 100 倍液与生豆浆 30 倍液混合均匀后在雨前全株喷施，在降低致病菌侵染概率的同时可提高植株的抗病性。

红蜘蛛为鱼腥草的主要害虫，侧重于侵害植株幼嫩的叶片，通过刺吸嫩叶的汁液，导致被害叶片呈现众多粉绿色或灰白色小点，进而降低植株的光合作用，若为害严重，甚至会引发植株叶片大量脱落。主要采用药剂防治红蜘蛛，发生初期用 1.8% 阿维菌素乳油 2 500 ～ 3 000 倍液与 40% 哒螨·乙螨唑悬浮剂 3 000 倍液交替喷施防治。

四、采收与加工技术

（一）采收

鱼腥草的根、茎、叶均可作为蔬菜食用。春季和夏季主要收获地上茎叶，确保收获时地上茎长度不低于 35cm，选择晴朗天气的早晨进行收获和上市。秋季则以食用鱼腥草的地下根为主，于晴天下午进行收获，并在收获后进行清洗，以便上市销售。

药用鱼腥草花穗丰富，采摘时应在腥臭气味最为浓烈之际，此为最佳采摘时机。采摘过程中，应选择晴朗的天气，连根拔起。采摘后的鱼腥草不宜堆积，须及时摊开晾晒，如有条件，可采用机械方式进行烘干。采摘后，需注意防止雨水淋湿，以免叶片失绿，进而严重影响鱼腥草的药用价值。鱼腥草晒干后，将其扎成小把，储存于干燥阴凉之处，适时销售。品质优良的鱼腥草应以叶片呈淡红褐色，茎叶完整，无泥土杂质为佳。

（二）加工

1. 干制品

干制鱼腥草以淡红褐色、茎叶完整、无泥土等杂质者为佳品。将采集的鱼腥草去除杂质、烂叶和老叶，将粗细相同、成熟度一致的合并，摊开堆放，以免发热、发黄。洗净后沥干、晒干或烘干。将鱼腥草进行热烫，热烫后的鱼腥草迅速在竹筛上摊开，趁其软时理顺。烘干过程中火力要均匀。充分干燥后，将干成品放入木箱中或堆成堆，用薄膜覆盖，经 1 ～ 3d 回软后，合格产品包扎成小把，密封包装。

2. 腌制品

鱼腥草采收时，选择鲜嫩、粗壮的植株，去除杂质和老叶，依据大小进行分类，分别清洗并捆绑。采摘过程中，应置于筐篓中，底部铺垫青草，鱼腥草层覆盖一层青草，以防挤压损伤或揉搓变形，同时避免阳光直射。采集当日为延缓老化变质进行盐渍处理。经过盐腌制脱水后,为保持色泽和口感脆爽,应进行封坛或装桶处理。

3. 鱼腥草袋泡茶

选取未开花的鱼腥草,去除枯黄叶、锈斑叶、粗梗及其他杂质。将茎叶切成长为1cm的小段。接着进行炒青处理,要求炒制过程充分、均匀且适度。在炒制过程中,锅温应先高后低,火力保持均匀,操作手法轻快,压力由轻及重,以确保茎叶受热均匀。

4. 鱼腥草汁饮料

鱼腥草经过挑选、洗净后,需在100℃的水温下热烫约1min,并进行破碎处理。接着,榨取其汁液并通过100目筛过滤,使用复合酶制剂0.06mg/100mL进行处理以澄清汁液。按照鱼腥草菜汁占比60%,加入0.1%的柠檬酸、10%的糖、0.05%的食盐以及29.85%的水进行调配。在调配完成后,将鱼腥草汁饮料加热至80℃,利用硅藻土过滤机进行过滤。过滤后的饮料需冷却至室温,并进行真空封装。随后,将其置于880℃的热水浴中杀菌30min,最后冷却至室温,即可制成成品。

第二十八节 前 胡

一、概况

前胡,分白花前胡(别名岩棕)和紫花前胡(别名野当归)两种,以根入药。主要分布在浙江、贵州、湖南、四川、重庆、江苏、安徽等地。大巴山区主要品种为白花前胡。多年生草本植物,根茎粗壮,茎圆柱形,上部分枝有短毛,下部无毛,根圆柱形,末端细长,多分杈。喜冷凉湿润气候,多生于海拔800～1 500m山区向阳坡,以土层深厚、疏松、肥沃、有机质含量高的土壤最佳。持续高温、过度荫蔽、排水不良的环境生长不良,且易发病烂根。质地黏重的黄泥土和干燥的沙地不宜生长。宿生根3月初萌发,5月下旬抽薹孕蕾,6—7月开花结籽,9月种子成熟。

性微寒,味苦、辛。入肺经,具有散风清热、降气化痰之功能。用于风热头痛,咳嗽痰多、痰热喘满、咳痰黄稠等症。

二、种子种苗繁育技术

(一)种子繁育

当年生种子不能用作繁育材料。第2年开春后,以宿生苗作为种子繁育植株,按亩密度450株留种,于2月下旬除草施肥,5月上旬重施攻蕾肥,6月上旬叶面追施1

次硼肥。9月种子成熟采收后用透气竹筐或挂阴凉棚阴干，严禁太阳暴晒，然后用麻袋盛装保存，防潮发霉。

（二）分根繁殖

在春季采挖老根，大者入药，有新芽的根头作种，栽于畦上，按行株距60cm×45cm穴栽。

（三）采种

种子成熟与开花结实顺序相同，植株主干顶端花序和分枝先端花序先熟，后依次到主干下部和各级分枝基部花序。10月中下旬至11月中下旬，种子由青逐渐转变为黄褐色和深褐色，逐渐成熟，11月下旬至12月植株停止生长，种子开始谢落，叶从下部开始向上逐渐枯萎。因此，种子采收期以10—11月为宜。

三、种植技术

（一）选地、整地

选择阳光充足、土壤湿润而不积水的平地或坡地栽种。最好是在进入冬季，将地上前作枯物及杂草，切碎加畜粪水堆码沤制发酵，然后深翻土地让其越冬。播种前施入腐熟的发酵肥后再翻1次土，除去杂草，耙细整平。亩用腐熟农家有机肥（牛、羊、猪粪与火粪沤制发酵）2 000～3 000kg，或专用配方有机肥（含有机质20%，N、P、K各为5%）100kg，在播种前耙地时均匀撒施田间，耙地时混合均匀。

（二）播种时间

由于前胡种子发芽缓慢（天气情况比较好的需要30d以上发芽），一般年前播种完毕。播种时间最好在头年12月开始至第2年1月结束。按1.2m开厢，行距30cm，株距30cm，挖3～4cm浅窝点播或按行距30cm条播。与马铃薯、玉米等套作，按1m开厢，40cm开行种一行马铃薯或玉米，按行距30cm种两行前胡。播种时，将种子与过筛细土或火粪按1∶50的比例充分混合均匀后播种。播种时应注意不能挖深窝，不宜覆土，只要不见种子就行。

（三）育苗移栽

2月底至3月播种，种子可先进行催芽，也可不催芽，催芽的种子以种子露白为度，在整好的育苗地畦面上，按行距15～16cm开播种沟，沟深2～3cm，将种子均匀撒在沟内，覆土3～6mm，稍压实，淋水，出苗后拔去过密的苗，经过40d培育可以移栽，也可以培育至第2年3—4月移栽。移栽时，在整好的畦面上，按行距60cm、株距40cm开穴，每穴栽入带有土团的幼苗1株，然后回土满穴，压实，淋水。

（四）种植密度

亩用种子量1～1.5kg，有效苗在8 000～10 000株/亩，套作有效苗在6 000株/亩。

（五）田间管理

1. 除草

前胡栽培管理比较容易，主要是除草。除草的方式有化学药剂除草和人工除草。

（1）化学药剂除草。

播种前除草：化学除草应以播种前土壤施药为主，争取一次施药便能保证整个生育期不受杂草危害。播种前土壤处理常用1.48%氟乐灵乳油，氟乐灵杀草谱广，能有效防除一年生靠种子繁殖的禾本科杂草。田间有效期2～3个月，于种子播种前5～10d杂草萌发出芽前，每亩地用48%氟乐灵乳油80～100mL兑水40～50kg，对表土进行均匀喷洒处理。应随喷随进行浅翻，将药液及时混入5～7cm土层中，施药后隔5～7d才可播种。也可用2.50%乙草胺乳油，播种前或后，但必须在杂草出土前施用。每亩用该剂70～75mL兑水40～60kg均匀喷雾土表。

播种后除草：前胡播种后20d以后出苗，因此，应在15d以内，在杂草见绿、前胡尚未出苗前，可用专用除草剂田间喷洒。出苗后除草，必须慎重选择使用，按照专用除草剂兑水比例进行配药。

（2）人工除草。中耕除草一般在封行前进行，中耕深度根据地下部生长情况而定。苗期中药材植株小，杂草易滋生，应勤除草。待其植株生长茂盛后，此时不宜用锄除草，以免损伤植株，可采用人工拔草，但费时费力。

2. 施肥

前胡需肥量小，可看苗施肥。苗出齐后，若苗老、弱带红色或红绿色时，可结合中耕除草施人、畜粪水或尿素，亩用尿素5kg兑清粪水1 000kg淋施或直接开沟施用尿素于行间。以后可施些复合肥。施肥时注意不要伤根、伤叶。

3. 摘花薹

6月后，发现有抽薹的植株，应及时分期分批抽出或摘除抽薹部分，尽量减少营养物质的消耗，提高前胡产量和质量。

4. 病害防治

白粉病：发病后，叶表面发生粉状病斑，渐次扩大，叶片变黄枯萎。发现病株及时拔除烧毁，并喷施三唑酮防治。

根腐病：根部变褐，呈水渍状，被害植株叶片枯黄，生长停止直至死亡。可用98%噁霜灵2 000倍液或50%多菌灵1 000倍液防治。

四、采收、加工、储藏及运输

1. 采收

前胡一般种植 2～3 年可收获，在每年冬初至第 2 年早春可采收，以霜降后苗枯时采收适宜。将前胡全株挖起，抖去泥沙，剪去秆，置太阳下晒，待主根未干须根干燥时，除去须根及梢，然后晒干。

2. 加工

将前胡拣净杂质，去芦，洗净泥土，稍浸泡，捞出，润透切片晒干。

3. 储藏

储藏药材的仓库应通风、干燥、避光，必要时安装空调及除湿设备，并具有防鼠、虫、禽畜的措施。地面应整洁、无缝隙、易清洁。药材应存放在货架上，与墙壁保持足够距离，防止虫蛀、霉变、腐烂、泛油等现象发生，并定期检查。

4. 运输

药材批量运输时，不应与其他有毒、有害、易串味物品混装。运载容器应具有较好的通气性，以保持干燥，并应有防潮措施。

第二十九节 半 夏

一、概况

半夏是天南星科半夏属多年生草本植物，别名三叶半夏、三步跳、麻芋果、田里心、无心菜、老鸦眼等。因仲夏可采其块茎，故名"半夏"。半夏为广布物种，中国除内蒙古、新疆、青海、西藏未见野生外，其余各省（区）均有分布；人工栽培始于 20 世纪 70 年代中国山东和江苏等地，现日本、朝鲜等国也有分布。半夏属浅根性植物，海拔 2 500m 以下，喜温暖潮湿，耐荫蔽，野生多见于山坡、溪边阴湿的草丛或林下；夏季宜在半阴半阳中生长，畏强光。半夏的独自生存能力较差，具有明显的杂草性，常常与其他喜阴湿的植物伴生。

块茎圆球形，直径 1～2cm，具须根。叶 2～5 枚，有时 1 枚。叶柄长 15～25cm，基部具鞘，鞘内、鞘部以上或叶片基部（叶柄顶头）有直径 3～5mm 的珠芽，珠芽在母株上萌发或落地后萌发；幼苗叶片卵状心形至戟形，为全缘单叶，长 2～3cm，宽 2～2.5cm；老株叶片 3 全裂，裂片绿色，背淡，长圆状椭圆形或披针形，两头尖锐，中裂片长 3～10cm，宽 1～3cm；侧裂片稍短；全缘或具不明显的浅波状圆齿，侧脉 8~10 对，细弱，细脉网状，密集。花序柄长 25~30（~35）cm，长于叶柄。佛焰苞绿色或绿白色，管部狭圆柱形，长 1.5~2cm；檐部长圆形，绿色，有时边缘青紫色，长 4~5cm，宽 1.5cm，钝或尖锐。肉穗花序，雌花序长 2cm，雄花序长 5~7mm，其中间隔 3mm；附属器绿色变青紫色，长 6~10cm，直立，有时"S"形弯曲。浆果卵圆形，黄绿色，先端渐狭为明显的花柱。花期 5—7 月，果期 8 月。

以干燥块茎入药，根据炮制方法不同分为半夏、法半夏、姜半夏、清半夏。有毒，能燥湿化痰，降逆止呕，生用消疖肿；主治咳嗽痰多、恶心呕吐；外用治急性乳腺炎、急慢性化脓性中耳炎。兽医用以治锁喉癀。

二、种子种苗繁育技术

半夏有两种繁殖方式，即有性繁殖和营养繁殖。

（一）有性繁殖

在佛焰苞萎黄，花梗软弱无力时，轻轻剥下种子。夏季种子剥下后即可播种，秋季种子采收后应先用湿沙储藏，第 2 年 3 月下旬播种。行株距 10cm×1.0cm，沟深 2cm，然后覆土盖膜，苗出齐后揭开地膜。此种方法，播后 3 年才能收藏，生产中较少用。

（二）营养繁殖

1. 珠芽繁殖

珠芽遇土即可生根发芽，形成新植株。半夏植株生产过程中落在地面的珠芽不能入土的可以浅覆一层土，秋收珠芽湿沙保存，第 2 年作种。

2. 块茎繁殖

块茎是繁殖的主要材料，秋季收获后选择优良单株单收单储。

3. 组织培养

半夏的组织培养成功率在 95% 以上，极易成活，可取叶片、叶柄、珠芽、块茎的切块接种在 MS 培养基上，扩繁移植，无性繁殖容易成功，组织培养技术繁殖半夏不常用。

三、种植技术

（一）选地、整地

选疏松、肥沃、湿润，方便排灌的沙质壤土、坡地，盐碱涝洼地不宜种植。前茬选豆科作物为宜。半夏根浅喜大肥，播种前亩施农家肥 5 000kg、饼肥 200kg 和过磷酸钙 50kg，浅耕细耙，整平作宽 130～150cm 的高畦备播。

（二）播种

1. 种子处理

种植前，筛选饱满、无病虫害的块茎作为种子，剔除霉变、无芽眼块茎，按块茎直径大小分级。播种前用 50% 的多菌灵 800 倍液、75% 的百菌清 600 倍液或 5% 的草木灰浸种 2h，晾干备播。春季播种前，地表层 8cm 厚度的平均温度低于 12℃时，需要进行催芽处理，可提高产量。把种子装于编织袋放在 20℃的温室，保持 10～15d；20～30℃保持 8～10d，待芽鞘开裂，有乳白色芽出现时即可终止。

2. 播种时间

冬季播种，选择在地面下 5cm 处地温为 3～8℃时播种，上冻前一次性浇透水，开春化冻后及时盖上地膜，促其提前出苗；春季播种前，选择在地面下 5cm 处地温为 6℃左右时播种盖膜，温度上升到 10℃即可揭开地膜。

3. 播种深度

直径在 3cm 以上的块茎，栽培深度为 9cm；直径 1.5～3cm 的块茎，栽培深度为 7～8cm；1.5cm 以下的块茎，栽培深度为 6cm。

4. 株行距和用种量

直径在 2.5cm 以上的块茎，行株距 25cm×8cm，每亩用种 190kg；直径 1.5～2.5cm 的块茎，行株距 25cm×6cm，每亩用种 150kg；直径在 1.0～1.5cm 的块茎，行株距 20cm×5cm，每亩用种 100kg；直径 1cm 以下的块茎，行株距 15cm×3cm，每亩用种 60kg。

5. 播种方法

按块茎直径大小分级播种，按大小做成不同规格的播种沟，沟底宽 5cm，直径 2cm 以上块茎沟内种一行，1～2cm 的块茎交错种两行，直径 1cm 以下的，按沟撒播，然后覆土 3～4cm。

（三）田间管理

1. 除草和中耕松土

揭开地膜以后，连根拔除小草。不要过于接触半夏的根茎，除草要和疏土结合起来，中耕用小锄在株行间松土，出现珠芽的及时培土。严禁使用除草剂。

2. 施肥

半夏长出三叶或有缺肥症状时，追施速效生物肥，以钾肥居多，其次是氮肥、磷肥。追肥撒在植株周围，然后覆土；或在植株旁边开沟撒在沟内或选择吸收良好的叶面肥，用喷雾器喷洒，注意要叶正反面全要施用。半夏生长中后期可叶面喷 0.2% 的磷酸二氢钾溶液以有利于增产效果。根据珠芽的生长适时培土。追肥培土前保证无杂草，培土后畦面干燥应及时浇水保墒。

3. 防倒苗

6月下旬，因高温会发生部分甚至绝大部分倒苗，可采用在畦面上撒2～4cm厚当年新麦糠，防止地面过度蒸发失水板结，覆盖厚度随当年的气温而定，温度偏高多盖，遇多雨季节时则少盖或不盖，遇雨水多的天气需要及时清除麦糠，防止湿度过大而烂根。可与玉米、高粱等高秆作物套作遮阴。

4. 灌排水

半夏喜湿怕涝，温度低于20℃土壤含水量保持在15%～25%，后期温度升高达20℃以上时，特别是高于30℃时应使土壤的湿度达到20%～30%。9月以后，气温下降湿度要适当降低，减少块茎的含水量防止块茎腐烂。培土以前使用渗透法，不能漫灌易导致土壤板结，培土后采用沟灌，浇透即可，禁止过量。灌溉时间选择在9时前，15时以后，灌溉水应符合农田灌溉水质量标准。特别注意垄间地头的排水沟通畅，防止雨水多而积水。

5. 病虫害防治

（1）块茎腐烂病。半夏块茎和珠芽在膨大期因高温、多雨、土壤湿度长时间过大会导致病害发生。发病初期块茎的周边出现不规则的黑色斑点，几天后，斑点迅速向四周和块茎内部侵染扩展，根系开始萎缩，叶片也会逐渐由绿变黄，最后枯萎至全株死亡。病菌会迅速蔓延侵染其他半夏块茎，短期内使整个半夏地块全部感染而腐烂，先腐烂大块茎后腐烂小块茎。

防治方法：一是异地调用良种。二是播前用50%多菌灵1 200倍液浸种12h，或5%草木灰溶液浸种2h，或40%乙磷铝300倍液+50%多菌灵浸种0.5h，或300倍液食醋和50mL/L的高锰酸钾浸种2h，可预防腐烂病。三是遇连续阴雨天气和发生水涝时，要及时排水，天晴后要多次中耕松土，打破土壤板结层，并及时喷施杀菌药剂或撒施5kg/亩生石灰粉。如部分植株发生腐烂病，应及时果断抢收，收获的半夏块茎应马上脱皮加工，防止内部腐烂。

（2）茎腐病。主要为害地上幼苗或地嫩茎。染病苗出土后在茎基部近地面处产生浅褐色水渍状斑，然后绕茎扩展，呈褐色状斑，最后幼苗倒伏死亡；地下茎部染病后会出现基腐。以病苗为中心向田间四周蔓延，造成幼苗成片倒伏死亡，幼苗有田间虫伤或机械损伤会加重该病发生。

防治方法：一是使用充分腐熟的有机肥改良土壤。选用无病种茎，播前用50%多菌灵可湿性粉剂500倍液浸种3～5min立即播种。二是合理浇水，阴雨后及时排水，必要时进行中耕，疏松土壤，创造半夏生长发育良好的条件。三是病害流行时及时摘除病株，防止再次侵染为害。四是药剂防治。用50%苯菌灵可湿性粉剂1 500倍液，或50%多菌灵可湿性粉剂500倍液，或75%百菌清可湿性粉剂500倍液，或60%防霉宝超微粉600倍液灌施或喷洒。

（3）叶斑灰霉病。主要为害叶片，叶片染病初期为水渍状褪色，呈灰白色点状或条状病斑，然后扩大呈褐色不规则大型病斑，最后多个病斑可合成更大型病斑，通常会造成叶扭曲，导致叶片过早枯死，叶背面病斑湿度大时形成灰色霉层病原孢子。通常连续阴雨时病情会迅速扩展。

防治方法：发病初期用69%安克锰锌可湿性粉剂600倍液，或58%甲霜灵锰锌可湿性粉剂500倍液，或65%代森铵500倍液，每7~10d喷1次，连续喷3次。如果夏天温度过高，采用半遮阴栽培，结合施用一定比例的磷、钾肥或草木灰，提高半夏抗病能力。

（4）病毒病。主要为害叶片，表现为花叶不规则褪绿或出现黄色条斑，致叶脉纵卷畸形，在储藏期间造成大量腐烂。初夏、高温多雨、发生蚜虫等情况下发病并传播。通常通过蚜虫、蓟马、叶蝉、飞虱等虫媒或病株摩擦等方式传播。块茎带毒传播。病株叶片叶绿素受阻，影响正常光合作用，导致产量下降、质量降低。

防治方法：一是选择无病地块，严格筛选无病半夏良种。二是及时消灭或预防蚜虫等虫害的发生和传播。三是药剂防治。出苗后可用病毒清、毒霸、克毒威等新型低毒、低残留的药剂治疗，也可用磷酸二氢钾100g加15kg水，或20%病毒宁水溶性粉剂500倍液，20%毒克星可湿性粉剂500倍液等喷洒，每隔3d喷1次，连续3次，促叶片转绿、舒展以减轻为害。收获前10d停止用药。

（5）猝倒病。人工种植半夏地块，猝倒病比较容易发生。在高温高湿的环境条件下最易发生，特别是在通风透光比较差时，发病较重。发病初期叶片和叶柄上出现绿色不规则病斑，随即病斑色泽加深，患部变软，叶片似开水烫过，呈半透明状下垂，相互粘在一起。发病快，传染迅速，一经发现，很快蔓延，防治非常困难。

防治方法：一是选择前茬作物没有发生过猝倒病的地块，不宜选择前茬为番茄、茄子、黄瓜、白菜的地块。二是进行冬季的冬耕晒垡。不施用未腐熟的有机肥，少施或不施单一化学氮肥。三是以预防为主。发病前用75%百菌清800倍液或50%甲基硫菌灵1 000倍液，每7d喷1次，交替喷施3次。近年来用66.5%的霜霉威800倍液，或72%克露可湿性粉剂500倍液防治效果较好。注意一定要喷药均匀，做到不重喷、不漏喷。

（6）蓟马。以成虫和若虫群集在幼叶正面取食为害。被害叶片呈白色或黑色小斑点并向内卷缩呈筒状，植株严重矮化，严重者干枯死亡。

防治方法：一是清除田间杂草，做到田园清洁。可减轻蓟马的迁移为害。二是药剂防治。蓟马为害高峰初期可选用75%吡虫啉可湿性粉剂7 000~8 000倍液喷施。

四、采收及加工

（一）采收

1. 采收时间

以块茎和珠芽繁殖的可在当年或第2年采收，种子繁殖的需在第3年采收。春、秋季皆可采挖，以秋季采挖为最好。在"秋分至霜降"叶片枯黄时收刨的块茎色白、坚实、粉足、皮薄，质量既佳又易于加工去皮。采挖过早影响产量，过晚又难以去皮炕晒。

2. 采收方法

用锨或羊角锄将半夏块茎挖出，翻撒在一边，挑拣干净，去净泥沙，按商品规格分大、中、小3类。

（二）加工

1. 去外皮

先去掉茎叶，用清水洗净泥土，放在粗布袋内，用手在袋外揉搓，皮即脱落，然后放入清水中漂洗。亦可盛条筐内放入河中，用扫帚头或木棍一端包裹稻草在筐内撞擦，随擦随用水浮去浮皮。最好当天挖出，当天去皮。如果当天不能去皮，可暂时埋入湿沙土内，或泡在清水盆内。此外，鲜半夏毒性很大，尤其对咽喉刺激最大，故不能入口；加工时接触皮肤过久会引起红肿（发生红肿时，用明矾化水加生姜汁清洗患处即可）。

2. 干燥

选择宽广通风的场地，以便暴晒与通风吹晾相结合，使其迅速干燥。地上垫以苇席，将去净外皮的半夏块茎均匀摊于上面，不能过厚，并要常常翻动，晚间避免霜露，应收入屋内，但也要通风摊薄，以免发热、发黏、变质，第2天取出再晒，直至干燥为止，或用热风循环烘干房在55～60℃一次性烘干。用无毒塑料袋装好存放在干燥避光处。

第三十节　七叶一枝花

一、概况

七叶一枝花为藜芦科重楼属多年生草本植物，因其形态为一茎七叶，故名。别名草河车、七叶一盏灯等。以干燥根茎入药，中药名为重楼。花期4—7月，果期8—11月。产于四川、重庆、贵州、云南、西藏东南部等地，印度、不丹、尼泊尔也有分布。喜温暖湿润气候，在富含有机质或堆肥、排水良好的沙质壤土和半阴环境生长最佳，多生长于海拔600～2 000m的林下及灌丛阴湿处。喜斜射或散光，忌强光直射。植株高35～100cm，无毛；根状茎长达11cm，径1～3cm；叶5～11片，长圆形、倒卵状长圆形或倒披针形，绿色，膜质或纸质，长7～17cm，宽2.2～6cm；叶柄长0.1～3.3cm；花梗长5～24cm；花基数3～7；萼片绿色，披针形，长2.5～8cm，花瓣线形，有时具短爪，黄绿色，有时基部黄绿色，上部紫色；雄蕊2轮，长 0.9～1.8cm，花丝长 3～7mm，花药长 0.5～1cm，药隔凸出部分常不明显；子房紫色，具棱或翅，1室，胎座 3～7，花柱基紫色，常角盘状，柱头紫色，长 0.4～1cm；蒴果近球形，绿色，不规则开裂，径达 4cm；种子多数，卵圆形，外种皮鲜红色。

二、种子种苗繁育技术

（一）种子繁育

因种子有"二次休眠"的生理特性，种子的萌发率很低，需要进行催芽处理。种子采收后选成熟饱满、无病害、霉变和损伤的种子，按种子与河沙 2∶1 混合搓擦，除去外种皮，用清水洗净，并用 50% 多菌灵 500 倍液浸种 1h 后晾干积水，将种子装入纱网袋，用湿沙或稻草堆码 2 个月进行催芽处理，堆码种子厚度每层不超过 10cm，湿沙或稻草每层厚度 10～15cm，堆码场地确保 5～10℃、湿度为 30%～40%（用手抓一把沙子紧握能成团，松开后即散开为宜）。然后放入 18～20℃处理 3 个月，再放入 5～10℃处理一周左右。处理后的种子有 30% 以上开始萌芽即可进行播种，播后覆土 1.5～2cm，覆盖一层稻草或小麦秸秆以保水分，苗床上面搭遮阳网，遮阴度 80% 以上，在此期间要保持苗床湿润且荫蔽的环境。

（二）根茎繁殖

根茎繁殖是生产中常用的繁殖方式。秋季采收时，挖起地下根茎，选择带顶芽的根芽切块 3～6cm，或从老株茎尖倒数 3～5 节处切下作种，按 15cm×20cm 株行距移栽进行定植。移栽后覆盖稻草或腐殖土保湿，保持荫蔽环境。移栽时间宜在春季、地上茎倒伏后、根茎休眠时进行，移栽过程中注意保护顶芽和须根不受损伤，亩栽 18 000～22 000 株。

（三）组织培养

在无菌环境下，取七叶一枝花植株的芽、根茎或子房等部分组织进行诱导培育，愈伤组织形成后在恒温恒湿条件下培育半成品苗，待苗生长形成块茎后移栽大田种植。目前在移栽过程中大多遇到污染严重、愈伤组织诱导率低、增殖困难等问题，生产成本较大。

三、种植技术

（一）选地、整地

选择质地疏松、保水性较强、有机质含量较高的壤土，如果选择坡地，则坡度不宜超过15°，以防雨水冲刷。整地在深秋季节进行，根据地块情况再翻挖3～4次，充分自然消毒。种植前1个月，结合整地，每亩施入3 000kg腐熟农家肥，50kg过磷酸钙，耙细耙平，做成120cm宽、20cm高的墒，整平待种。

（二）除草、间苗、补苗

立春前后幼苗逐渐长出，地上部分长势较弱，发现杂草应及时人工拔除。一般在5月下旬到6月上旬，暴雨多，土壤易板结，要及时排水、防涝，要勤中耕、浅松土，随时注意清除杂草。5月中下旬对直播地进行间苗，同时查漏补缺。间苗前要先浇水，用木撬取苗，补苗时浇定根水，充分利用小苗，保证全苗和足够的密度。在9—10月前后地下茎生长初期，用小锄轻轻中耕，不能过深，以免伤害地下茎。

（三）遮阴

植株喜荫蔽、惧强光，全生育期均以透光度40%～50%为宜。因此出苗、移栽后，就要采取遮阴措施。在有条件的地方，最好采用遮阳网；没有条件的地方，可采取插树枝遮阴的办法。低海拔地区还可与玉米套作。

（四）追肥

在苗出齐后，每亩施腐熟农家肥1 000～1 500kg，必须在6月上旬重施追肥，每亩用牛、羊厩粪或土杂肥2 000～3 000kg，加硫酸钾复合肥20～30kg，追于根部后结合清沟大培土，培上的土必须松散。在11月下旬至12月上旬，选晴天中耕一次并施足越冬壮根肥，每亩施硫酸钾复合肥15～20kg。

（五）灌溉和排水

田块四周应开好排水沟，以利排水，雨季来临时要注意理沟，以保持排水畅通。在地上茎出苗前不宜浇水，否则易烂根。出苗后遇干旱应及时浇水，每隔10～15d就及时浇水1次，保持土壤水分为30%～40%，促进七叶一枝花的生长。

（六）病虫害防治

1. 黑斑病

该病从叶尖或叶基开始，产生圆形或近圆形病斑，有时病害蔓延至花轴，形成叶枯和茎枯。

防治方法：注意排水排湿，降低空气湿度，减轻发病；发病初期喷洒596菌毒清水剂300～500倍液，或50%甲基硫菌灵悬浮剂1 500～2 000倍液，或50%扑海因可湿性粉剂1 000～1 500倍液。

2. 茎腐病

多在苗床期发生，高温多雨湿度较大、排水不畅的情况下易发病。首先为害茎基部，然后出现黄褐色病斑，病斑逐渐扩大，叶片失水下垂，严重时茎基部湿腐倒苗，根茎腐烂，整株渐渐枯死。

防治方法：3年以上田块可与禾本科作物轮作。移栽前苗床喷50%多菌灵可湿性粉剂1 000倍液；剔除病苗；大田发病初期用95%敌克松可湿性粉剂1 000倍液灌塘，或用50%腐霉利可湿性粉剂500～600倍液喷雾，每隔10d喷1次，连喷2～3次。

3. 立枯病

此病在低温多雨季节的幼苗期易发生，造成大批幼株枯萎死亡。

防治方法：为害严重时应及时拔除病株，并喷洒85%代森锌500～700倍液进行防治。

4. 金龟子

以成虫为害叶片，以幼虫咬食根茎，影响七叶一枝花生长。

防治方法：晚间火把诱杀成虫，用鲜菜叶喷敌百虫放于垄面诱杀幼虫。

四、采收及加工

移栽3～5年后，秋季倒苗前后（即11—12月）至第2年春季萌动前（即3月以前）均可收获。块茎大多生长在表土层，容易采挖，但还是要注意保持块茎完整。采收前先清除杂草及枯叶，采收时尽量避免损伤根茎，挖出根茎，抖落泥土，清水刷洗干净后，趁鲜切片，片厚2～3mm，晒干、烘干即可。烘干温度控制在30℃左右，以免糊化显胶质。置阴凉干燥处，防蛀。

第三十一节　小茴香

一、概况

小茴香伞形科茴香属茴香，一年生草本植物（在我国南方可宿根越冬，成为多年生草本植物），又名谷茴香、谷茴、怀香。以成熟果实入药。生长期短，生育期150d左右。有耐瘠薄、耐盐碱、耐连作、抗旱等特点，对土壤要求不严，喜潮湿、凉爽的环境，适宜种植在中性或弱酸性的沙壤和轻沙壤土上。在我国种植广泛。

小茴香具有驱风行风、祛寒湿、止痛和健脾之功效，可用于治胃气弱胀痛、消化不良、腰痛、呕吐等症。另外，用小茴香制成的花草茶有温肾散寒、和胃理气的作用，对于饮食过量所引起腹胀以及女性痛经也有一定效果。小茴香全身是宝，不仅具有很高的药用价值，而且被广泛用作食品调味香料，是一种价值很高的优良辛香料，同时也可作为蔬菜、饲料添加剂等，具有广阔的市场前景。

二、种子种苗繁育技术

1. 种子繁殖

以种子繁殖为主要繁殖方法，亦可分株繁殖，但分株繁殖植株易老化，产量低，质量差，故一般不采用。播种前用磷酸二氢钾8 000倍液浸种10h左右，穴播、条播均可。穴播按株行距30cm×30cm开沟，穴深约6cm，每穴播种10～15粒；条播按行距30cm开沟，将种子均匀播于沟内，播后用细土将种子盖住即可，并覆盖稻草保湿，确保出苗整齐。亩用种量穴播为0.8～1.0kg、条播为1.2～1.5kg。

2. 分根繁殖

南方栽培的小茴香宿根越冬成为多年生植物，3～4年可以分株繁殖。晚秋采收果实以后或春季幼芽萌动以前，将根挖出分成数个带芽的根。在已准备好的土地上按50cm×30cm的行株距穴栽，覆土厚5～6cm。如遇干旱，栽后要浇水。

三、种植技术

（一）选地、整地

小茴香喜冷凉气候，但对气候要求不严，我国大部分地区均可栽培。南方气温较高，在海拔500～1 500m的丘陵和山区生长正常，病虫害少，结果较好。海拔较低的地区，温度高，茎叶容易徒长，结果较差。小茴香对土壤要求不严，以收果实为主的要求中等肥力，以收获茎叶为主的要求肥沃的中性和微酸性土壤。选地时，应选择阳光充足、肥力中等、排水良好的沙壤土为宜。

整地前每亩应撒施腐熟的厩肥或堆肥1 000～1 500kg，而后深耕20～25cm，耙细整平。北方地区，尤其是东北地区适宜垄作，但垄作保苗株数少，产量低。南方多畦作，畦宽120～150cm、高15～20cm，也可做成平畦，长势依地势而定。畦间距为30cm。两边开沟以利排水。

可根据不同的栽培目的和土壤肥力情况，采用不同的栽植密度。以收获茎叶为目的的，并且土壤肥力较低的，种植密度可大些。可采用30cm行距条播或30cm×25cm行株距穴播，每亩用种量为0.7kg左右。以收获果实为目的的，并且土壤肥力较高的，可稍稀植，行株距可增至50cm×30cm。每亩播种量为0.5kg左右。如土壤干旱，播种前要浇水，待土壤湿度适宜时再播种，覆土厚1.5～2cm，在畦上盖草保湿，以利于出苗和保苗。

（二）除草、间苗

小茴香在整个生育期都可能受杂草为害，因此，除草是田间管理的关键。从幼苗到果实收获整个过程，视田间杂草情况及时拔除。结合中耕可以除草、间苗。当苗高

5～6cm 时进行间苗，当苗高 20～25cm 时定苗，穴播每穴留 1 株健壮苗，条播每间隔 10cm 留 1 株健壮苗。

（三）肥水管理

小茴香对水分比较敏感，较耐旱，漫灌积水易导致烂根死苗，因此水分管理是整个生长发育期重要的一环。苗期表土见干时再浇水，营养生长期要适量浇水，生殖生长后期则要勤浇，同时要注意防涝。做好各生育阶段的施肥是保证小茴香优质高产的关键。施肥要掌握"控前期蹲小苗、促后期促大苗壮苗"的原则。生长前期要追施氮肥壮苗，以长叶为主，中后期处于生殖生长阶段，要以满足后期生殖生长需要，要增施磷、钾肥，每亩追施磷酸二铵 20kg 或三元复合肥 30kg；开花现蕾期可用 2% 过磷酸钙根外追肥 2～3 次，以提高果实产量。

（四）病虫害防治

1. 病害

病害主要有灰斑病、霜霉病。灰斑病为害植株茎叶，播种前可将种子在 50℃ 水中浸种 3～5h 再晾干播种，也可在发病初期喷施 25% 苯菌灵乳油 800 倍液，或 1∶1∶120 倍式波尔多液，或 12% 绿乳铜乳油 600 倍液防治。霜霉病易在多雨年份发生，可喷施三唑酮或百菌清 1 次，每亩用药量约 25mL。

2. 虫害

幼苗期地下害虫主要有金龟子、地老虎等，可用毒饵诱杀或喷氯氰菊酯或敌杀死 2 500～3 000 倍液防治。为害茎叶的有黄凤蝶，在害虫幼龄期喷施 90% 敌百虫 800 倍液，每隔 7d 喷 1 次，连续喷 2～3 次即可。开花前期，主要有蚜虫为害，可用打蚜清 1 500～2 000 倍液喷雾防治 1 次。黄翅茴香螟为害小茴香的花和果实，幼虫在花蕾上结网为害，在虫害发生期，用 90% 敌百虫 800 倍液喷雾防治，每 7～10d 喷 1 次，也可用 7216 微生物杀虫剂粉喷洒防治。

四、采收及加工

1. 果实的采收及加工

播种当年的 8—10 月，果实陆续成熟。当果皮由绿色变黄绿色、有黑色纵沟线时，便可收获。若等果皮变黄时再采收，果实易脱落而造成损失。小茴香花果期长，果实陆续成熟，最好分批采收。

果实收获后，日晒 7～8d 即可脱粒，继续晒至全干，扬净杂质，即得小茴香果实。每亩可产干燥果实 70～120kg。

2. 茎叶的采收及加工

在土壤肥沃和温暖的地区，每年能收割茎叶 4 次左右；在土壤瘠薄的寒冷地区，每年能收割茎叶 2～3 次。一般在茎叶生长繁茂的初花期收割，留茬不宜过高，过高萌发新蘖不好，影响下茬产量，留茬 3cm 为宜。

第三十二节　款冬花

一、概况

款冬花为菊科款冬属款冬植物的干燥花蕾，别名冬花、虎须、九尽草。多年生草本。根状茎横生地下，褐色。早春花叶抽出数个花葶，高 5～10cm，密被白色茸毛，有鳞片状互生的苞叶，苞叶淡紫色。头状花序单生顶端，直径 2.5～3cm，初时直立，花后下垂；总苞片 1～2 层，总苞钟状，结果时长 15～18mm，总苞片线形，顶端钝，常带紫色，被白色柔毛，有时具黑色腺毛；边缘有多层雌花，花冠舌状，黄色，子房下位；柱头 2 裂；中央的两性花少数，花冠管状，顶端 5 裂；花药基部尾状；柱头头状，通常不结实。瘦果圆柱形，长 3～4mm；冠毛白色，长 10～15mm。后生出基生叶阔心形，具长叶柄，叶片长 3～12cm，宽 4～14cm，边缘有波状，顶端具增厚的疏齿，掌状网脉，下面密被白色茸毛；叶柄长 5～15cm，被白色绵毛。

多生于海拔 1 000m 左右的山区，2 000m 左右高山阳坡及 800m 左右阴坡亦有生长。野生环境多为山谷河溪及渠沟畔沙地或林缘。土壤多为土质疏松、腐殖质较丰富的微酸性沙壤土或红壤。具有耐寒、怕热，忌旱的特性。

花蕾入药，性辛，甘，温，有止咳、润肺、化痰之功效，为蜜源植物。

二、种子种苗繁殖技术

一般采用地下根状茎繁殖。于冬季采收花蕾后，挖出地下根茎，选择生长粗壮、色白、无病虫害的新生根状茎作种根，剪成 10～12cm 长的短节，每节至少具有 2 个芽。若于第 2 年早春栽种，必须将种根置室内堆藏或室外窖藏；或将种根留在土中，于移栽时挖出，宜随挖随栽。

三、种植技术

（一）土地准备

种植地宜选择海拔 1 000～1 700m 半阴半阳、湿润、排水性好、含腐殖质丰富的微酸性的沙质壤土；山涧、河堤、小溪旁均可种植。整地前除净地表杂草，结合整地每亩施入堆肥或土杂肥1 000～1 500kg和过磷酸钙20～30kg深翻、整细耙平后作宽1.3m、高20cm的畦（厢），四周开好排水沟。

（二）移栽

款冬花可移栽时间较长，可从款冬花采挖至土封冻前和第2年土壤解冻后至4月上旬均可移栽。一般以冬季和早春移栽较好。根据款冬花的生物学特性和营养生理特性，可采用穴栽和条栽两种栽培方式。

穴栽：在整好的畦面上进行穴栽，按行距25～30cm、株距15～20cm挖穴，深8～10cm，每穴栽入种苗3节，散开排列，栽后随即覆土盖平。

条栽：按行距25cm开沟，深8～10cm，每隔10～15cm（株距）平放种根1节，随即覆土压紧与畦面齐平。

栽种后若天气干旱，应浇1次水。每亩需种苗30kg左右。

（三）田间管理

1. 补苗和中耕除草

款冬花的除草次数应根据当地杂草为害情况具体确定。

4月中旬左右出苗展叶后，结合补苗，进行第1次中耕除草。因此时苗、根生长缓慢，应浅松土，避免伤根；第2次在6—7月，苗叶已出齐，根系亦生长发育良好，中耕可适当加深；第3次于9月上旬，此时地上茎叶已逐渐停止生长，花芽开始分化，田间应保持无杂草，可避免养分无谓消耗。

2. 追肥

（1）时间和次数。款冬花4月上旬出苗展叶后，到7月生长前期可追施第1次，然后在8月下旬或9月上旬追施第2次，10月追施第3次。

（2）追肥量。4月上旬出苗展叶后，每亩施清粪水1 000kg兑尿素5～10kg。9月上旬，每亩追施火土灰或堆肥1 000kg和尿素5kg、过磷酸钙15kg、钾肥5～8kg；10月，每亩再追施堆肥1 000kg与过磷酸钙15kg、钾肥5～8kg。

（3）追肥方法。第1次施肥时，将尿素按比例溶于清粪水中制成液体肥液，淋灌于每窝植株周围。后期追肥，于植株旁开沟或挖穴施入，施后培土盖肥。

（4）施肥要求。有机肥一定要腐熟，饼肥要经过发酵，化肥打碎结块。施时要拌匀撒均，施肥量要准确，时间要适时，方法要得当，严防肥料与根系接触，防止烧叶烧根，施肥要与浇水相结合。

3. 排水与灌溉

款冬花既怕旱又怕涝，在款冬花整个生长期，都须在旱时灌溉，涝时注意排水，特别是春季遇干旱天气，要及时灌水保苗；雨季要及时疏沟排除积水，以防涝淹幼苗。

4. 疏叶

款冬花在6—8月为盛叶期,叶片过于茂密,会造成通风不良,导致叶片长势弱,易发生病虫害。用剪刀剪除老叶、黄叶和感病叶,每株只留3～4片心叶即可,以提高植株的抗病力,多产生花蕾,提高产量。

5. 培土

在9—10月,结合款冬花追肥和中耕除草进行,将茎干周围的土培于款冬花窝心。培土时注意撒均匀,每次培土以能覆盖茎干为宜。

6. 间作

生产中,款冬花可与玉米、高粱等高秆作物进行间作,既可充分利用土地,增加收益,又可起遮阴作用,有利于款冬花生长。

7. 病虫害防治

坚持贯彻保护环境、维持生态平衡的环保方针,采用农业防治为主、化学防治为辅的综合防治原则,禁止使用国家禁用农药。做好病虫害的预测预报,提高防治效果。

(1)病害。

褐斑病:叶片病斑大小不等,一般病斑圆形或椭圆形,直径1～10mm,灰褐色,病斑中央略凹陷,褐色,变薄,边缘紫红色的病斑,有光泽,病健交界明显,较大病斑表面可出现轮纹,高温高湿时可产生黄色至黑褐色霉层,严重时叶片枯死。

7—8月进行防治。采收后清洁田园,集中烧毁残株病叶;雨季及时疏沟排水,降低田间湿度;与其他作物实行轮作;及时疏叶,摘除病叶,增强田间通风透光性,提高植株的抗病性。发病初期喷1∶1∶100波尔多液,或65%代森锌500倍液,或75%百菌清可湿性粉剂500～600倍液,或36%甲基硫菌灵悬浮剂500倍液,或50%混杀硫悬浮剂500倍液,或77%可杀得可湿性粉剂400～500倍液,每7～10d喷1次,连喷2～3次。

枯叶病:雨季发病严重,发病初期,病叶由叶缘向内延伸,形成黑褐色不规则的病斑,病斑与健康组织的交界明显,病斑边缘呈波纹状,颜色深,致使叶片发脆干枯,最后萎蔫而死。

6—8月进行防治。发现后及时剪除病叶,集中烧毁深埋。发病初期或发病前,喷1∶1∶120波尔多液,或50%退菌特1 000倍液,或65%代森锌500倍液,或40%多菌灵胶悬剂500倍液,或90%疫霜灵1 000倍液,每7～10d喷1次,连喷2～3次。

(2)虫害。

蚜虫:以成、若蚜群聚在寄主植物的叶片、花蕾,刺吸式口器刺入吸取汁液,受害苗株,造成叶片发黄、皱缩,卷曲成团、停滞生长,叶缘向背面卷曲萎缩,严重时全株枯死。

5—9月进行防治。收获后清除杂草和残株病叶,消灭越冬虫口。发生时,喷10%吡虫啉2 000倍液,或50%灭蚜松乳剂1 500倍液,连喷数次。

蛴螬:取食作物的叶片、花及幼苗,咬断幼苗根茎,致使全株死亡,严重时造成缺苗断垄。

6—8月进行防治。前茬作物收割及时深耕，施用充分腐熟的有机肥，及时清除田间及地边杂草，人工捕杀。在蛴螬发生较重的田块，用90%敌百虫可湿性粉剂或25%西维因可湿性粉剂各800倍液灌根，每株灌150～250mL。或在幼虫出土期用5%辛硫磷颗粒剂3kg拌细土30kg撒施在杂草上，隔7～10d喷1次，连续2～3次；或用48%毒死蜱乳油300～400mL，兑水800～1 000倍液喷施地表或浇地时随水施入。

四、采收及加工

1. 采收

于栽种的当年立冬后土未封冻前，花蕾尚未出土、苞片呈现紫红色时采收。采时，从茎干上摘下花蕾，放入竹筐内，不能重压，不要水洗，否则花蕾干后变黑，影响药材质量。

2. 加工

花蕾采后立即薄摊于通风干燥处晾干，经3～4d，水汽干后，取出筛去泥土，除净花梗，再晾至全干即成。若遇阴雨天气，用木炭或无烟煤以文火烘干，温度控制在40～50℃。烘时，花蕾摊放不宜太厚，5～7cm即可，时间也不宜太长，而且要少翻动，以免破损外层苞片，影响药材质量。

第三十三节　葛　根

一、概况

葛根为豆科多年生落叶藤本植物野葛或甘葛藤的根，俗称葛条、粉葛、甘葛、葛藤。葛根生于山地草丛、路旁、疏林中较阴湿处，喜土壤疏松，肥沃富含有机质沙壤土为好。葛根耐旱、耐寒、耐瘠薄，不宜在低洼积水地种植。

葛根具有解表退热、生津、透疹、升阳止泻功效，用于外感发热头痛，高血压病人颈项强痛、口渴、消渴、麻疹不透、热痢泄泻等症。

葛根分布较广，葛根的茎皮纤维可织葛布或作为造纸原料，茎和叶可作牧草，花可解酒毒，块根富含淀粉供食用，中医可入药。葛根生化提取物葛根素含有异黄酮类等有机成分，可用于治疗高血压病伴有颈项强痛、冠心病、心绞痛等，是常用药材品种之一。近年来，以葛根淀粉为原料开发出的葛粉、葛凉茶、葛粉丝、葛果冻、葛糕点、葛饮料等系列食品备受消费者青睐，社会需求量增大。因此，发展葛根生产前景广阔。

二、种子种苗繁殖方法

1. 种子繁殖

春季清明前后,将种子用40℃温水浸泡1～2h,取出晾干水后,在整好的畦中部开穴播种。穴深3cm,株距35～40cm,每穴播种子4～6粒,播后覆土浇水,10d左右可出苗。

2. 扦插繁殖

采用营养钵扦插育苗,12月上旬后,葛根藤蔓进入休眠期后,选取直径在0.5cm以上,生长健壮的中下段藤蔓,剪取健壮的芽节,作为插穗,芽节上端保留5cm,下端保留6cm,上端封蜡。扦插之前,将制作好的育苗基质装进营养钵内,然后将营养钵均匀地放在苗床上。营养钵内灌透水后,将插条倾斜插入营养钵内,确保叶芽和腋芽露出,然后在上方覆盖一层细猪粪,覆盖小拱棚。在冬季进行扦插育苗,一般育苗期在70～80d,当培育的幼苗根长到2cm,藤蔓长到20cm以上时,就可以进行移栽。

一般在每年的3—4月进行移栽,在阴天和雨天抢早移栽。对于普通爬地栽培的葛根,以畦带沟宽130cm,单行种植,株距控制在120cm,每亩定植400株为宜;对于篱架栽培的葛根,株距控制在60cm,每亩定植800株左右。在移栽过程中,幼苗应该和畦面呈30°角倾斜插入,这样能够促使葛根根系膨大,为以后的采收提供便利。

三、种植技术

(一)整地

1. 挖穴整地

挖穴前必须清除场地杂草、杂灌林,全垦松土,深15cm,然后做1～1.5m宽的水平条带,再在条带中挖60cm^{2}的深穴,穴间距依种植的密度而定,一般为1.5m左右。每穴施腐熟的人粪尿或家畜粪便15kg。

2. 挖沟整地

挖沟前,同样须清除场地的杂草、灌木,然后依地形,沿等高线挖沟,规格为宽、深各60cm,长度为自然长,沟距1m。沟底放一薄层稻草,撒一些石灰粉,以利土壤疏松、透气,在挖出的表土和心土上施入人粪尿或家畜粪便,每亩约7 500kg,肥料要施匀。

(二)田间管理

1. 除草

在栽植前对地块清除杂草,葛藤生长较快,早春发芽前锄一次草,晚秋落叶后再次除草即可，同时预防家畜危害和野兔咬食。

2. 施肥

在葛根苗长到 3～4 轮复叶时，在葛根苗近基部浇一次稀薄粪尿。注意不要浇到葛根苗上，以免灼伤葛叶、葛藤。这样每隔 3～5d 重复浇一次，总共浇 3～4 次；在葛藤长到 3～4m 时施腐熟的猪、牛粪 1 次，每株 1kg 左右，或穴施复合肥 1 次，每株 100g，隔 10d 再施 1 次（最好不施化肥），在第 2 年开春后，施农家肥或复合肥 1 次。有条件的可加经发酵后的麦麸、豆粕，和肥料一起施用，可增加葛根口感。此时葛根根系已经下扎较深，追肥应挖穴深施，施肥后回土填穴。

3. 浇水

葛根扦插后浇 1 次透水，保持苗床湿润，促进生根，以后可视天气而定，总的来说葛根比较耐旱。

4. 修剪

葛根苗长到 35～40cm 时，应搭高 2.5m 左右的篱架，引蔓上架。当苗长 1.5m 时，每株选留 1～2 个粗壮藤蔓作主蔓，其余剪除，并将主蔓 1m 以下的侧芽及基部须根清除。当主蔓长到 2m 时剪去顶梢，促进侧蔓生长。侧蔓生长点离根部距离达到 3m 时，要及时剪顶，促进藤蔓粗大和块根膨大。

5. 搭架

葛根生长到 15cm 左右时，要搭架引蔓。一般情况下采用"人"字形的搭架模式。选择使用 2m 长的竹竿或木板，在两根葛根苗中间斜插一根竹竿，和相邻的竹竿相互交错，形成"人"字形，再将两根竹竿交叉部位平放一根竹竿，并使用铁丝和绳索对交叉部位固定，将葛根藤蔓引上支架。

（三）病虫害防治

1. 病害

根腐病由短体线虫和腐皮镰刀菌复合感染引起，为土传病害。苗期感病植株矮小，生长缓慢，叶片变黄脱落，根系坏死。块根形成期发病，初期为红褐色稍凹陷病斑，后期根表密布病斑形成大褐斑，表皮龟裂，皮下变褐色而出现干腐现象，切开维管束变红褐色，后期呈糠心型黑褐色干腐。多雨高湿利于发病。病土、病苗和病块根是传播的主要途径。

防治方法：一是合理轮作，特别是发病较重的地块避免连作。二是种苗繁育中选用无病虫健壮的葛藤和根头作种栽。三是遵照配方和平衡施肥的原则增施腐熟的有机肥和磷、钾肥，推广使用生物菌剂、生物有机肥，拮抗有害菌，增强植株抗病抗逆能力。四是田间不积水，保持适宜的墒情；清洁田园，将病残体携出田外销毁。五是预计临发病或发病初期用哈茨木霉菌叶部型（3 亿 CFU/g）可湿性粉剂 300 倍液，或用 10 亿活芽孢/g 枯草芽孢杆菌 500 倍液灌根。六是播种前用植物诱抗剂海岛素（5% 氨基寡糖素）水剂 600 倍液与 25% 咪鲜胺乳油 3 000 倍液或 30% 噁霉灵水剂 800 倍液混配淋施土壤，进行土壤消毒；用2.5%咯菌腈悬浮种衣剂2 000倍液浸泡种苗（根头或藤蔓）30min。

葛根常见的病害还有锈病、炭疽病、细菌性叶斑病、立枯病和霜霉病，可喷洒多菌灵或甲基硫菌灵等溶液进行防治。

2. 虫害

为害葛根的虫害有金龟子、蛴螬、蚜虫和天牛。金龟子、蛴螬等可用90%敌百虫粉剂1 000倍液，或80%敌敌畏乳油1 500倍液，或50%辛硫磷乳油1 500倍液防治。天牛可用10%氯氰菊酯乳油3 000倍液防治。同时采用剪除枝、病叶或人工捕杀、诱杀害虫等方法。

四、采收及加工

（一）采收

一次性采挖：在栽后2～3年的秋、冬季节，选晴天，先将茎蔓割去，然后小心挖出块根，抖净泥土。

分次采挖：在栽后第1年的秋、冬季节，扒开表土，将粗大的块根挖出，留下小的块根，再覆土施肥，第2年继续生长，3～4年全部挖出。

（二）加工

葛花茶：立秋后当花未全开放时采收，去掉梗叶，晒干后装袋即可。采收时，以朵大、淡紫色、未开放者为上品。

葛根片：初加工葛根采挖后应及时处理，以防发霉、发酵和腐烂。葛根片是将鲜葛根洗净，切成2～3mm的薄片，晒干或烘干。

葛根淀粉：将鲜葛根洗净后粉碎，取出糊状葛汁放入容器中，加适量的水，充分搅拌，然后用80～100目的网筛过滤，把滤液放入沉淀池中沉淀分层，上层为水溶液，下层为葛淀粉。静止沉淀24h后，放出上层水溶液，取出下层葛淀粉晒干或烘干即可。

第三十四节　何首乌

一、概况

何首乌为蓼科植物何首乌的干燥块根，其藤茎称"夜交藤"。根细长，末端膨大成肉质块根，茎长 3～4m 中空，多分枝，基部木质化。叶互生，卵形，膜质。花序圆锥状，大而开展顶生或腋生。花小，白色；花被 5 深裂。花期 8—9 月。何首乌蔓长枝多花多。适应攀援绿化。可于墙垣、叠石之旁栽植。主要分布于云南、贵州、四川、重庆、广西、湖北、湖南等地。

味苦、甘、涩，性微温。归肝、肾经，补益肝肾，具有强筋骨、益精髓、养血、滋阴、涩精之功效。

何首乌含有 9 种维生素和人体必需的全部氨基酸，是补肝肾、益精血、健脾胃、乌须发的常用药。以何首乌为原料，可制成补剂、饲料、化妆品、抗衰老品等。已经试制成功的有首乌粉、首乌八珍粥、首乌果茶、首乌饮片、首乌护肤润发品等，投入市场后，深受消费者青睐。

二、种子种苗繁殖技术

（一）播种育苗

每年 10—11 月，何首乌种子成熟时，将整个果穗轻轻地剪下晒干，搓出种子，除去杂质，装入布袋或纸箱，置阴凉干燥处存放。第 2 年 2 月，当气温回升到 20℃ 以上时播种。在整好的育苗地畦面上，按行距 10～15cm 开浅沟，将种子均匀撒入沟内，覆土约 1.5cm 厚，盖草，淋透水。一般每亩用种量 1.5～2kg。播后 10d 左右便可出齐苗，这时要及时撤除盖草，淋水，保持畦土湿润，同时注意拔除杂草。出苗后 10～20d，进行间苗补苗，按株距 4～5cm 定苗。4 月初用 2% 尿素施肥 1 次，促进幼苗生长。大约经过 90d，苗高 30cm 便可以移到大田种植。此法繁殖幼苗生长较慢，生长周期长。

（二）扦插育苗

每年 3 月或 11 月，选择一年生粗壮老熟藤蔓，剪成带有 2～3 个节、长 15cm 左右的插穗，每 50 条扎成 1 小扎，下端蘸黄泥浆，置阴凉处待插。在整好畦的育苗地按行距 15～18cm 开横沟，沟深 10cm，把插穗靠沟壁摆好，株距 1cm 左右，覆土压实使上剪口稍露出地面，再覆盖一层稻草，注意不要倒插。扦插后经常保持畦土湿润，遇干旱要淋水，以利插穗长根发芽。雨季则要注意排水，防止因苗床积水而导致插穗腐烂。若天气暖和，插后 10～15d 可长出新芽，一个月后长新根，约经 100d 的培育，苗高 15cm 以上，有数条根后便可移到大田种植。

（三）分株繁殖

于秋季刨收块根时或春季萌芽前刨出根际周围的萌蘖，选有芽眼的茎蔓和须根生长良好的植株，按行距 30～35cm、株距 25～30cm 挖穴栽种。

三、种植技术

（一）选地、整地

育苗地，选择山丘平缓处，灌溉方便，土层疏松肥沃的沙壤土种植。冬季深翻30cm，经一冬风化后，第2年春进行多次犁耙，除去草根和石块，整平耙细，起宽100cm、高10～20cm的畦。每亩施腐熟的厩肥、草木灰等混合肥2 000kg，均匀撒在畦上，然后浅翻入土。使肥料与表土混合均匀。亦可在房前屋后挖坑种植。

（二）定植

何首乌可以春种或夏种。春种发根快，成活率高，但须根多，产量低，质量差。夏种（5—7月），地温高，阳光充足，种后新根易于膨大，结薯块，产量高。从苗地起苗时，苗只留基部20cm左右的茎段，其余剪掉，并将不定根和薯块一起除掉，这是高产的关键。种植时，先在畦上，按行株距20×20cm开种植穴，每穴种1株，种后覆土压实，淋足定根水，以保持土壤湿润。房前屋后挖坑种植，每坑可栽苗4株。

（三）田间管理

何首乌初种下时怕炎热，怕暴晒。前期生长较慢，后期生长快。最好与瓜、菜、豆间（套）种，可利用瓜、菜、豆的竹篱遮阴，待瓜、菜、豆收获后，还可再种一些短期生的蔬菜或药材，接着何首乌已到生长旺期而上竹篱。

何首乌定植后，要经常浇水，前10d每天早、晚浇1次，待成活后，看天气情况适当浇水，苗高100cm以后一般不浇水。雨季加强田间排水。何首乌是喜肥植物，应施足基肥，多次追肥。追肥采用前期施有机肥，中期施磷、钾肥，后期不施肥的原则。当植株成活长出新根后，每亩施腐熟人粪尿1 000～1 500kg、花生麸50kg、过磷酸钙15～25kg。然后看植株生长情况追肥，一般可再施2次，每次每亩施人、畜粪2 500kg。苗长到1m以上时，一般不施氮肥。9月以后，块根开始形成和生长时重施磷、钾肥，每亩施厩肥、草木灰混合肥3 000kg和过磷酸钙50～60kg、氯化钾40～50kg，在植株两侧或周围开沟施下。以后每年春季和秋季各施肥1次，均以有机肥为主，结合适量磷、钾肥。每次追肥均结合中耕培土，清除杂草，防止土壤板结。

如果前期间种短期作物，收获后要加强管理，如缺苗穴，要及时补苗，再及时清除杂草，藤蔓上棚（架）后要及时摘除地脚叶和地脚藤（即侧芽）及人工打花，这样可通风透光，以利集中养分，促使何首乌薯块快长。

何首乌藤长至30cm时，在畦上插竹条或小木条，交叉插成篱笆状或三脚架状，将藤蔓按顺时针方向缠绕其上，松脱的地方绳子缚住。每株留一藤，多余的分蘖苗除掉，到1m以上才保留分枝，以有利植株下层通风透光。如果生长过于茂盛，可以适当打顶，减少养分消耗，一般每年修剪5～6次，高产田7次。

（四）病虫害防治

1. 病害

叶斑病：受病叶呈黄褐色病斑，严重时叶片枯萎脱落。在高温多雨季节开始发病，田间通风不良发病严重。发病初期喷1:1:200波尔多液，每隔7~10d喷药1次，连续2~3次。

根腐病：由真菌中的镰刀菌或细菌引起，受害植株根部腐烂，地上茎枯萎，多在夏季发生，种植地排水不良时发病严重。发病初期，将病株拔除用石灰粉撒在病穴上盖土踩实，防止蔓延；用50%多菌灵可湿性粉剂100倍稀释液灌根，可起到保护作用。

2. 虫害

金龟子：鞘翅目金龟子科昆虫。以成虫为害叶片，轻者咬食成缺刻状，重者叶片被食光。可用90%敌百虫1 000倍稀释液喷杀，或利用其假死性在入夜后摇动被害植株，使其脱落，收集杀灭。

蚜虫：同翅目蚜科昆虫。以成虫和若虫群体在植株嫩梢、嫩叶上吮吸营养物质，使植株生长不良。可用吡虫啉1 500~2 000倍液喷杀，每隔7~10d喷1次，连喷多次。

四、采收及加工

一般种植3年采收。秋、冬季叶片脱落或春末萌芽前采收为宜。先把支架拔除，割除藤蔓，再把块根挖起，洗去泥沙，削去尖头和木质部分，按大小进行分级。直径15cm以上的块根，宜砍成厚5cm左右，长8~9cm的块状；或切成厚3cm，长、宽各5cm的厚片。然后按大、中、小分成3类，分别摊放在烘炉内，堆厚约15cm，用50~55℃温度烘烤，每隔7~8h翻动1次，烘4~5d，待有七成干时取出，在室内堆放回润24h，使内部水分向外渗透，再入炉烘烤至充分干燥。每亩可产干货400~500kg，高产可达600kg以上。

第三十五节　百　合

一、概况

百合，为百合科多年生草本植物卷丹、百合或细叶百合的干燥肉质鳞叶。鳞茎卵圆扁球形，茎直立；卷丹花为橙红色，有紫黑色斑点；百合花为白色而背带褐色；细叶百合花为鲜红色或紫红色，无斑点。最适生长温度在15～25℃，低于10℃或高于30℃均生长不良。百合适宜pH值为5.5～6.5的偏酸性及富含腐殖质的土壤生长，忌水淹，喜半阴环境，但过度荫蔽会引起花茎徒长和花蕾脱落。百合原产自然种主要分布在亚洲、欧洲、北美洲。按其起源分别称为亚洲百合原种、欧洲百合原种、北美洲百合原种等。中国是百合的主要原产地之一，种类丰富，且特有种多。

味甘，性微寒。归肺、心经。具有养阴润肺止咳功效，用于肺阴虚的燥热咳嗽，痰中带血；治肺虚久咳，劳嗽咯血；清心安神，热病余热未清，虚烦惊悸，失眠多梦等。

随着人类社会和经济的发展，百合成为高档的食用、药用、观赏多用的高收入经济作物。用百合做成的菜肴更是美味佳肴。用百合加工做成的百合啤酒、百合饮料、百合面条、百合酒、百合糖、百合饼干、百合罐头、百合脯等都是高档的保健功能食品，也是馈赠亲友的佳品，深受大众欢迎。

二、种子种苗繁殖技术

（一）传统法

在采挖成品百合鳞茎时，同时采收茎秆入土部位再生出的籽球，按大小分级。重量20g以上或横径4cm以上的称作大籽球，用作栽培成品百合田的种球；重量20g以下或横径不足4cm的称作小籽球，用来种植于繁种田，经过2～3年的培育，生产大籽球。

（二）鳞瓣土壤扦插法

春季或秋季，选标准的成品百合鳞茎，剥取外层鳞瓣30～50枚。边剥瓣、边开沟，沟宽10～15cm，深10cm，沟底要平整。将新剥离的鳞瓣凹面朝上，扦插于土壤中。瓣距3～5cm，每沟栽3～4行，然后覆土覆膜。覆土要细绵松软，不能有大土块压入沟底。覆土后耙平，用地膜覆盖，保温保湿。50d后，鳞瓣剥伤处再生出小鳞茎，就开始顶土出苗。这时要及时揭去地膜，以利于百合幼苗生长。百合幼苗出土后，适时中耕除草，防治地下害虫。根据苗情，进行土壤追肥和叶面喷肥。培育2～3年，收挖作为生产田的栽培用种。每亩需要百合鳞茎500kg，收获的百合种球可供5亩生产田栽培用种。

（三）鳞瓣气培法

把新剥离的百合鳞瓣裸露在空气中，人工控制温湿度，不需要任何基质和营养液，鳞瓣剥离伤处再生出百合小鳞茎，再移栽到土壤中培养，育成种用籽球。另外，百合无性繁殖还有组织培养、激素处理、水淋培养等方法，都能诱导鳞瓣剥离伤处再生出小鳞茎。

三、种植技术

（一）整地、施肥

百合适应性较强，但以气候温和、阳光充足的生境和土层深厚、排水良好的沙质壤土种植为佳，黏土次之，涝洼积水地不宜种植。种植时亩施圈肥、土杂肥 4 000kg 及过磷酸钙 40kg 作底肥。翻耕 20～30cm，耙细、整平作畦，畦宽 130cm，畦长因地而定。雨水特多地区要堆畦作垄，垄宽 80～100cm、沟深 10～15cm，以防积水。

（二）选种分级

为了提高产量，苗全、苗齐、苗旺，便于田间管理，栽种前要将种球按既定标准挑选分级。一般把重 20g 以上或横径 4cm 以上，肉质根直径 3cm 的定为一级；重量 15～20g，横径 3～4cm，肉质根直径 3cm 的定为二级；重量 15g 以下，横径 3cm 以下的定为三级。一、二级种球可直接栽植到商品百合生产田，生长 3 年后为商品百合。三级种球密植种子田，培育 2～3 年后，再移植到商品百合生产田。

（三）种球处理

一般百合种球要进行冬藏，方法有沙藏和冷藏。沙藏，即选室外背阴处或室内平地，底部铺 5cm 厚的湿沙或湿土，撒布适量的敌克松粉剂或用其他的杀菌剂消毒。然后一层种球、一层湿沙或湿土，厚度 3～5cm，堆码高度不要超过 1m。堆码外层用湿沙（土）封严拍实。冷藏，即把种球装筐，放置冷库储藏，温度控制在 -2～2℃ 为宜。

百合栽种前，要用杀菌剂浸种或拌种处理，用量用法参照药剂说明。

（四）栽植密度

百合栽植密度要根据种球大小适当调整，50g 以上的特大种球，按 20cm×40cm 株行距栽植；20g 的大种球，按 20cm×30cm 株行距栽植；15g 的种球，可按种子繁殖田的密度种植。

（五）栽植深度

栽植百合开沟深度视种球竖径而定，以种球顶部覆土厚 5～10cm 为宜。栽植时百合种球一定要扶正，处于直立状态，鳞茎顶部朝上。

（六）种植时间

一般在秋天或春天栽植百合，有条件的 9 月下旬至 10 月上旬秋栽为宜。春栽时间尽量提前。秋栽百合当年苗不出土，根系发育好，第 2 年春苗即出土。注意中耕除草，宜浅不宜深，百合在生长前期主要是消耗自身养分，中期靠底肥，后期应及时摘除花蕾，减少养分消耗提高产量。

（七）施肥

百合是多年生作物，从栽植到收获一般要在地里连续生长 2～3 年，所以要施足基肥，注重追肥。基肥以有机肥料为主，种植前，一般每亩用腐熟的优质农家肥 1 500～2 000kg，饼肥 50～75kg，复合肥 20kg（或尿素 15kg，钙、镁、磷复合肥 20～30kg，硫酸钾 7.5～10kg）。追肥以含氮肥、钾肥为主，也可使用一些液体有机肥，如豆饼水等。一般百合不施磷肥，磷素可由有机肥提供。一般在出苗后 1 个月左右施肥。花蕾出现后根外追肥，喷施 0.05% 硝酸钾溶液。开花后再追施 1 次化肥，以利鳞茎膨大。在第 2～3 年早春，土壤解冻时，将腐熟好的农家肥，按每亩 3 000kg，同时混入适量的氮、磷、钾复合肥，撒施田中。然后浅中耕，使肥料和土壤均匀混合。视田间肥力情况，可以多次追肥。收获前 45d 停止追肥。

（八）除草中耕

百合生长时间长，使用地膜覆盖不能保证除草效果。因此，一定要中耕除草。第 1～2 年要深中耕，第 3 年要浅中耕，要结合除草、追肥中耕。适时摘除花蕾，对促进百合鳞茎的生长，提高产量具有显著的作用。

（九）病虫害防治

百合常见病害有叶枯病、枯萎病、立枯病、病毒病等，发病时用退菌特 50% 可湿性粉剂 500 倍液灌注根部。主要虫害有蝼蛄、地老虎、蛴螬、蚜虫等，可用低毒杀虫药防治。

四、采收及加工

1. 采收

当百合植株枯萎、地下茎成熟时，选晴天采挖，然后切除地上部分和须根、种子根。将鳞茎均匀铺放在通风的室内散热 2d。及时装箱，防止碰撞。

2. 加工

剥片：将鳞茎剪去须根，用手从外向内剥下鳞片，也可在鳞茎基部横切一刀，使鳞片分开。按外鳞片、中鳞片和芯片分开盛装，然后分别倒入清水中洗净，捞起沥干待用。如混在一起，因鳞片老嫩不一，难以掌握泡片时间，影响质量。不同品种的鳞茎，剥片时也不能混淆。

泡片：将铁锅洗净，加入约占锅容量 2/3 的清水，加热煮沸，然后将鳞片分类下锅，放入鳞片的数量以不露出水面为宜，便于翻动。泡片时火力要均匀，用铁勺上下翻动 1～2 圈，加盖煮沸。煮沸时间外层鳞片 5～7min，内层鳞片 2～3min。勤观看鳞片颜色的变化，当鳞片边缘柔软，由白色变为米黄色，再变为白色时，迅速捞起，放入清水中冷却并漂洗去黏液，捞起沥干。每锅沸水可连续泡片 2～3 次，如沸水浑浊，应换水再泡，以免影响百合色泽。

晒片：将漂洗后的鳞片均匀薄摊晒席上，置于阳光下晾晒 2d，当鳞片达六成干时再进行翻晒（否则鳞片易翻烂），直到全干。若遇阴雨天，应摊放在室内通风处，切忌堆积，以防霉变，也可采用烘烤法烘干。

包装：干制后的百合片先进行分级，以鳞片洁白完整、大而肥厚者为上品。用食品塑膜袋分别包装，再装入纸箱或纤维袋，置于阴凉干燥室内，防霉变。

第三十六节　芍　药

一、概况

芍药为毛茛科植物芍药的根，多年生草本，别名杭芍、亳芍、川芍（根据加工方法的不同，药材名分为白芍和赤芍两种）。我国主产于安徽、浙江、四川，产于安徽亳州的称"亳白芍"，产于浙江杭州的称"杭白芍"，产于四川中江地区的称"川白芍"或"中江白芍"。此外，江苏、山东、江西、湖南、贵州、陕西、河北等地亦有栽培。

白芍性微寒，味苦、酸，归肝、脾经；赤芍性微寒，味苦，归肝经。白芍具有平肝止痛、养血调经、敛阴止汗的功能，主治头痛眩晕、胁痛、腹痛、四肢挛痛、血虚萎黄、月经不调、自汗、盗汗等；赤芍具有清热凉血、散瘀止痛的功能，主治温毒发斑、吐血衄血、目赤肿痛、肝郁胁痛、经闭痛经、癥瘕腹痛、跌打损伤、痈肿疮疡等。

二、种子种苗繁育技术

芍药种子为下胚轴休眠类型，低温处理、赤霉素处理有促进发芽作用。芍药种子宜随采随播，或用湿沙层积于阴凉处，不能晒干，晒干就不易发芽。9 月中下旬播种，播后当年生根。种子的寿命约为一年。芍药是多年生宿根性植物，每年 3 月萌发出土，4 月上旬现蕾，4 月下旬至 5 月上旬开花，开花期在一周左右，5—6 月为根的膨大期，7 月下旬至 8 月上旬种子成熟，8 月下旬植株停止生长，9 月上旬地上部分开始枯萎并进入休眠期。芍药的繁殖方式主要有芍头繁殖、分根繁殖和种子繁殖。

（一）芍头繁殖

在收获芍药时，切下根部加工成药材。选取形体粗壮，芽苞饱满，色泽鲜艳，无病虫害的芽头作繁殖用。切下的芽头以留有 4～6cm 的根为好，过短难以吸收土壤中养分，过长影响主根的生长。然后按芍头的大小、芽苞的多少，顺其自然用不锈钢刀切成 2～4 块，每块有 2～3 个芽苞。将切下的芍头置室内晾干切口，便可种植。若不能及时栽种，也可暂时沙藏或窖藏。沙藏时选平坦干燥处，挖宽 70cm、深 20cm 的坑，长度视芍头的多少而定，坑的底层放 6cm 厚的沙土，然后放上一层芍头，芽朝上，再盖一层沙土，厚 5～10cm，芽露出土面，以后经常检查储藏情况，保持沙土不干燥为原则。储备至 9 月下旬至 10 月上旬取出栽种。栽时按行、株距 60cm×40cm 开穴，穴深 10～15cm，穴径 15～20cm，栽前先在穴底施入适量腐熟的厩肥或灶灰，肥上覆一层薄土，每穴放入健壮芍芽 1～2 个，芽朝上，用手覆土固定芍芽，以芽头在地表以下 3～5cm 为宜。栽后施以腐熟的人、畜粪便，再盖熏土和原土，将畦面搂成龟背形即可。每亩栽芍头 2 500 株左右。

（二）分根繁殖

在收获芍药时，切下粗壮的根部加工成药材。选择笔杆粗细的芍根，按其芽和根的自然形状切分成 2～4 株，每株留芽和根 1～2 个，根长宜 18～22cm，剪去过长的根和侧根，供栽种用。每亩用种根 100～120kg。

（三）种子繁殖

8 月中下旬，采集成熟且籽粒饱满的种子，随采随播。若暂不播种，应立即用湿润黄沙（1 份种子，3 份沙）混拌储藏于阴凉通风处，至 9 月中下旬播种。播种可采用条播法，按行距 20～25cm 开沟，沟深 3～5cm，先在沟内淋入清淡粪水，将种子均匀地撒入沟内，覆灶灰和细土将畦面搂成龟背形，再铺盖一层薄草，保温保湿。第 2 年 4 月上旬，幼苗出土时，及时揭去盖草，以利幼苗生长。由于种子繁殖，苗株需要 2～3 年才能定植，生长周期长，故生产上应用较少。每亩用种量 30～40kg。

三、种植技术

（一）选地、整地

芍药喜温暖湿润气候，耐严寒。宜选向阳、地势干燥、土层深厚、排水良好、疏松肥沃、富含腐殖质的沙壤土或沙淤两合土栽培。芍药不宜连作，一般需间隔 2～3 年再栽种，前茬选择豆科作物为好，产区多与高粱、紫菀、红花、菊花轮作。栽种前应精耕细作，结合耕地每亩施腐熟的厩肥或堆肥 3 000～4 000kg，然后深翻土地

30～60cm，耙平作畦，畦宽 1.2～1.5m，高 30～40cm，沟宽 30cm。在栽培地四周，还要开设排水沟，以利排水。

（二）田间管理

1. 中耕除草

早春松土保墒。芍药出苗后每年中耕除草和培土 3～4 次。10 月下旬，在离地面 5～7cm 处割去茎叶，并在根际周围培土 10～15cm 以利越冬。

2. 施肥

芍药是喜肥植物，除施足基肥外，每年要进行追肥 3～4 次，春、夏应以人粪尿以及碳酸铵为主，秋冬以土杂肥、厩肥为主。施肥量在第 1～2 年较少，第 3～4 年用量应增多。农民喜以棉籽饼肥、菜籽饼肥与农家肥各 1 份，掺匀并发酵，每亩每次施肥 100kg，或施过磷酸钙 100kg。施肥时，应在植株两侧开穴施入。

3. 排灌

芍药喜旱怕水，通常不须灌溉。严重干旱时，宜在傍晚浇水。多雨季节应及时排水，防止烂根。

4. 亮根

亳白芍生长 2 年后，每年在清明节前后，将其根部的土扒开，使根露出一半晾晒，此法俗称"亮根"，晾 5～7d，再培土塞根，这不仅能起到提高地温、杀虫灭菌的作用，而且能促进主根生长，提高产量。

5. 摘蕾

为了减少养分损耗，每年春季现蕾时应及时将花蕾全部摘除，以促使根部肥大。

（三）病虫害防治

1. 病害

灰霉病：为害芍药的茎、叶及花，一般在花后发生，高温多雨时发病严重。受害叶部病斑褐色，近圆形，有不规则轮纹；茎上病斑菱形，紫褐色，软腐后植株倒伏；花受害后变为褐色并软腐，其上有一层灰色霉状物。栽种前用 35% 代森锌 300 倍液浸泡无病的芍头和种根 5～10min 后再下种；发病初期，可用 1:1:120 波尔多液喷洒，每 7～10d 喷 1 次，交替连喷 3～4 次；合理密植，加强田间通风透光，清除被害枝叶，集中烧毁，减少病害的发生；忌连作，宜与玉米、高粱、豆类作物轮作。

锈病：由真菌引起的病害，为害叶片。5 月上旬开花以后发生。发病初期，可喷洒 97% 敌锈钠 400 倍液和 15% 三唑酮，每 7d 喷 1 次，连喷数次；收获时，清除残株病叶或集中烧毁，以消灭越冬的病原菌。

软腐病：主要为害芽头。病菌多从芍芽切口侵入发病。软腐病系病菌从芍芽切口侵入，故储藏芍芽的沙土，最好用 50% 多菌灵 800～1 000 倍液消毒处理，并储存在通风干燥处。

此外，芍药病害还有叶斑病、叶霉病、根腐病、炭疽病、轮斑病、疫病等多种病害。

2. 虫害

蛴螬为大黑鳃金龟和暗黑鳃金龟的幼虫。主要咬食芍根，造成芍根凹凸不平的孔洞。在成虫盛发期，用灯光诱杀；或用50%辛硫磷乳油1 500倍液喷杀。幼虫可用90%敌百虫1 000～1 500倍液根部浇注；或用百部、苦参、石蒜提取液浇灌。

四、采收及加工

（一）采收

芍药一般种植3年后采收，采收时间多在8—10月，过早过迟都会影响产量和质量。采收时，宜选择晴天割去茎叶，先用鹰嘴抓钩掘起主根两侧泥土，再掘尾部泥土，挖出全根，起挖中务必小心，谨防伤根。

（二）加工

传统白芍加工法：挖出全根，去净泥土，修去头尾和支根，在修切芍头时，注意选留健壮饱满的芍芽作种栽用。将修好的芍根按粗细分为大、中、小3档，清水洗净，然后放入已烧开的沸水中烫煮，煮时要不断翻动。粗根煮约15min，中根煮10min，细根煮约5min，待芍根表皮发白，有香气，手能捏动，竹签能不费力穿透或能用手将根折断，内外色泽一致，即表明已煮透。煮烫时，宜3～4锅换1次清水，勤换水，芍条色白，将煮透的根迅速捞出浸入凉水中，用竹片或不锈钢刀刮去外皮。去皮后，切齐头尾及时晾晒干燥。晒时要经常翻动，切忌强光暴晒，通常上午晒，中午收回，14时以后再晒，晒至七八成干（否则会出现"刚皮"即外皮刚硬，内部潮湿，易发霉变质，一般以多阴少晒为原则），装入麻袋或堆放室内，用草包或芦席盖上，闷2～3d，使内部水分蒸出，然后再晒3～5d，反复晒至内外完全干燥。如果刮皮后，遇阴雨天，可先用硫黄熏1次，然后摊放通风处，可防止发霉。

生晒芍加工法：生晒芍主要出口日本及东南亚国家。有全去皮、部分去皮和连皮3种规格。全去皮即不经煮烫，直接刮去外皮晒干；部分去皮即在每支芍条上刮3～4刀皮；连皮即采挖后，去掉须根，洗净泥土，直接晒干。去皮与部分去皮的白芍，当地农民和科研人员认为在晴天9—15时进行比较好，用竹刀或玻璃片刮皮或部分刮皮，晒干即可。

干燥的芍药以条粗长、身干体坚、色白、粉性足、切口整齐、无虫蛀、无霉变者为佳。

白芍干燥后，按等级用麻袋或木箱包装，每件50kg，储藏于设有货架，阴凉、通风、干燥的仓库中。包装袋或木箱上应贴上注有品名、规格、产地、批号、包装日期、生产单位的标签和附有质量合格的标志，由于本品富含淀粉，容易生霉、虫蛀、变色，因此储藏期间要定期检查，一旦发现有生霉虫和变色的现象，应立即翻晒和处理。有条件的地方可进行密封抽氧充氮养护。白芍为大宗药材，需求量较大，运输时尽量不要与其他有毒、有害、有异味的药材混装。

第三十七节　蒲公英

一、概况

蒲公英为菊科多年生草本植物，又名婆婆丁、地贡、黄花郎，营养和药用价值极高，蒲公英的营养成分极其丰富。含有多种微量元素，100g蒲公英鲜菜中含有胡萝卜素 7.35mg，维生素 C 47mg，维生素 B_1 0.035mg，维生素 B_2 0.39mg，尼克酸 1.9mg、钙 216mg、镁 93mg、铁 12.4mg，其含铁量之多列野菜前茅。

清热解毒，消肿解散，利尿通淋。用于疔疮肿毒，乳痈，瘰疬，目赤，咽痛肺痈，肠痈，湿热黄疸，热淋涩痛等。可用于治疗乳腺炎、慢性胃炎、膀胱炎等炎症。全草提取物具有抗病毒，保护肝脏的作用，可抑制脂肪在肝脏中积累。

蒲公英有悠久的药用和食用历史，被誉为"天然抗生素"。蒲公英全草、蒲公英根均可以作为中药饮片；利用其抗菌消炎特性，可在一定程度上替代抗生素作为畜牧业饲料添加剂，用于饲喂猪、奶牛、鸡、鱼。以蒲公英鲜叶炒制成焙干茶，加工成的绿茶、可乐、酸奶、泡腾片都大受欢迎，蒲公英花酒、蒲公英蜂蜜酒、蒲公英根粉都有一定的保健功效。蒲公英嫩茎叶和幼苗可食用，凉拌、生食、炒食、煲汤等。用蒲公英粉或蒲公英浸提液制成的蒲公英馒头、面条风味独特，老少皆宜。另外，蒲公英对粉刺、黑头、面部感染具有一定疗效，还可以祛斑美容、防辐射，可开发制成洗面奶、面膜、面霜等产品。

二、种植技术

蒲公英生长较适宜阴凉的环境。当气温达到5℃，土壤解冻宿根就开始萌发生长。生长最适宜温度为 10～20℃，温度达到25℃以上反而对其生长产生一定的影响，易老化，生长迟缓。蒲公英除营养生长期对土壤要求湿润外，对其他生长环境要求不是太严格。长日照有利于开花结果。蒲公英栽培适宜在肥沃沙壤土，不仅可以获得高产，而且品质优良。不适宜栽培在土壤板结，黏性较重的地里，影响产量和品质。一般播种 5～6d 开始出苗。经过 20～22d 到达团棵期，团棵期后40d左右开始开花。开花至结果5～6d，结果至成熟8～10d，全生育期80d左右，低温或轻霜后，叶片呈紫绿色。野生蒲公英，主要分布在荒坡路旁、沟边、地头等处。

（一）整地、施肥

选土质肥沃，平坦通透性好，有机质含量高的壤土或沙壤土。深翻土壤25～30cm，亩施腐熟优质农家肥3 000kg左右，三元复合肥20kg。将土耙细、搂平，做成宽1.2m的畦，以待栽培。

（二）种子种苗繁育技术

1. 种子直播栽培法

在春季蒲公英种子成熟后，5—6月，于每天8—9时露水没干之前采收好种子，晒干，弄掉冠毛，稍微风选一下，放置阴凉通风地方存放。

催芽：将种子用清水浸泡2h后，捞出，在15～20℃条件下保湿催芽（催芽温度不可超过25℃），否则发芽困难，甚至不发芽，经5～8d发芽率可达95%以上，此时可播种，也可不催芽进行直播。

播种：3月下旬至5月上旬、8月下旬至9月下旬均可播种。播种前浇透底水，选用一年内无杂质、无病虫、无霉变、籽粒饱满、发芽率高的蒲公英种子，每亩播种量1.0～2.0kg。先将种子与细沙掺混均匀，方便播种。采用撒播或宽幅条播。撒播时将种子均匀撒在畦面上；宽幅条播时宽6～8cm、深2cm、行距10cm的种植沟，将种子均匀撒在沟内。播后覆0.5cm厚的细土，然后压实，覆盖草苫子或架遮阳网进行保湿。一般7～10d蒲公英可萌发出土，80%幼苗出土后，选择阴天或者傍晚及时撤除覆盖物。

田间管理：出苗后松土促进生根，在2～3叶期定苗或分苗，株距5～8cm，行距10～15cm，一穴双株。也可不分苗直接于畦床上疏苗，株距5～8cm，行距10～15cm，当蒲公英长到6～7叶期，进入莲座团棵期，因下部叶片平铺地面生长，所以要适当控水，更不可积水，以防烂叶，如果追肥，可随水追施腐熟农家肥。

2. 采挖母株栽培法

一般在4月上旬或9月上旬至10月上旬。到野外山坡沟边、路旁采挖蒲公英母根，定植到温室中，或把春天露地育的蒲公英，选长势良好，根系发达定植在温室中。株距5～8cm，行距10～15cm，一穴双株，根部覆好土，要浇透地水，利于缓苗成活。

（三）定植后管理

温度控制：进入冬季前，覆上塑料布，当室内温度增高后，一般当地温达5～7℃，气温达6～8℃时，幼苗渐渐开始生长。室温保持10℃以上即可正常生长，生长最适温度为10～20℃，温度不能太高，太高不利于蒲公英生长，品质下降，容易老化，降低嗜口性。

施肥控水：蒲公英移栽结束后不要浇太多的水，防止徒长和倒伏。保持土壤湿润即可。在生长过程中，适当追施1～2次叶面肥，一般每平方米追施尿素15g，磷酸二氢钾10g。在每次采收完后，在畦面上施1～2cm充分腐熟的厩肥，同时覆上一层旧塑料布，做好保湿遮阴。

蚜虫防治：蒲公英栽培管理得当，很少发生病害，虫害发生也比较轻。如有蚜虫为害发生，及时防治。

三、采收及加工

（一）采收

当叶片长到8～10cm时，就可以进行第1次收割，收割时距地表1cm处水平下刀采收，地下根部保留，注意保护生长点不遭到破坏。经过后期认真管理，20d以后还可以再收割1次。如果管理得好还可以收割第3次。每次采收后，在2～3d内不宜浇水，以防腐烂。

（二）初加工

采收后的蒲公英除去杂质，晒干或当天炒制加工，一般用麻袋或塑料编织袋包装，放置阴凉干燥处，密闭储存。

第三十八节　益母草

一、概况

益母草为唇形科植物益母草的新鲜或干燥的地上部分。鲜品春季幼苗期至初夏花前期采收；干品夏季茎叶茂盛、花未开或初开时采收，晒干或切段晒干。

性微寒，味苦，辛。归肝、心包经。活血调经，利尿消肿。用于月经不调，痛经，闭经，恶露不尽。水肿尿少，急性肾炎水肿。

临床研究表明，益母草煎剂、乙醇浸膏及所含益母草碱，具有扩张冠状动脉，增加冠脉流量和心肌营养性血流量、抗血栓形成、改善微循环作用。由此开发利用益母草颗粒剂、注射剂、卫生巾等诸多产品。

二、种植技术

益母草喜光、喜湿润气候，在阳光充足的条件下生长良好，也较耐阴，一般栽培农作物的平原及坡地均可生长，以较肥沃的土壤为佳，需要充足水分条件，但不宜积水，怕涝。但花期必须具有一定的光照和温度条件，籽粒才能发育良好。益母草生长适温为22～30℃，15℃以下生长缓慢，0℃以下植株会受冻害，但在35℃以上植株仍生长良好。全国大部分地区均有分布。

（一）选地、整地

应选择肥沃、疏松、排灌方便的沙壤土种植。播种前整地，每亩施堆肥或腐熟厩肥1 500～2 000kg作底肥，施后耕翻，耙细整平。条播者整130cm宽的高畦，穴播者可不整畦，但均要根据地势，因地制宜地开好大小排水沟。

（二）备种

益母草分早熟益母草和冬性益母草，一般均采用种子繁殖，以直播方式种植，育苗移栽者亦有，但产量较低，仅为直播的60%，故多不采用。选当年新鲜的、发芽率一般在80%以上的种子。穴播者每亩一般备种400～450g，条播者每亩备种500～600g。

（三）播种

1. 播种期的选择

早熟益母草秋播、春播、夏播均可，冬性益母草必须秋播。春播以雨水至惊蛰期间（2月下旬至3月上旬）为宜；北方为利用夏季休闲地种植，采用夏播，在芒种收麦以后种植，产量不高；低温地区多采取秋播，以秋分至寒露期间（9月下旬至10月上旬）土壤湿润时最好。秋播播种期的选择，直接关系到产品的产量和质量，过早，易受蚜虫侵害；过迟，则受气温低和土壤干燥等影响，当年不能发芽，第2年春分至清明才能发芽，且发芽不整齐，多不能抽薹开花。

2. 播种方法

播种分条播、穴播和撒播。平原地区多采用条播，坡地多采用穴播，撒播管理不方便，多不采用。播种前，将种子混入细土杂肥中，湿度以能够散开为度，一般每亩用土杂肥250～300kg。条播者，在畦内开横沟，沟心距约25cm，播幅10cm左右，深4～7cm，沟底要平，播前在沟中施2 500～3 000kg人、畜粪尿，然后将种子灰均匀撒入，不必盖土。穴播者，按穴行距各约25cm开穴，穴直径10cm左右，深3～7cm，穴要平，先在穴内亩施1 000～1 200kg土杂肥，再均匀撒入种子土，不必盖土。

（四）田间管理

1. 间苗补苗

苗高 5cm 左右开始间苗，以后陆续进行 2～3 次，当苗高 15～20cm 时定苗。条播者采取错株留苗，株距在 10cm 左右；穴播者每穴留苗 2～3 株。间苗时发现缺苗，要及时移栽补植。

2. 中耕除草

春播者，中耕除草 3 次，分别在苗高 5cm、15cm、30cm 左右时进行；夏播者，按植株生长情况适时进行；秋播者，在当年以幼苗长出 3～4 片真叶时进行第 1 次中耕除草，第 2 年再中耕除草 3 次，方法与春播相同。中耕除草时，耕翻不要过深，以免伤根；幼苗期中耕，要保护好幼苗，防止被土块压迫，更不可碰伤苗茎；最后一次中耕后，要培土护根。

3. 追肥浇水

每次中耕除草后，要追肥 1 次，以施氮肥为佳，用尿素、硫酸铵、饼肥或人、畜粪尿均可，追肥时要注意浇水，切忌肥料过浓，以免伤苗。尤其是在施饼肥时，强调打碎后，用水腐熟透加水稀释后再施用。雨季雨水集中时，要防止积水，应注意适时排水。

（五）病虫害防治

1. 病害

多见白粉病、锈病和菌核病。

白粉病：发生在谷雨至立夏期间，春末夏初时易出现，为害叶及茎部，叶片变黄褪绿，生有白色粉状物，重者可致叶片枯萎。可用可湿性甲基硫菌灵 50% 粉剂 1 000～1 200 倍液，连续防治 2～3 次。

锈病：多发生在清明至芒种期间（4—5 月），为害叶片。发病后，叶背出现赤褐色突起，叶面生有黄色斑点，导致全叶卷缩、枯萎脱落。发病初期喷洒 300～400 倍液敌锈钠或 0.2～0.3 波美度石硫合剂，7～10d 喷 1 次，连续再喷 2～3 次。

2. 虫害

有蚜虫、地老虎等。

蚜虫：较为严重，为害植株，常致其枯萎死亡。适时播种，避开害虫生长期，减轻蚜虫为害。虫害发生后，用烟草、石灰、水 1∶1∶10 溶液喷杀。

地老虎：为害幼苗，易造成缺株断苗。可采取堆草诱杀、早晨捕杀的办法，同时还可用毒饵毒杀。

三、采收及加工

(一) 采收

益母草全草和果实均为药材,因此收获时要以生产目的决定收获日期。以生产全草为目的,应在枝叶生长旺盛、每株开花达2/3时收获。秋播者约在芒种前后(5月下旬至6月中旬);收获时,在晴天露水干后,齐地割取地上部分。以生产果实(茺蔚子)为目的时,则应待全株花谢,果实完全成熟后收获。鉴于果实成熟易脱落,收割后应立即在田间脱粒,及时集装,以免散失减产,也可在田间置打籽桶或大簸箩,将割下的全草放入,进行拍打,使易落部分的果实落下,株粒分开后,分别收存。选健壮、无病害的植株留种。种子成熟采收后,经日晒,打下种子,去杂质,储藏备用。当年的新鲜种子,发芽率一般在70%以上,隔年陈种发芽很少或不发芽。

(二) 加工

益母草收割后,及时晒干或烘干,在干燥过程中避免雨淋受潮,以防其发酵或叶片变黄,影响质量。茺蔚子在田间初步脱粒后,将植株运至晒场放置3～5d后进一步干燥,再翻打脱粒,筛去叶片粗渣,风扬干净即可。果实为茺蔚子入药。在夏、秋间花开时,割取地上晒干。果实(茺蔚子)在秋季成熟后采收,晒干,去净杂质。

保管益母草应储藏于防潮、防压、干燥处,以免受潮发霉变黑和防止受压破碎造成损失,且储存期不宜过长,过长易变色。茺蔚子应储藏在干燥阴凉处,以保持干燥,并应有防潮措施。

第三十九节 车前子

一、概况

车前子,为车前科属多年生草本中药材,别名车前仁、牛舌菜,以干燥成熟的种子入药,具有利尿通淋、祛痰止咳、清热解毒、清肝明目、消肿解毒、止血等功效,常用于治疗肝胆疾病、泌尿系统疾病、皮肤病等疾病。

近年来,车前子产量明显减少,但市场需求量却不断增加,导致商品收购价走高,因此车前子种植前景看好。我国各地普遍分布,常生于草地、河滩、沟边、草甸、田间及路旁,其幼株可食用。

二、种植技术

（一）选地

车前子喜阳光充足的环境，耐寒，对土壤要求不严，排水方便的平地、丘陵地、梯田均可栽培，但以疏松、肥沃的沙质壤土为佳。

（二）种植

1. 直播

播前将选好的地翻耕 15～20cm，结合翻耕每亩施入农家肥 1 000～1 500kg 或磷肥 50kg、复合肥 20kg，整平耙细后作畦，畦宽 1.5m，畦面上开浅沟，沟距 20～25cm，将种子均匀地撒在沟内，覆盖细土，以不见种子为度。

2. 育苗移栽

播前将苗床地翻耕耙细整平后作畦，畦宽 1.5m，在畦面上泼施适量的人、畜粪水，晾干后将种子均匀地撒在畦面，上盖 1 层细土。在苗长出 2 片真叶时，每亩追施淡尿水肥 300kg 或复合肥 5kg，以利幼苗生长，当苗高 7～10cm 时，便可移栽到大田。栽前将大田翻耕 15～20cm，并施入农家肥 1 000～1 500g 或磷肥 50kg、复合肥 20kg，整平耙细后作畦，畦宽 1.5m。栽时先在畦面上挖行距、株距均为 30cm 的浅穴，再将苗栽入穴内，每穴栽 2～3 株，栽后培土。

（三）田间管理

1. 中耕除草

在直播田苗高 10～15cm、移栽田苗高 15～20cm 时进行中耕除草，中耕宜浅松土，深度以 5～7cm 为宜植株封行后不再中耕，可见草就拔。杂草过多可使用除草剂除草。

2. 追肥

车前子植株喜肥，肥料充足则叶片多、抽穗多，产量高。一般苗期增施复合肥可提苗壮蔸，抽穗期增施磷、钾肥可壮子。因此，直播田可在中耕除草后追施 1 次肥，每亩施稀薄人、畜粪水 1 000～1 200kg 或复合肥 5kg；在抽穗期每亩再追施过磷酸钙 25kg、钾肥 10kg。栽后 25d 左右，硼砂 100～150g 兑水 50kg 进行叶面喷施，促使穗花分化。移栽田可在栽后 1 个月左右进行第 1 次追肥，每亩施人、畜粪水 800～1 000kg 或复合肥 5kg；在抽穗期进行第 2 次追肥，每亩施过磷酸钙 25kg、钾肥 10kg。10 月 1 日前后要求高 20cm 以上，叶宽 10cm 以上每株有大叶片 10 片左右。促多发长大穗，打好丰产基础。

3. 病虫害防治

（1）根腐病。雨季注意及时排水，降低田间湿度；发病初期用50%多菌灵800～1 000倍液或50%甲基硫菌灵1 000倍液喷洒植株，并用50%退菌特1 200倍液浇灌病穴。

（2）叶斑病。摘除植株过密的叶子，保持行间通风透光；发病初期对叶片喷洒80%代森锌可湿性粉剂600～800倍液，每隔7d喷1次，连喷2～3次。

（3）蚜虫。选用50%的氟啶虫胺腈水分散粒剂4 000～5 000倍液，喷洒植株，每隔7～10d喷1次，连喷3次。

三、采收

1. 种子收获

当果穗下部果实外壳初呈淡褐色、中部果实外壳初呈黄色，种子呈黑褐色时即可采收。车前子分期成熟，宜在早上或阴天收获，应做到边成熟边采收。将先成熟者剪下（注意勿伤及不成熟的果穗及叶子）。晴天，用镰刀将果穗割回，在室内堆放1～2d，然后置于篾垫上，放在太阳下暴晒，待干燥后用手揉搓，除去杂物，用筛子将种子筛出，再用风车扇去壳。一般亩产120～150kg，种子晒干后在干燥处储藏。

2. 全草收获

车前子幼苗长至6～7片叶，13～17cm高时可采收作菜用，在旺长后期和抽穗期之前穗已经抽出与叶片等长且未开花时药效最高，可进行全草收割。

第四十节　猪　苓

一、概况

猪苓为多孔菌科多孔菌属多年生真菌，俗名猪屎苓、猪屎菌、地乌桃。猪苓在我国分布广，但以陕西、山西、四川、甘肃、云南分布较多。大巴山区是猪苓适生区之一。

（一）功能与主治

猪苓药用部分为地下菌核，猪苓入药在我国已有2 500年的历史。性甘，味淡、平。归肾、膀胱经。主要有利尿、增强免疫功能、抗肿瘤、抗肝损伤、抗菌等作用。提取的猪苓多糖具有免疫刺激作用，能提高人体免疫机能，对人体无毒副作用，用猪苓多糖制成的注射液对治疗慢性病毒性肝炎具有明显疗效，也可作为治疗肿瘤的辅助性药物。

（二）形态特征

1. 子实体

子实体多在每年夏天连绵阴雨后从接近地表的菌核顶部生出，有时春末夏初也有少量发生。子实体呈丛状生长，质地柔软，俗称"猪苓花"或"千层蘑菇"，小的一丛仅一至数厘米，大的直径可达30cm，幼嫩时可食，味道鲜美。子实体肉质，有柄。着生于丛状分枝顶端，菌盖圆形，浅褐色至白色，中部下凹呈浅漏斗形，边缘内卷，有被深色细鳞片，直径1～4cm。菌肉白色，孔面白色，干后草黄色。孔口圆形或破裂呈不规则齿状。孢子无色、光滑、圆筒形，一端圆形，一端有歪尖。

2. 菌丝

菌丝为白色绒状管状物，具有横隔，呈不规则分枝，有锁状联合现象。

3. 菌核

菌核实质上是由无数菌丝纽结而成的菌丝团。菌核是猪苓的药用部分，生长于地下，呈长形或不规则块状，半木质，有弹性，个体大小不等，大的长达30cm，直径10cm，重几百克，小的仅黄豆粒大小。

菌核表面凹凸不平，多皱褶及瘤状凸起，表皮按颜色区分有白苓、灰苓和黑苓3种，正常情况下代表着3个不同的生长年限，即生长当年、第2年、第3年，但在特殊情况下，在一个生长年限内也可同时出现白苓和灰苓甚至黑苓。

（1）白苓。生长当年所形成的菌核，皮色洁白，皮薄，有弹性，质地软，手捏易烂，断面菌丝嫩白，含水量高，内含物很少，折干率很低，烘干后呈米黄色。

（2）灰苓。当年新生长的白苓，到冬季随着气温的降低，白色皮层颜色渐加深，由白色变为黄灰色，越冬后变为灰色、灰黑色，光泽暗有一定的韧性和弹性，质地疏软，折干率约35%，断面菌丝白色。

（3）黑苓。灰苓经过一年生长，越冬后皮色变为黑褐色至黑色，表面有油漆般光泽，质地致密，有韧性和弹性，断面菌丝白色或淡黄色，可见到被蜜环菌侵入的褐色隔离腔，年久的黑苓也称老苓、枯苓，表皮墨黑，弹性小，断面菌丝呈深黑色，有被蜜环菌侵染形成的空腔，折干率在40%以上。

（三）生长发育特性

只要条件适宜，在春、夏、秋季节，灰苓和黑苓上都可萌发出新生白苓。一般在每年4—5月，当地温上升到10℃左右，土壤含水量在30%～50%时，猪苓开始萌发。随着气温的升高，当平均地温达到18℃，白苓生长速度加快，冬初地温逐渐降低，猪苓生长速度减慢，新生苓的白色生长点或秋季新萌发的白苓，越冬后变为灰苓。第2年春季条件适宜其生长时，灰苓变为褐色或黑褐色，到第3年完全变为黑色，这是在一般正常状态下由白苓至灰苓到黑苓的生长过程。因此，白苓、灰苓和黑苓，大致可分为生长当年、第2年和第3年不同生长年限的猪苓菌核。在采挖野生猪苓及人工栽培穴时，常发现在一个独立的猪苓菌核上同时存在白、灰、黑3种颜色的苓块，两个苓体之间都有一个像葫芦状细腰相连，出现这种现象的原因，是在猪苓生长季节内，由于高温、干旱等原因，猪苓停止生长，灰苓皮色变深至黑色，白苓皮色变成黄灰至灰色，外界条件适宜其生长后，当年形成的新苓生长点又开始向前生长，再一次形成新的白苓，两个白苓之间便形成了一个葫芦状的细腰。因此，在遇到干旱或一些不正常气候条件影响到猪苓正常生长时，3种颜色的猪苓菌核，只能反映出3个不同的生育特征，而不能准确地表达其生长年限。

二、种植技术

（一）生长条件

1. 地理条件

地形、地势：猪苓喜生于气候凉爽的山林中，多分布于海拔1 000～2 000m的山区，以海拔1 200～1 600m地区生长较多。根据老药农的经验及实地采挖结果看，阴坡阳坡均有分布，但半阴半阳的二阳坡生长最多，坡度以20°～45°缓坡地分布较多。

植被：遮阴度为七阴三阳处的猪苓生长较多。杂木林中，常可在树根旁挖到猪苓，以桦树、杨树、柳树、椴树、漆树及山毛榉科的其他树种等树根旁最多，除松、杉、柏等含油质树种外，其他树种的阔叶林、混交林、次生林、竹林等均有野生猪苓分布，但以次生林腐殖土壤生长猪苓最多。森林土壤中的大量枯枝落叶腐烂后形成营养丰富的腐殖质层，其中各种树根、毛细根纵横交错，极有利于蜜环菌生长，而蜜环菌又是猪苓生长的主要营养来源，因而猪苓喜生长于这些树林中。

土壤：猪苓属好气性真菌，喜生长于富含腐殖质的表层土壤中，呈上大下小的倒三角形生长，深度一般为0～40cm处，喜向上、向两侧方发展。腐殖土、沙质土壤中都有猪苓生长，但以含颗粒状团粒结构、疏松的腐殖土层易于猪苓生长，尤以黑沙腐殖质土生长最好，产量较高，土壤酸碱度（pH值）在6～8。

2. 气象条件

温度：当平均地温达到9.5℃时，猪苓菌核开始萌动，温度12℃、土壤含水量在30%～50%菌核萌发率迅速提高生成新苓（白苓），14℃左右新苓萌发增多，18～25℃个体生长速度最快，超过28℃生长受到抑制。海拔在1 000～1 200m地区，4月上旬10～20cm地温（下同）可达13.2～11.6℃，猪苓开始正常萌动生长，6月中下旬，地温达到22℃以上，新生白苓开始快速生长，7—8月是白苓生长最佳时段，进入9月以后，猪苓生长速度开始放慢，11月至第2年3月生长基本停止。

湿度：猪苓喜湿润环境，土壤含水量在50%～60%适于猪苓生长，7—8月平均日降水量在20mm，土壤含水量在60%～70%，空气相对湿度在70%～90%，此时是猪苓生长的最佳时段，土壤水分若低于30%，干旱伴随高温，猪苓即停止生长。长期土壤水分处于饱和状态，有可能引起猪苓腐烂，但干旱也会造成猪苓减产。

3. 营养源

在采挖野生猪苓时可发现，猪苓生长穴中及猪苓体上，有蜜环菌索存在，部分蜜环菌已侵入猪苓体内，没有蜜环菌生长的土中不长猪苓。从猪苓喜生长于疏松、透气、腐殖土层深厚的现象来看，猪苓是否可以直接分解利用腐殖土中的营养，目前尚未完全搞清楚，但腐殖土中一般都有蜜环菌生长，蜜环菌的主要营养来源是枯枝落叶，同时也寄生在活树根下，因此完全可以肯定，猪苓生长与蜜环菌密切相关。

（二）栽前准备

猪苓生长发育的主要营养来源靠蜜环菌，培养足够的蜜环菌菌枝、菌材是栽培猪苓的前提条件。为节省劳力，培养菌材应在离栽培地点近的地点实施。

1. 培育优质蜜环菌材

在培育前一个月选用适合猪苓生长的材质，将树棒截成长50～60cm，粗8～12cm，在树棒的2～3面砍适当的鱼鳞口，然后以"井"字形叠放晾晒备用。将树枝截成长3～5cm备用。一般在8月开始培养菌材，但也可春栽。培养菌材一般采用坑培法或半坑法。培养前先用0.25%硝酸铵溶液将树棒和树枝浸泡4～6h。实践证明用硝酸铵溶液浸泡树棒和树枝，补充了足够的氮源，能促进蜜环菌丝旺盛生长，菌材发菌快且质量好。

在选好的林地间挖坑，坑宽一般为50～60cm，深30cm，长度不限，不过以小坑为好，小坑便于管理，可有效控制杂菌污染。坑挖好后先用清水浇透坑穴，待水渗干后，先在坑底铺一层1cm（压实）湿树叶，然后一根靠一根摆放树枝，树枝与树枝之间应留0.5～1cm间隙，在树枝上摆放一层树棒，棒间距3～5cm，在树棒间均匀摆放蜜环菌菌种，用腐殖土填实枝间空隙，覆土厚度以盖严树棒为准，不宜太厚。依次培养第2层、第3层，最后坑顶覆盖5～6cm腐殖土，顶部盖一层树叶保温、保湿。

2. 栽培时间

猪苓一年四季均可栽培，但应在它休眠期栽培为好，秋末冬初栽培为11—12月，春栽为2—3月。

3. 栽培步骤

（1）准备新棒。在10月初（11—12月栽培的）砍好新棒，规格与培育菌材树棒相同，然后以"井"字形叠放晾晒备用。

（2）准备苓种。每窝用种苓应为0.35～0.5kg。

（3）挖窝。在选好的栽培区挖坑，坑深30cm左右，宽50cm，长60～70cm。

（4）填树叶、树枝、菌枝。坑底刨平后先铺一层1cm左右潮湿枯枝落叶，再均匀铺一层树枝，树枝中间夹放蜜环菌或菌枝节，用腐殖土填实空隙。

（5）放树棒。将菌材紧靠依次摆放在坑内，间距3～5cm。

（6）摆放苓种。将苓种沿菌材两侧上下均匀摆放，并用腐殖土填满空隙后再依前法铺一层树叶和树枝，然后将备好的新棒摆放一层。

（7）盖土。在栽好的坑上，加盖一层10～15cm枯枝落叶，最后盖一层3～5cm干树叶。

（三）栽后管理

猪苓林地栽培的管理较为简单，主要抓好以下几点：一是防旱、保湿，猪苓生长的主要营养来源靠蜜环菌提供，蜜环菌生长的旺盛与否，决定着猪苓产量的高低，而蜜环菌能否旺盛生长，除是否有充足的木材、枯枝落叶外，在很大程度上取决于是否有充足的土壤水分。在土壤水分低于50%时，蜜环菌虽能生长，但菌索分枝少，红色菌索及白色生长点极少，不能及时为猪苓提供足够营养。因此，在遇到雨水偏少及夏季高温季节，需及时为猪苓栽培坑浇水，务必使栽培穴内土壤能维持在较湿润状态。二是保温，大雨过后及每年冬春应及时为栽培穴顶加盖枯枝落叶。三是防止人、畜践踏。

三、采收及加工

猪苓生长新苓后，母苓不会腐烂，由于菌材不断为蜜环菌提供营养，会延长猪苓生长年限，其灰苓及黑苓上的新苓萌发点会越来越多，产量逐年增加，这也是野生猪苓在一窝中能挖到几十上百斤的原因。猪苓人工栽培1～2年内，逐渐与蜜环菌建立起营养关系，生长缓慢，但一般生长量仍可达到5～10倍，到第3年生长速度加快，第4～5年为生长旺盛时期，如无人、畜践踏，只要猪苓本身不散架，后续营养源能够及时跟上，都仍可继续生长。因此，栽培3～4年，可随机进行检查，如果发现萌发的白头很少，或不再萌发新苓，或猪苓已散架，必须于第2年3—5月及时采挖翻栽。即挖出猪苓除核，选出灰苓作种苓进行翻栽，老苓及时晒干，除去泥土，即为成品的猪苓，一般折干率为50%。

第四十一节 灵 芝

一、概况

灵芝为灵芝菌科灵芝属真菌，别名红芝、赤芝、木灵芝、还阳草、神仙草、灵芝草。目前从灵芝中分离到 150 余种化合物，有多糖类、核苷类、呋喃类、氨基酸、蛋白质类、三萜类、油脂类、甾醇类、无机离子、有机锗类等。有关灵芝化学成分的最新研究主要集中在三萜类、多糖类、蛋白质类等。

灵芝具有滋补、健脑、强壮、消炎、利尿、健胃等功能，主治慢性支气管炎、冠心病、神经衰弱、失眠、急慢性肝炎、白细胞减少、偏头痛以及阳痿、遗精、耳鸣、腰酸等症，有镇静、镇痛、抗惊厥、降血脂、镇咳、祛痰、保肝解毒、抗缺氧、增强免疫力和抗癌作用。

我国是最早研究和开发应用灵芝的国家，在灵芝有效成分分离、鉴定药理作用方面取得了突破性的进展。目前，开发的灵芝保健食品及药品主要有灵芝保健酒、灵芝口服液、灵芝糖浆、灵芝茶、乌鸡白凤丸、中华灵芝宝、灵芝胶囊等，可以增强人体免疫力。

二、种植技术

（一）种植方式

目前多采用瓶栽、袋栽及林下仿野生 3 种种植方式。

1. 瓶栽

（1）培养料的配制。配方一：阔叶树锯木屑 75%、麸皮 25%；配方二：棉籽壳 80%、麸皮 16%、蔗糖 1%、石膏 3%，然后加水适量，搅拌均匀，使培养料含水量为 65%～70%（以手握之，指缝中有水而不滴下为度），调节 pH 值至 5～6。

（2）装瓶灭菌。料拌均匀后，先闷 1h，装入广口瓶中（或罐头瓶或菌种瓶），装料要注意上紧下松，装量距瓶口 3～5cm 即可。装好后在中间用尖圆木棒打一通气孔，擦净瓶体，用塑料薄膜加牛皮纸扎紧瓶口，然后进行灭菌。采用高压灭菌，在 $1.1kg/cm^2$ 压力下，保持 1.5h；采用常压灭菌，当温度 100℃时，保持 8～10h，再闷 12h。

（3）接种。将灭过菌的料瓶培养温度降至 30℃时，用 0.1% 高锰酸钾溶液擦净瓶体表面。再将接种工具等用 75% 酒精消毒，在接种箱或接种室内，在无菌条件下进行接种。接种开始时，先用 75% 酒精棉球擦手和菌种瓶口及棉塞等，然后用右手拿接种镊子，在酒精灯火焰上灭菌，左手拿菌种瓶，并打开菌种瓶盖，在火焰旁用接种镊子从瓶内取出一块枣子大的菌种，迅速放入栽培料瓶内，经火焰烧口，用牛皮纸包扎好，置于培养室内培养。

（4）培养与管理。在温度 20～26℃，空气相对湿度在 60% 以下培养 20～30d，菌丝即可长满瓶。再继续培养，培养料上就会长出 1cm 大小白色疙瘩或突起物，即为子实体原基——芝蕾。当芝蕾长到接近瓶塞时，拔掉瓶口棉塞，让其向瓶口外生长。这时控制室温在 26～28℃，空气相对湿度在 90%～95%，保持空气新鲜，给以散射光等条件，芝蕾向上伸长成菌柄，菌柄上再长出菌盖，孢子可由菌盖中散发出来。从接种到散发孢子需2个月左右。生长期注意管理，每天要通过定时开窗的办法换气。如在气温高时，于8—10时或15—16时开窗；气温低时，可在中午开窗换气，避免因气温骤然变化造成灵芝畸形生长。室内二氧化碳过高，会影响子实（灵芝）生长，只长菌柄，不长菌盖，此外还要注意调节空气的相对湿度，可采用悬挂湿布或喷水的方法。

2. 袋栽

（1）培养料配制。配方一：杂木屑73%、麸皮25%、蔗糖1%、石膏1%，含水量65%；配方二：棉籽壳50%、木屑28%、麸皮20%、蔗糖1%、石膏1%，含水量65%。

（2）堆料。将拌好的培养料堆积在撒过石灰的地面上，覆盖塑料布。当料温达到40～50℃时进行第1次翻堆。当料温再达到40～50℃时，维持2～3d即可。

（3）装袋。装袋时避免杂菌污染。袋不要装得太满，要留出接种空间。

（4）灭菌。常压灭菌100℃ 10～12h或热压灭菌1.5～2h。将灭菌的培养料出锅送入接种室，冷却至30℃以下便可接种。

（5）发菌管理。将接种后菌袋转入培养室，横放于发菌架上。室内保持黑暗，保持温度在25～28℃。当两端菌丝生长到6cm以上时，将扎口绳剪下，以促进发菌和菌蕾形成，从接种到长出菌蕾25d左右。

（6）出芝管理。出芝后按90～100cm为一行摆放，棚内温度保持25～30℃。从出芝到放孢子粉20d左右。

3. 林下仿野生

采用段木菌棒种植方法。

种植林地选择：灵芝喜阴湿生长环境，因此，林下人工种植宜选择林分结构稳定的马尾松中龄林，林分郁闭度大于0.7（三分阳七分阴），坡度25°以下，土壤为黄壤，土质疏松通气，含水量较高。

种植品种选择：品种的选择是获取灵芝优质高产的首要环节，母种菌种的遗传性状和效用要好；菌种繁育质量要好、出芝早、产量高；市场价格要好；种植品种一般选择红灵芝和紫灵芝。

菌棒制作：段木菌棒树种选择主要以壳斗科栎类树种为主，栽培的灵芝菌丝生长速度快、产量高、色泽好、子实体中实，其次为枫香、杨树、鹅耳枥等，其生长的灵芝子实体较轻薄，易出芝，当年产量高。注意具有芳香味的树种不能用。

段木切段包装：将砍伐的段木树种原木锯切成段木，段木长度为25cm，含水量保持在40%～45%，将栎类与其他杂木段木捆扎成直径为20～25cm、长度25～30cm，装入聚乙烯塑料袋内，塑料袋规格为直径30cm、长度50cm。

灭菌接种：对塑料袋包装好的菌棒采用常压蒸汽灭菌，锅炉蒸汽加温至100℃保持20h。在加热时，要避免加冷水以致降温，影响灭菌效果，注意锅炉的实际温度，防死角，防断水。

适时接种：灵芝属中高温性菌类，段木菌棒接种时间在11月下旬至第2年1月下旬，或2月中旬至3月上旬，接种量为250g（原种菌包量的1/2）。

菌丝培养：接种后的段木菌棒按立体墙式排列，接种后11周内要加温至22～25℃培养，以利于菌丝恢复生长。菌丝生长中后期若发现袋内大量水珠产生，则要加强通风、降温，每天午后开门窗通风换气11～22h，一般培养10～20d白色菌丝便可生长布满整个段木菌棒表面。

种植：种植时间为4—5月，在种植区林地内沿等高线按一定株行距挖种植穴，种植穴的长度为35～45cm，宽度为25～35cm，深度为25～35cm。先在种植穴底撒些石灰（防蚂蚁），然后脱去菌袋栽植，将菌棒横放于穴内，覆土厚22～55cm。

出芝管理：出芝后要及时观察种植的灵芝菌棒，若菌棒表面土壤经雨水冲刷裸露时，应覆土并覆盖枯枝落叶，覆土厚2～5cm，以保持种植穴湿度，促进灵芝菌柄（菌秆）和菌盖生长。

（二）病虫害防治

遵循"预防为主，综合防治"的方针，控制杂菌污染和虫害发生，加强病虫害防治。

灵芝病害主要有青霉、木霉、曲霉、毛霉、根霉等，目前尚无有效补救措施，重在预防。

灵芝常见的害虫有白蚁、尺蠖、菌蝇、蜗牛、螨类等，出芝后若发现害虫，应及时采取防治方法。

三、采收及加工

（一）采收时期

灵芝全年可采。从芝蕾出现到采收子实体需40～50d，包括孢子粉和子实体的采收。灵芝菌盖边缘黄白色生长圈消失后15d，有孢子粉弹射时，即可采收孢子粉。孢子散发后，菌盖由软变硬，由淡黄色转变为红褐色，不再生长增厚时，即可采收成熟的灵芝子实体。若不采集孢子粉，可直接采收成熟的子实体。

（二）采收方法

1. 孢子粉的采收

地膜法：在灵芝栽培后每行灵芝中间排放双层条状地膜，接收孢子粉。在采收灵芝子实体时，用软毛刷把菌盖表面孢子粉刷入桶内，然后采收孢子粉。只采收地膜粉，下层孢子粉弃之不用。

套袋采粉法：在灵芝将要成熟时，在灵芝菌柄基部套上0.02mm厚的超薄乙烯袋，袋底扎紧，袋口朝上。按灵芝的大小在袋内套上硬纸筒，高15cm，直径3～15cm。

筒口盖上一纸板，防止孢子粉弹出。套袋采粉要注意通风，防止霉变。

孢子粉可采用高压蒸汽、微波或辐照等方法灭菌，微生物含量符合相应的标准规定。将灭菌后的孢子粉烘干，至水分含量＜9％。

2. 子实体的采收

由于芝体木质化，较硬，需用果树剪采收。从芝盖以下3cm部位剪下，除去过长芝柄，留柄蒂0.5～1cm，边采边削泥，但不可水洗。采收时，手不可握菌盖，以免留下痕迹或使菌盖下层附着孢子粉，色泽不均而降低品质。这种留柄剪收法可以加快第2潮灵芝的出芝速度，但在收第2潮芝后准备越冬时，须将柄蒂全部摘下，以便覆土保湿。若只收一茬灵芝，可直接从柄基部剪下或用手轻摘子实体，剪去菌柄下端带有培养基的部分。注意采收第1潮灵芝后，须过3～5d，待剪口愈合才能喷水诱发第2潮灵芝，否则，剪口会腐烂发病。当最后一潮灵芝采收完毕，可将段木刨除压碎后，作土壤肥料或燃料使用。

（三）加工

为了避免孢子粉变质，采收后必须及时烘干和晒干。由于灵芝孢子粉颗粒微小，密度很小，必须在避风向阳处或无风时晒干。垫以清洁光滑的纸张，晒干后过筛，用塑料袋封藏好，放置阴凉、干燥处储存。一般新鲜芝体的含水量为60％～65％，折干率为40％～45％。采收的灵芝去除泥沙和杂质，不要水洗，及时自然干燥或烘干。自然干燥为晒干或阴干，晒干时要单个排列，经常翻动，夏季一般4～7d可晒干；采用烘箱或烘房烘干时，一般温度控制在50～60℃，烘至灵芝含水量10％～12％为宜。或采用自然干燥与机器烘干相结合，先晒1～2d，再烘干，除去剩余水分。

灵芝采收后，段木还可再用，只要清除段木上的污物及不能形成菌盖的小子实体，再喷足水分，在适宜的条件下，5～7d可长出芝蕾，一直可以采收到11月。一般直径20cm以上的段木，可连续采收2～3年。质量以身干、菌盖肥厚、菌柄粗壮、质坚硬、色红褐、具漆样光泽者为佳。

第四十二节　蜜环菌

一、概况

蜜环菌又名蜜环蕈、榛蘑、蜜蘑、栎蕈、包谷蕈、青冈蕈，是一种著名的兼性寄生菌，以腐生为主，兼寄生生活，主要寄生于阔叶树的根、枯枝及落叶上，野生蜜环菌多数生长在夏、秋两季。

蜜环菌在我国东北地区产量较大，为重要的野生食用菌之一。同时，它与天麻有着很特殊的共生关系，在人工栽培天麻中，利用这一特性可提高天麻的产量和质量。

迄今为止世界范围内共有蜜环菌36种。其中，我国分布有9种，主要分布在吉林、黑龙江、辽宁、内蒙古、河北、山西、山东、河南、陕西、安徽、湖南、湖北、浙江、云南、广西、甘肃、青海、新疆和西藏等地。

（一）药用功效

蜜环菌不仅具有一定的药用价值，而且还是栽培名贵中药天麻的必备共生菌。据报道，蜜环菌子实体含有甘露醇、卵磷脂、麦角甾醇、维生素A（含量高）、B族维生素、维生素C及多种氨基酸。民间常用蜜环菌子实体治疗腰腿痛、癫痫等疾病，经常食用可预防视力减退、夜盲症、眼结膜炎、黏膜失去分泌能力及皮肤干燥，并可抵抗某些呼吸道及消化道感染等疾病。另外，动物实验表明，蜜环菌制剂有镇静、抗惊厥、抗缺氧以及增加脑血流量及冠状动脉血流量的作用，对脑缺血有保护作用。

（二）营养价值

蜜环菌是温带和热带地区广泛分布的一种食药用菌。不仅含有丰富的蛋白质、氨基酸、矿物质和多种维生素等人体所能吸收和利用的营养成分，同时也含有能增强机体免疫功能和抑制肿瘤生长等生理活性的化学因子。蜜环菌干菇具有较高的营养价值和食疗保健作用。

蜜环菌含有14种氨基酸，其中4种氨基酸属于人体所必需的。经常食用蜜环菌可以为机体提供更多的营养氨基酸和必需氨基酸，增强机体的免疫力。

蜜环菌中含有甘露聚糖和D-半乳糖、D-甘露糖、L-盐藻糖，这些多糖类物质对肿瘤和肉瘤有抑制作用。蜜环菌中脂肪含量相对较低，脂肪含量占蜜环菌干重的1.17%，多数蜜环菌不含有胆固醇。

蜜环菌中维生素含量丰富，含有B族维生素、胡萝卜素、维生素C、维生素E。经常食用可以为人体提供多种维生素。

（三）生活习性

蜜环菌的生活史因各地环境条件不同而有所差异。在天气炎热，气温年变化幅度不大的地方，蜜环菌呈现菌丝→菌膜→菌索→菌丝，不形成子实体。在环境条件能满足蜜环菌要求时，蜜环菌完成由担孢子→菌丝→菌膜→菌索→菌丝→子实体分化→子实体→担孢子整个生活史。

蜜环菌具兼性寄生特性，蜜环菌既能寄生在衰弱的活树上，也能腐生于死树枝上。这种以寄生生活为主，同时又能进行腐生生活的特性叫兼性寄生性。蜜环菌寄生，会使树木产生根腐病，导致树木生长不良甚至导致死亡，对原始林和人工林的为害很大，是树木的致病菌。蜜环菌除能寄生于树木外，还能寄生在天麻、马铃薯、甘薯、大黄等植物上。

蜜环菌能与天麻、猪苓共生。天麻属兰科多年生草本植物，无根无绿叶，不能进行光合作用，蜜环菌侵染天麻，为天麻生长提供营养物质。蜜环菌亦能从天麻中获得养分，蜜环菌和天麻之间存在营养物质相互交流的特殊的共生关系。

（四）环境条件

1. 温度

菌丝生长温度为6～30℃，最适温度为25～27℃，低于6℃或超过30℃菌丝体均会停止生长。子实体分化温度范围较低，必须在10～18℃低温条件下才能分化形成，同时还要有一定的温差刺激，温度超过30℃时，子实体会停止生长。当温度达到34℃以上时，蜜环菌很快腐烂。

2. 湿度

菌丝生长阶段培养基基质含水量应在60%～65%，空气相对湿度达到70%。自然条件下，蜜环菌的子实体经常在多雨潮湿的大气环境中发生，所以子实体分化及生长发育阶段空气相对湿度要达到90%。

3. 氧气

蜜环菌是好气性真菌，只有在透气条件好、氧气充足的腐殖质土、沙质壤土或沙中，菌索生长快而粗壮旺盛。在黏性大的土壤中透气性差。

4. 光照

蜜环菌菌丝（索）生长不需要直射阳光，一般选择荫蔽度较好的地方（以三阳七阴为好）。如果其他条件都较为合适，只是光照过强的话，则可人为创造条件，可在地下室、防空洞中栽培。

二、种子种苗繁育技术

1. 栽培工艺流程

制备母种→制备原种→培养菌枝（栽培种）→培养菌材→出菇→采收。

2. 栽培季节安排

蜜环菌栽培季节一般安排在春节前后，3—4月播种，10月即可采收子实体。

3. 选择栽培场地

蜜环菌段木栽培的出菇场应选择在村庄边地势平坦或稍有坡度、通风、排水良好的地方，附近有稳定的水源。人工菇棚要搭建遮阴棚，遮阴度以70%左右为佳。菇棚两旁设排水沟。

4. 菌材准备

代料瓶栽或袋栽不易生成子实体，一般采用树桩或段木栽培。适宜培养蜜环菌的树种有椴树、栎树等阔叶树。于秋天落叶后至第2年发芽前砍树，段木直径50～100mm，砍成长400～600mm的木段。

5. 菌种准备

对寄主木质部进行种木分离或用子实体进行组织分离，均可获得蜜环菌纯种。分离母种培养基可用 PDA 或麦芽汁琼脂。原种配方可用杂木屑或玉米芯粉 68%，玉米粉 20%，麦麸 10%，蔗糖 2%。配制方法：清水拌料，含水量 65%～70%，装瓶或装袋，灭菌，冷却后接种，在 20～25℃条件下培养 25～30d，即成二级固体菌种。栽培种用直径 10mm 的阔叶树枝条，剪成长 20～40mm，充分浸水后捞出，拌入一部分原种木屑培养基，含水量 60%，装瓶加棉塞，灭菌冷却后接种。每瓶原种可接栽培种 50 瓶，于 25℃条件下培养 2 个月，菌丝及菌索长满后即可使用。

6. 接种

蜜环菌子实体的培养可以采用段木栽培法。选择适宜蜜环菌生长的树木，木棒和树枝截成段，再用打孔器打孔（每隔 6～9cm 打一个孔），向孔内接菌，进行培养。也可以采用砍鱼鳞口接种法，将菌材截成 50～60cm 长的段，用刀每隔 9～12cm 砍一个鱼鳞口，深度以露出木质部 0.5cm 为宜。

三、种植方法

可以采用坑培法、半坑式培养法、地面砌池培养法等多种形式，但其培菌方法是相同的。坑（池）培养时，先向坑（池）底层铺一层基础培养料，再放一层菌棒、菌枝，向接种孔或鱼鳞口内塞满蜜环菌原种菌种，再撒上薄薄一层原种菌种，再铺上一层培养料。第 2 层直到第 5～6 层，方法与第 1 层相同。如果不用菌种，也可用切碎的带菌索的段木，放在菌棒、菌枝旁边，也能起到菌种扩大培养的作用，也可用伴栽天麻的旧菇木和新菌材穿插排放，最上层同样铺上 6cm 厚的基础培养料，浇透水（土壤含水量 40% 左右），再用土封顶。在 20～25℃条件下 1 个月左右即长好蜜环菌菌索。3—4 月播种，10 月即可收获子实体。

也可直接用栽培过天麻的腐老菌材栽培蜜环菌。将栽培过天麻一年以上的腐老菌材逐层铺于培养床上（3～4 层），层间覆盖疏松土壤和木屑，床面用草或土覆盖，注意保湿。一般春天建床，秋天出菇。

第四十三节 茯 苓

一、概况

茯苓，中药名，为多孔菌科真菌茯苓的干燥菌核。主产于云南、广西、安徽、湖北等地。我国人工栽培已有400多年历史，现有较多地区能大量栽培并投入生产。

茯苓是中国传统中药，味甘、淡、性平无毒，入心、脾、肺、肾四经，具有渗湿利水，益脾胃保肾，安神生津等功效。

二、茯苓纯菌种的培养技术

（一）母种（一级菌种）的培养

1. 培养基的配制

多采用马铃薯—琼脂（PDA）培养基。其配方是：马铃薯（切碎）、蔗糖50g、琼脂20g、尿素3g、水1 000mL。制备方法是：先称取去皮切碎的马铃薯250g，加水1 000mL，煮沸0.5h，用双层纱布滤过，滤液加入琼脂，煮沸并搅拌，使其充分溶化后，再加入蔗糖和尿素，待溶解后，加水至1 000mL，即成液体培养基。调pH值至6～7，分装于试管中，包扎，以1.1kg/cm² 高压灭菌30min，稍冷却后摆成斜面，凝固后即成斜面培养基。

2. 纯菌种的分离与接种

选择新鲜皮、红褐色、肉白、质地紧密、具特殊香气的成熟茯苓菌核，先用清水冲洗干净，并进行表面消毒，然后移入接种箱或接种室内，用0.1%砷汞液或75%酒精冲洗，再用蒸馏水冲洗数次，稍干后，用手掰开，用镊子挑取中央白色菌肉1小块（黄豆大小）接种于斜面培养基上，塞上棉塞，置25～30℃恒温箱中培养5～7d，当白色绒毛状菌丝布满培养基的斜面时，即得纯菌种。

（二）原种（二级菌种）的培养

1. 培养基的配制

母种不能直接用于生产，必须再进行扩大培养。扩大培养所得的菌种称为原种或二级菌种。原种的培养基配方是：松木块（长×宽×厚为30mm×15mm×5mm）55%、松木屑20%、麦麸或米糠20%、蔗糖4%、石膏粉1%。配制方法是：先将松木屑、米糠（或麦麸）、石膏粉拌匀。另将蔗糖加1～1.5倍量水使其溶解，调pH值至5～6，放入松木块煮沸30min，待松木块充分吸收糖液后，将松木块捞出。再将上述拌匀的木屑等配料加入糖液中，充分拌匀，使含水量在60%～65%，即用手紧握指缝中有水渗出，手指松开后不散为度。然后拌入松木块，分装于500mL的广口瓶中，装量占瓶的4/5即可，压实，于中央打一小孔至瓶底，孔的直径约1cm。洗净瓶口，用纱布擦干，塞上棉塞，进行高压灭菌1h，冷却后即可接种。

2. 接种与培养

在无菌条件下，从上述母种中挑取黄豆大小的小块，放入原种培养基的中央，置25～30℃的恒温箱中培养20～30d，待菌丝长满全瓶，即得原种。培养好的原种，可供进一步扩大培养用。若暂时不用，必须移至 5～10℃ 的冰箱内保存，但保存时间一般不得超过 10d。

（三）栽培菌种（三级菌种）的培养

1. 培养基的配制配方

松木屑 10%、麦麸或米糠 21%、葡萄糖 2% 或蔗糖 3%、石膏粉 1%、尿素 0.4%、过磷酸钙 1%，其余为松木块（长 × 宽 × 高为 20mm×20mm×10mm）。配制方法：先将葡萄糖（或蔗糖）溶解于水中，pH 值调至 5～6，倒入锅内，放入松木块，煮沸 30min，使松木块充分吸足糖液后捞出。另将松木屑、米糠（或麦麸）、石膏粉、过磷酸钙、尿素等混合均匀，将吸足糖液的松木块放入混合后的培养料中，充分拌匀后，加水使配料含水量在 60%～65%。随即装入 500mL 广口瓶内，装量占瓶的 4/5 即可。擦净瓶口塞上棉塞，用牛皮纸包扎，高压灭菌 3h，待瓶温降至 60℃ 左右时，即可接种。

2. 接种与培养

在无菌条件下，用镊子将上述原种瓶中长满菌丝的松木块夹取 1～2 片和少量松木屑、米糠等混合料，接种于瓶内培养基的中央。然后将接种的培养瓶移至培养室中进行培养 30d。前 15d 温度调至 25～28℃，后 15d 温度调至 22～24℃。当乳白色的菌丝长满全瓶，闻之有特殊香气时，即可供生产用。一般情况下，一支母种可接 5～8 瓶原种，一瓶原种可接 60～80 瓶栽培菌种，一瓶栽培菌种可接种 2～3 窖茯苓。在菌种整个培养过程中，要勤检查，如发现有杂菌污染，则应及时淘汰，防止蔓延。

三、种植技术

培养茯苓的材料采用松树段木、松树蔸及松毛（松叶及短枝条）均可。用松树段木能稳产高产，但要消耗大量的木材；用松树蔸可节约木材，但来源有限，难以扩大生产；用松毛（松叶及短枝条）可节约木材，但产量低，且药材质量差。目前仍以松树段木栽培为主。

栽培茯苓所需的菌种，历来沿用茯苓的菌核组织，通称"肉引"。将菌核组织压碎成糊状作种用，称为"浆引"。将"浆引"接种于段木，再锯成小段作种的称"木引"。"肉引"和"浆引"栽培茯苓，要消耗鲜茯苓 200～500g，用种量大，极不经济，并且菌种质量不稳定，难以达到稳产高产的目的。因此，目前广泛采用纯菌种接种的方法。

（一）段木栽培

1. 选地与挖窖

选地：应选择土层深厚、疏松、排水良好、pH 值 5～6 的沙质壤土（含沙量在

60%~70%），25°左右的向阳坡地。含沙量少的黏土、光照不足的北坡、陡坡以及低洼谷地均不宜选用。

挖窖：地选好后，一般于冬至前后进行挖窖。先清除杂草灌木、树蔸、石块等物，然后顺山坡挖窖，窖长65～80cm，宽25～45cm，深20～30cm，窖距15～30cm，将挖起的土堆放于一侧，窖底按坡度倾斜，清除窖内杂物。窖场沿坡两侧筑坝拦水，以免水土流失。

2. 伐木备料

伐木季节：通常在1月前后进行伐木，此时为松木的休眠期，木材水分少，养料丰富。

段木制备：松树砍伐后，去掉枝条，然后削皮留筋（筋即不削皮的部分），即用利刀沿树干从上至下纵向削去部分树皮，削一条，留一条不削，这样相间进行。剥皮留筋的宽度，视松木粗细而定，一般为3～5cm，使树干呈六方形或八方形。削皮应深达木质部，以利菌丝生长蔓延。

截料上堆：上述段木干燥半个月之后，进行截料上堆。直径10cm左右的松树，截成80cm长一段，直径15cm左右的则截成65cm长一段。然后按其长短分别就地堆叠成"井"字形，放置约40d。当敲之发出清脆声，两端无树脂分泌时，即可供栽培用。在堆放过程中，要上下翻晒1～2次，使木材干燥一致。

3. 下窖与接种

（1）下窖。4—6月选晴天进行。每窖下段木的数量，视段木粗细而定。通常直径4～5cm的小段木，每窖放入5根，下3根上2根，呈"品"字形排列；直径8～10cm的放3根；直径10cm以上的放2根；特别粗大的放1根。排放时将两根段木的留筋面贴在一起，使中间呈"V"形。

（2）接种。茯苓的接种方法有菌引、肉引、木引等。

菌引：先用消过毒的镊子将栽培菌种内长满菌丝的松木块取出，顺段木"V"形缝中一块接一块地平铺在上面，放3～6片，再撒上木屑等培养料。然后将一根段木削皮处向下，紧压在松木块上，"品"字形，或用鲜松针、松树皮把松木块菌种盖好。如果段木重量超过15kg，可适当增加松木块菌种量。接种后，立即覆土，厚约7cm，最后使窖顶呈龟背形，以利排水。

肉引：选择1～2代种苓，以皮色紫红、肉白、浆汁足、质坚实、近圆形、有裂纹、个重2～3kg的种苓为佳。下窖时间多在6月前后，把干透心的段木，按大小搭配下窖，方法同菌引。接种方法常采用贴引、种引、垫引3种。贴引，即将种苓切成小块，厚约3cm，将种苓块肉部紧贴于段木两筋之间。若窖内有3根段木，则贴下面的2根；若有5根段木，则贴下面的3根，边切种苓边贴引。然后用沙土填塞，以防脱落。种引，即将种苓用手掰开，每块重约250g，将白色菌肉部分紧贴于段木顶端，大料上多放一些，小料少放一些。然后用沙土填塞，防止种引脱落。垫引，即将种引放在段木顶端下面，白色菌肉部分向上，紧贴段木。然后用沙土填塞，以防脱落。

木引：将上一年下窖已结苓的老段木，在引种时取出，选择黄白色，筋皮下有菌丝，且有小茯苓又有特殊香气的段木作引种木，将其锯成18～20cm长的小段，再将小段紧附于刚下窖的段木顺坡向上的一端。接种后覆土，厚7～10cm。最后覆盖地膜，以利菌丝生长和防止雨水渗入窖内。

（二）树蔸栽培

选择松树砍伐后60d以内的树蔸栽培最好，一年以内的亦可栽培。选晴天，在树蔸周围挖土见根，除去细根，选粗壮的侧根5～6条，将每条侧根削去部分根皮，宽6～8cm，在其上开2～3条浅凹槽，供放菌种之用。开槽后暴晒一下，即可接种。另选用径粗10～20cm、长40～50cm的干燥木条，开成凹槽，使其与侧根上的凹槽呈凹凸形。然后在两槽间放置菌种，用木片或树叶将其盖好，覆土压实即可。栽后每隔10d检查1次，发现病虫要及时防治。9—12月茯苓膨大生长时期，如土壤出现干裂现象，须及时培土或覆草，防止晒坏或腐烂。培养至第2年4—6月即可采收。

1. 护场、补引

茯苓在接种后，应保护好苓场，防止人、畜践踏，以免菌丝脱落，影响生长。10d后进行检查，如发现茯苓菌丝延伸到段木上，表明已"上引"。若发现感染杂菌而使菌丝发黄、变黑、软腐等现象，说明接种失败，则应选晴天进行补引。补引是将原菌种取出，重新接种。一个月后再检查一遍，若段木侧面有菌丝缠绕延伸生长，表明生长正常。2个月左右菌丝应长到段木底部或开始结苓。

2. 除草、排水

苓场应保持无杂草，以利光照。若有杂草滋生，应立即除去。雨季或雨后应及时疏沟排水、松土，否则水分过多，土壤板结，影响空气流动，菌丝生长发育受到抑制。

3. 培土、浇水

茯苓在下窖接种时，一般覆土较浅，以利菌丝生长迅速。当8月开始结苓后，应进行培土，厚度由原来的7cm左右增至10cm左右，不宜过厚或过薄，否则均不利于菌核的生长。每逢大雨过后，须及时检查，如发现土壤有缝，应培土填塞。随着茯苓菌核的增大，常使窖面泥土龟裂，甚至菌核裸露，此时应培土，并喷水抗旱。

（三）病虫害防治

1. 病害

茯苓在栽培（生长）期间，培养料（段木或树蔸）及已接种的菌种，有的会出现霉菌污染。侵染的霉菌主要有绿色木霉、根霉、曲霉、毛霉、青霉等，正在生长的菌核也易受污染。霉菌污染培养料后，吸收其营养，影响茯苓菌核皮色变黑，菌肉疏松软腐，严重者渗出黄棕色黏液，失去药用和食用价值。产生病害的主要原因是接种前培养料或栽培场已有较多杂菌污染，接种后窖内湿度过大、菌种不健壮、抗病能力差、采收过迟等。

防治方法：一是选择生长健壮、抗病能力强的菌种；二是接种前，栽培场要多次翻晒；三是段木要清洁干净，发现有少量杂菌污染，应铲除掉或用70%酒精杀灭，若污染严重，则予以淘汰；四是选择晴天栽培接种；五是保持苓场通风、干燥，经常清沟排渍，防止窖内积水；六是发现菌核发生软腐等现象，应提前采收或剔除，苓窖用石灰消毒。

2. 虫害

（1）白蚁。主要是黑翅土白蚁及黄翅大白蚁，蛀食段木，干扰茯苓正常生长发育，造成减产，严重时有种无收。

防治方法：一是苓场应选择南向或西南向；二是段木和树蔸要求干燥，最好冬季备料，春季下种；三是下窖接种后，苓场周围挖一道深50cm、宽40cm的封闭环形防蚁沟，防止白蚁进入苓场，亦可排水；四是在苓场附近挖几个诱蚁坑，坑内放置松木、松毛，用石板盖好，经常检查，发现白蚁时，用60%亚砷酸、40%滑石粉配成药粉，沿着蚁路，寻找蚁窝，撒粉杀灭；五是引进白蚁天敌——蚀蚁菌，此菌对啮齿类和热血动物及人类均无感染力，但灭蚁率达100%；六是每年夏季白蚁繁殖出巢时，悬挂黑光灯诱杀。

（2）茯苓虱。多群聚于段木菌丝生长处，蛀食茯苓菌丝体及菌核，造成减产。

防治方法：在采收茯苓时可用桶收集茯苓虱虫群，用水溺死；接种后，用尼龙纱网片掩罩在茯苓窖面上，可减少茯苓虱的侵入。

四、采收及加工

（一）采收

茯苓接种后，经过6～8个月生长，菌核便已成熟。成熟的标志是：段木颜色由淡黄色变为黄褐色，材质呈腐朽状；茯苓菌核外皮由淡棕色变为褐色，裂纹渐趋弥合（俗称"封顶"）。一般于10月下旬至12月初陆续进行采收。采收时，先将窖面泥土挖去，掀起段木，轻轻取出菌核，放入箩筐内。有的菌核一部分长在段木上（俗称"扒料"），若用手掰，菌核易破碎，可将长有菌核的段木放在窖边，用锄头背轻轻敲打段木，将菌核完整地震下来，然后拣入箩筐内。采收后的茯苓，应及时运回加工。

（二）加工

先将鲜茯苓除去泥土及小石块等杂物，然后按大小分开，堆放于通风干燥室内离地面15cm高的架子上，一般放2～3层，使其"发汗"，每隔2～3d翻动1次。半个月后，当茯苓菌核表面长出白色绒毛状菌丝时，取出刷干净，至表皮皱缩呈褐色时，置凉爽干燥处阴干即成"个苓"。然后将"个苓"按商品规格要求进行加工,削下的外皮为"茯苓皮";切取近表皮处呈淡棕红色的部分,加工成块状或片状,则为"赤茯苓";内部白色部分切成块或片状,则为"白茯苓";若白茯苓中心夹有松木的,则称"茯神"。然后将各部分分别摊于晒席上晒干,即成商品。

五、储藏及运输

(一)储藏

将干燥后的茯苓药材,装入纸箱内,置于药材仓库内储存,药材仓库地面应为水泥地面,坚实而平整。库房要求干燥、通风,墙壁表面平整、光滑、无裂缝、不起尘。门窗要求坚固,关闭严密,并有防虫、防鼠、防火设施。药材堆码要合理、整齐,纸箱码堆的货垛下面用30cm高的木制脚架作垛垫,货垛与库房内墙距约60cm,与屋顶距应大于50cm。在药材储藏期间要保持仓库内的清洁卫生,加强仓库内温度与湿度管理,温度控制在30℃以下,相对湿度控制在70%以下。并应经常检查有无霉变虫蛀、鼠害、变色等现象发生,一经发现,应及时处理。

(二)运输

起运前,要认真做好药材出库验收工作,根据出库凭证做好"三查"(查货号、单位、开票日期),"六对"(对品名、规格、厂牌、批号、数量、发货日期)等工作。根据货运量安排运输工具,最好安排整车装运不应与有毒有害货物混装运输。

第四十四节　羊肚菌

一、概况

羊肚菌属羊肚菌科羊肚菌属真菌,有"素中之荤"的美称"。羊肚菌子实体顶端钝圆,表面有似羊肚状的凹坑,颜色呈棕、黄、黑或淡色,形似羊肚,因此被称为"羊肚菌"。羊肚菌富含人体必需的氨基酸、维生素、矿物质和蛋白质,具有很高的食用价值。

野生羊肚菌在我国分布很广,主要产地有四川、云南、重庆、贵州、陕西、西藏、青海、新疆、河南、山西、吉林、辽宁、河北、黑龙江、宁夏、内蒙古等地。羊肚菌人工栽培研究经历了一个漫长的过程。目前全国虽然多见大面积商品化人工栽培羊肚菌成功的报道，但实现羊肚菌规模化、工厂化栽培依然是广大羊肚菌研究者、种植者、爱好者不懈努力的共同目标。

羊肚菌子实体入药。性平，味甘寒，无毒。具有益肠胃、消化助食、化痰理气、主治脾胃虚弱、痰多气短等，对肠胃炎症、饮食不振、头昏失眠有良好的治疗效果，补肾、壮阳，对精肾亏损、阳痿不举、性功能减退、性欲冷淡有明显的改善作用，又有补脑、提神之功效。羊肚菌有机锗含量高，具有强健身体、预防感冒、增强人体免疫力的效果。

羊肚菌含抑制肿瘤的多糖，抗菌、抗病毒的活性成分，具有增强机体免疫力、抗疲劳、抗病毒、抑制肿瘤等诸多作用。日本科学家发现羊肚菌提取液中含有酪氨酸酶抑制剂，可以有效抑制脂褐质的形成。羊肚菌所含丰富的硒是人体红细胞谷胱甘肽过氧化酶的组成成分，可运输大量氧分子来抑制恶性肿瘤，使癌细胞失活。另外还能加强维生素 E 的抗氧化作用。硒的抗氧化作用能改变致癌物的代谢方向，并通过结合而解毒，从而减少或消除致癌的危险。

二、原种制作

（一）培养基配方

（1）木屑 50%，棉籽壳 30%，麦麸 15%，白糖 1%，石膏 1%，过磷酸钙 1%，土 2%。

（2）木屑 75%，麦麸 20%，白糖 1%，石膏 1%，过磷酸钙 1%，土 2%。

（3）稻草粉 70%，麦麸 25%，石膏 1.5%，过磷酸钙 1.5%，土 2%。

（4）棉籽壳 90%，木屑 8%，土 2%。

（5）玉米芯 50%，木屑 30%，米糠 15%，石膏 1%，过磷酸钙 1%，土 3%。

（二）操作过程

（1）按配方将原料混合均匀，加入清水，使含水量达 65%时装瓶，装瓶要求松紧一致，装至瓶肩，将表面压平，抹去瓶壁外沾染的培养基，塞上棉塞，或用塑料薄膜封口。

（2）灭菌。高压灭菌在压力 0.137MPa，126℃的温度下灭菌 2h；常压灭菌在 100℃温度下保持 12h。

（3）接种与培养。接种在接种箱内经消毒后，每支母种可接种原种 5～10 瓶。接种后放在 18～22℃温度下避光培养，3d 菌丝萌发吃料，10d 菌丝布满培养基表面，15～20d 菌丝长满瓶底，培养期间尽量避免强光刺激，菌龄以不超过 50d 为好，菌丝寿命与温度有关，超过 30℃几小时就死亡。

三、栽培种制作

（一）培养基配方

（1）木屑75%，麦麸20%，白糖1%，石膏1%，过磷酸钙1%，土2%。
（2）棉籽壳75%，麦麸20%，石膏1%，过磷酸钙1%，土3%。
（3）稻草粉75%，麦麸15%，过磷酸钙2%，土3%。
（4）玉米芯80%，米糠15%，石膏2%，过磷酸钙1%，土2%。
（5）秸秆粉75%，麦麸20%，白糖1%，石膏1%，过磷酸钙1%，土2%。

（二）操作过程

按配方将原料混匀后，加水调至含水量为65%，装瓶，灭菌接种，培养，操作方法同原种，经1个月菌丝长满瓶后就可用于生产栽培。

四、栽培技术

（一）土地整理

羊肚菌生长的土壤要选择中性或偏酸性的，pH值在6.5～7.5，并且要有良好的排水能力。

每年9月30日前，清理大棚内前茬作物的残留物，种植前25～30d，撒施有机肥500～750kg，用旋耕机打碎表土，深度为25cm，土壤颗粒为蚕豆大小，土壤浇透水，地面覆盖透明地膜，棚门紧闭，边膜紧闭，进行闷棚处理，以杀死害虫和杂菌。闷棚结束后，每个标准棚（40m×8m）均匀撒入30kg的生石灰，调节土壤酸碱度。然后用石灰放线，标出畦面1m和过道0.5m。畦面撒施硫酸钾型复合肥25kg，并用耙子松土，使复合肥与表层土壤混合。

（二）播种覆土

将菌种挖出盛放于大小适宜的容器中，用2‰的磷酸二氢钾溶液拌种并混匀，以容器内无积水为宜。工具和容器在使用前应消毒。宜选在阴天或晴天早晚时播种。将混匀的菌种均匀撒播在畦面上，亩用菌种量200～300袋，200kg。播种后及时覆2～3cm厚的湿润细土，根据土壤湿度情况，补小水或大水，盖上黑色地膜，两头压实，侧面每隔2m用土镇压，保证透气性。膜上打孔效果更佳，孔直径2cm，间距20cm。

（三）发菌管理

播种 4d 后，当菌丝穿过覆土层，畦面出现白色菌霜时喷一次透水。之后根据土壤墒情进行水分管理，保持土壤湿润。根据土壤墒情进行水分管理，保持土壤含水量在 15%～25%。当温度低至 0℃以下时，可添加裙膜用以保温。

发菌期土壤缺水会出菇不足甚至不出。发菌期不怕低温，低温只会减缓菌丝生长速度；怕高温，不宜超过 22℃，温度过高会导致菌丝死亡。营养袋及时摆放，过早菌丝未长满土面，营养袋开口处未接触到羊肚菌菌丝的地方容易被杂菌侵染，过晚菌丝老化，都会影响出菇产量。发菌期应一直避光，保持黑暗或散射光，强光会杀死菌丝。发菌期需氧量相对不大，但仍需通风，通风不足会产生大量气生菌丝，影响原生菌丝生长。

（四）外源营养袋配方及规格

小麦 70%、木屑 18%、谷壳 10%、石灰 1%、石膏 1%。选用 15cm×25cm 规格的聚乙烯塑料袋，袋内装料湿重 700g 左右。播种 7～15d 后，摆放营养袋，揭开地膜，摆放外援营养袋。营养袋灭菌冷却后，在营养袋较平整的一面等距离打 4～6 个孔径为 0.5cm 左右的小孔。将扎有小孔一面的营养袋紧贴在畦面上，沿畦面走向平行摆放两行，行间距 50cm 左右；袋的纵向间距 40～50cm。每亩放置外源营养袋 1 600～2 000 袋。

（五）出菇期管理

1. 温度管理

羊肚菌的适宜生长温度在 16～24℃，而在出菇期则需要提高温度，一般可以增加温度到 22～26℃。这有利于羊肚菌快速生长和形成大的菌盖。温度管理需要注意，不能过分提高温度，否则会导致羊肚菌产量下降，质量下降甚至死亡等问题。

2. 湿度管理

羊肚菌在出菇期也需要保持一定的湿度，一般保持在 85%～90%。在这个阶段，湿度过低则会造成菌丝干燥，抑制形成菌柄和菌盖，影响产量和质量；湿度过高也会导致菌丝松散，不利于菌柄和菌盖的形成。

3. 通风管理

出菇期的羊肚菌需要进行适量通风，人工转移菌包即可完成。开口增加通风可以使羊肚菌的生长更加健康，并且更容易形成大的菌盖，影响产量和质量。通风管理除需要控制通风时间和频率外，还需要注意通风速度，过大的通风速度会将菌包内的水汽带走，进而导致湿度下降，影响羊肚菌的生长。

4. 养分补充

出菇期是羊肚菌急需养分的时期，如果养分不足，则会导致无菇形成或者小菇结构。在出菇期，建议在菌包中添加一定比例的营养剂，如玉米粉或豆腐渣等。

此外，适当增加二氧化碳浓度也可促进羊肚菌的生长，可以在通风管理时将通气孔薄膜捏住一段时间，使内部二氧化碳浓度升高。

（六）主要病虫害防治

发菌期重点防治绿色木霉、链孢霉等竞争性杂菌；春季重点防治菇蚊、蛞蝓等害虫。

五、采收及加工

羊肚菌播种后经 80～90d 可长出子实体，一般出土 5～7d 可成熟，成熟的标准不是看菇体大小，主要从色泽上区分。先由深灰色变为浅灰色或褐黄色，菌盖网眼充分张开，由硬变软，菌盖表面蜂窝状凹陷充分伸展，说明生长成熟，即可采收。采收时用小刀齐土面割下或将子实体基部一起拔出，切除菌柄有泥土部分；采收后的羊肚菌放入 0～4℃冷库中冷却 4h 后，进行分级、包装销售鲜品。羊肚菌质轻，菇表面凹陷面积大，易晒干，一般 2d 就可晒干；若用烘干机，1h 就可干燥，用密封塑料袋盛装。在干制和装袋过程中，不要将菌盖碰破，必须保持完整。装塑料袋密封保藏，否则就会发生菌蛆。

第五章

中药材在中兽药中的应用

我国的中草药发展历史悠久，经过 2 000 多年的实践，已经有专门的治疗方法和闻名于全球的中医药理论知识。随着我国经济社会的发展，人们生活水平的提高，人们对于饮食的要求也越来越高，吃得健康、吃得放心已经成为人们饮食的基本要求。由此，绿色健康的食品已经成为人们推崇的主流。畜牧业为人们的日常生活提供了肉、蛋和奶等产品，兽药抗生素的使用，导致畜牧食品内残留抗生素等药物，人们在食用这类食品之后导致机体免疫系统功能出现紊乱，相关的疾病也随之发生，所以畜牧产品是否安全被人们时刻关注着。绿色养殖、无抗养殖已经成为未来畜牧养殖业发展的方向。近些年来，由于抗生素的限用和禁用，许多兽药企业纷纷投入中兽药的研发中，这几年获得的中药类新兽药证书高达 100 多个。但是随着近几年新兽药的申报要求提高以及消费者要求的提高，新兽药的研发难度加大，这就要求各大兽药企业保证自己研发的产品质量有保障，效果明显。农业部门从 2020 年就发布相关的政策，表明了对中兽药发展支持的态度。由此可知，发展中兽药是畜牧产业未来发展的方向。

一、发展中兽药的好处

不管是治疗畜禽类疾病，还是整体提高畜禽类的免疫力、抗病能力，都积极倡导"使用传统中药代替抗生素的绿色无抗养殖"模式。中兽药的产品好处有很多，功能性强，比如抗应激、抗病原体、抗氧化、增强免疫力等作用；具有天然性好、副作用小、无残留、不容易有耐药性、保障环境安全等特点。坚持使用中兽药才能让食物变得更加健康，不管是过去还是未来，中兽药的研发、生产和服务需不断前进，为人类的健康食物保驾护航。

二、适宜发展大中兽药的中药材品种

中兽药的应用将在发展绿色健康养殖、为人类提供安全可靠的绿色食品、改变人类生活品质方面发挥巨大作用。大中兽药适宜发展的中药材品种包括板蓝根、白芍、苍术、当归、车前子、黄芪、黄芩、黄连、关黄柏、连翘、蒲公英、地丁、白头翁、苦参、龙胆草、大黄、野菊花、山豆根、夏枯草、栀子、金银花、鱼腥草、穿心莲、山楂、麦芽、陈皮、山药、白术、甘草、黄精、使君子、贯众、槟榔等。

三、中药经典名方防治畜禽疾病

（一）猪病验方

1. 猪瘟

（1）大蒜 50g，雄黄 2g，明矾 3g，朱砂 2g。共捣烂，加开水过滤，取滤液灌服，连喂 3～5d，常收良效。

（2）鸡蛋清 3 个，绿豆粉 100g，调匀灌服（为 10kg 以下小猪的量，大猪可加量）。

（3）每头仔猪用 10～20mL 藿香正气水拌料喂猪，或灌服，连续喂 3d，每天 2 次。对已出现瘟病症状的仔猪，每次用量则需要加倍。

（4）贯众 90g，水煎去渣取汁，加朴硝 90g，待温灌之（体重 50kg 猪的用量）。

（5）茵陈、蒲公英、土茯苓各 30g，水煎 2 次混合，分 2～3 次灌服。

（6）将何首乌、贯众各 250g。鸡蛋壳、杂骨（凡畜禽骨皆可）各 500g 烘干研细拌匀即得。

2. 猪口蹄疫

（1）贯众 25g，山豆根 25g，桔梗 20g，赤芍 15g，生地黄 15g，天花粉 15g，大黄 20g，荆芥 15g，连翘 20g，木通 15g，共研为细末，开水冲泡或煎汁后加蜂蜜 100g，灌服，每天 1 剂。

（2）冰片、硼砂、黄连、儿茶各 10g，共研为末，局部用消毒药水洗涤后撒布本药。

（3）黄柏 60g，干姜 30g，煎汤待冷后洗伤口，对舌疮烂者有效。

（4）青黛 3g，雄黄 6g，冰片、枯矾各 9g，硼砂 15g，研末吹入口内，每天 2 次。

（5）冰片 15g，硼砂 15g，芒硝 18g，研末撒布创口。

（6）金银花 50g，土大黄 50g，山豆根 50g，蝉蜕 30g，水煎灌服，每天 1 剂。

3. 猪丹毒

（1）鲜茅草根 100g，白矾 100g，石膏 50g，蒲公英 100g，雄黄 50g，地丁 100g，葱白 100g，浮萍草 100g，柳条（或柳须）100g，水煎汁候温后，一次灌服，每天 1 剂，直至痊愈。

（2）地龙 30g，石膏 30g，大黄 30g，玄参 15g，知母 15g，连翘 15g，清水煮煎，大猪服每天 2 剂，每剂分 2～3 次灌服。

（3）蚯蚓 60g（捣碎），白菜汁 150g，麻油 60g，煎服每天 2 剂。

4. 猪气喘病

（1）胆南星、苏子、天仙子、五味子、牙皂、甘草各15g。每天2次，混入饲料中服用。

（2）苦蒿（青蒿）汁适量，牛舌板根汁适量，兑适量白糖，每次喂100~150g。

（3）山豆根、大鱼鳅串、挖耳草、桑白皮、肺筋草、竹叶心各50g，土麻黄（节节草）、威灵仙、前胡、土红花各25g。水煎灌服。

（4）断肠草叶、曼陀罗叶各35%，生石膏30%。前两药晒干，研末，过筛，生石膏研末过筛，混合即得。

（5）明矾50g，鸡蛋清2个，混合一次内服。

（6）瓜蒌1~2个压碎，用1 500mL水煮，再用此水冲白糖50g，鸡蛋清1个，白矾25g，喂服。

（7）白糖300g，地龙8~12条（黑白颈者为好），溶化后灌服。

（8）鲜枇杷叶（去毛）200g，桑白皮100g，水煎取汁灌服。

（9）鲜鱼腥草250g，放入沸水2.5L中煎至2L，一次喂服。

5. 仔猪副伤寒

（1）黄芩500g，黄柏500g，杜仲500g，贯众500g，生半夏500g，明矾250g，雄黄250g，五味子500g，胡椒200g，油皂250g，使君子250g，麝香25g。共粉碎为细末，开水冲调，候温灌服。

（2）黄芪50g，桂枝30g，升麻30g，生地黄35g，麦冬50g，金银花50g，枇杷叶30g，桑叶50g，知母35g，黄柏50g，秦皮35g，陈皮40g，木香50g（另包后下），滑石50g，车前子45g，甘草50g。按处方配药，水煎取汁。

（3）苍术25g，北细辛5g，防风25g，白芷25g，茯苓皮25g，贯众25g，麻黄15g，甘草5g。苏根、石菖蒲、茅草根、臭草根为引，煎汤取汁，候温灌服。

（4）黄芩、荆芥、桂枝各20g，杏仁、麻黄各15g，桔梗、防风各25g，川芎、大枣各12g，生姜、甘草各10g。按处方配药，水煎取汁，候温内服。或研细末，开水冲调灌服。

6. 仔猪黄白痢

（1）白头翁50~80g，碾成粉拌入饲料喂母猪，或煎汁拌入饲料内，每天2次，共服3d。

（2）红花80g，熬水连药渣喂母猪，每天1次，共喂2次。

（3）苦参（切片炒焦）30g，拌料喂母猪，连喂2~3次。

（4）黄柏250g，加水10kg泡24h，取1.5kg拌料喂母猪。

（5）金银花晒干研碎然后与猪料混合饲喂。每天喂食2~3次，每次加入5%的金银花粉末，连续喂食5~7d。

7. 猪痢疾

（1）木炭末30g，山楂炭30g，石榴皮（烧炭）25g。共粉碎为细末，开水冲服。

（2）黄柏 20g，黄连 15g，苦参 20g，白头翁 15g，秦皮 20g，诃子 20g，乌梅 20g，甘草 15g。煎汤胃管投服，每天 1 次，连服 5d。

（3）白头翁 10g，炒槐米 5g，鸦胆子 5g，黄连 3g，黄芩 5g，黄柏 3g，苦参 5g，马齿苋 3g，甘草 2g。加温水 500g，浸泡 24h，煮沸后用纱布过滤，另取大蒜 10g，捣烂，加白酒 30mL，每次口服 25～50mL，每天 2 次，连服 3～5d。

（4）乌梅 15g，黄连 10g，黄柏 10g，当归 9g，桂枝 10g，蜀椒 8g，党参 8g，附子 9g，细辛 3g，干姜 3g。共粉碎为细末，开水冲调，候温供大猪 1 次服用，每天 1 次，连服 3d。

8. 猪流行性感冒

（1）荆芥 30g，防风 30g，羌活 20g，独活 20g，柴胡 30g，前胡 20g，茯苓 20g，神曲 30g，川芎 20g，甘草 10g。1 剂煎 2 次，每天 1 剂，分 2 次服用，连服 3～4d。

（2）金银花 30g，连翘 30g，黄芩 30g，柴胡 30g，牛蒡子 20g，陈皮 20g，甘草 10g。水煎，供病猪饮用。

（3）麻黄 10g，杏仁 15g，石膏 30g，甘草 15g，板蓝根 10g，薄荷 15g，桔梗 10g，知母 10g，沙参 15g，上述药量为 1 头 40kg 左右猪的用量，有食欲者研末拌料内服，无食欲者水煎 3 次后合并煎液，胃管灌服，每天 1 剂，连用 2～3d。

9. 猪流行性腹泻

白术 40g，陈皮 100g，黄连 20g，白头翁 50g，金银花 25g，连翘 30g，山楂 40g，泽泻 40g。可按猪的体重给药。以上中药粉碎成细末，在入冬开始时每天喂给 50g，在初发病时每天喂给 100g，连喂 5d，预防量为每天 50g，隔 1d 喂 1 次。

10. 猪水肿病

（1）赤小豆 500g，商陆 25g，大蒜 6 瓣，生姜 10 片，煎汁灌服。

（2）苍术、白术、猪苓、泽泻各 5～10g，煎汁内服。

（3）灯心草、淡竹叶、甘草各 5～10g，煎汁内服。

（4）玉米芯、半边莲各 15～20g，煎汁内服。

（5）鱼腥草（鲜全草）2 份，野荞麦根 1 份，洗净捣烂，敷于肚脐上，用布包扎好，敷 24h，连用 2 次。

（6）取黄芩、黄檗、大黄、泽泻、茯苓各等份，共研细末，每天服 20～60g。

11. 猪痘

（1）葛根 15g，紫苏 15g，香椿树内皮 25g，地骨皮 25g，荆芥 40g，升麻 30g，石膏 15g。共研末，伴食喂下，或煎服。

（2）花椒 15g，艾叶 15g，大蒜 6 瓣，水煎洗患部，洗后涂消炎软膏。

（3）干葛 10g，麻黄 10g，桂枝 10g，白芍 10g，甘草 5g，升麻 5g。共研末，伴食喂下，或煎服。

12. 母猪流产

（1）取当归、白术、黄芩、白芍、艾叶、川朴、枳壳各 20g，加水煮沸后拌入少量饲料。让患有习惯性流产的病猪空腹采食，每天 1 剂，连续 2d。

（2）取川芎、甘草、白术、当归、人参、砂仁、熟地黄各 3g，陈皮、紫苏、黄芩各 3g，白芍、阿胶各 2g，混合研末。加入生姜 5 片，水 200mL，煮沸后晾凉，给患胎动不安症的孕猪灌服。

（3）取熟地黄、杭白芍、当归、焦白术、阿胶、陈皮、党参、茯苓、炙甘草各 30g，大枣 60g，水适量。煮沸后取其汁，候温灌服，治疗母猪先兆性流产。

13. 母猪乳腺炎

（1）蒲公英 15g，王不留行 10g，共研细末，黄酒、红糖为引，开水冲服。

（2）败酱草 90～180g，水煎拌料喂服，连服 3～5 剂。

（3）蒲公英、忍冬藤各 30g，水煎加酒适量内服。

（4）白蔹 250g 捣烂，加白酒适量外敷。

（5）蓖麻子、大黄各 30g，共研极细末，鸡蛋清调涂患处，每天 2 次。

（6）鲜鱼腥草 100～150g（干品用量减半），铁马鞭 50～100g，洗净后用水煎汁，拌料中喂服。每天 1 次，连用 3～4 次。

（7）益母草 300g，白头翁 300g（体重 120kg 体重），粉碎成细粉，充分搅拌，加料内服，每天早晚各 1 次，每次 30g。

14. 母猪子宫内膜炎

（1）扁豆花 20g，鸡冠花 30g，黄芩 15g，煎汁适量，一次灌服，治子宫炎带下腥臭。

（2）鲜韭菜籽 120g，研末，拌饲料内喂猪。

（3）鲜韭菜苗 150～250g，切细拌少量饲料喂猪，每天 1 次，连用 1 周。

（4）鲜侧柏叶 30～50g（干品减少 1/3），水煎取汁喂母猪。

（5）鸡冠花 120g，椿树皮 60～120g，煎汤候温灌服。

（6）黄柏 24g，苍术 24g，薏米 30g，红藤 30g，蒲公英 30g，鱼腥草 30g，香附子 24g，白芍 30g，益母草 30g，木通 20g，山药 30g。研末混饲，分 2～3 次喂完；或水煎，分 2 次胃管灌服。

15. 猪肺炎

（1）蒲公英 20g（鲜品 40g），石韦 8g（鲜品 16g），浮萍 13g，水煎 2 次，加白糖 50g，候温一次内服。

（2）芹菜 100g，鲜柳树叶 40g，麻黄 10g，共煎汁，一次内服。治咳喘发热。

（3）活蚯蚓 6 条，用白糖适量化开，加鲜猪苦胆汁 20mL，开水冲调，候温一次内服。治肺炎发热、抽搐。

（4）苍耳子、桑白皮各 50g，茄子根 100g，水煎内服。

（5）板蓝根 35g，大青叶 30g，忍冬藤 30g，水煎内服。

（6）鱼腥草 10g，桔梗 8g，水煎内服，连服 3～5d（10kg 仔猪用量）。

（7）白毛夏枯草、败酱草、紫花地丁各 50g，忍冬藤、红藤（大血藤）各 25g。水煎灌服，或研末用开水冲服，每天 1 次，连服 3～4d。

（8）金银花、黄芩、知母、栀子、麻黄、石菖蒲、白及、沙参、前胡、百合、桔梗各 300g，白果、白前、百部、紫菀、紫苏子、款冬花、葶苈子、马兜铃、桑白皮、杏仁、枇杷叶、天冬、甘草各 250g。混合碾成粉状细末，按 0.5% 拌入饲料中，充分搅拌均匀饲喂，分 7d 喂完。

（9）杏仁、川贝母、忍冬藤、地龙、瓜蒌各 50g，大青叶、金银花、葶苈子、远志各 40g，紫苏、马兜铃、甘草各 30g。共研为细末，加少量蜂蜜为引。体重 10kg 以内的猪，每次 20g；10～25kg 的猪，每次 30g；25～50kg 的猪，每次 50g，50kg 以上的猪，每次 75g。混入饲料中喂服。每天 2 次，连用 3～5d。

（10）桔梗、陈皮、连翘、紫苏子、金银花、黄芩各 50g，百部 100g，研细，每天服 1 次，大猪每次喂 100g，中猪 30g，小猪 25g；麻黄、杏仁、桂枝、白芍、五味子、甘草、干姜各 15g，细辛 10g，半夏 30g，研细，混于饲料中喂服，25kg 以下猪每天 50g，25～50kg 的猪每天 75g，10d 为 1 个疗程即可，一般治疗 2 个疗程，中间间隔 3d。

16. 猪消化不良

（1）大蒜 40g，萝卜 250g，捣碎混匀。每天一次内服，5d 为一疗程。

（2）鲜马齿苋 500g，鲜蒲公英 250g，捣烂混匀内服或煎汁内服。每天 1 次，5d 为一疗程。

（3）醋 250mL，加水 300mL，每天一次内服，5d 为一疗程。用于消化功能紊乱，以胃为主的消化不良。

（4）莱菔子 30g，研末，开水适量调稀，候温，大猪每天 1 次，5d 为一疗程，腹胀、腹痛时用。

（5）韭菜 800g，食盐 60g，切碎调匀后一次喂服。

（6）鸡内金 15g，小茴香 10g，共研末，混料内给猪一次喂服。

17. 猪便秘

（1）射干 20g，水煎内服。

（2）番泻叶 12g，醋香附 15g，油当归 10g，竹茹 8g，水煎喂服。

（3）鲜香蕉头 200g，鲜旱莲草 30g，捣汁内服，每天 3 次。

（4）番泻叶 60～90g，水煎加蜂蜜 250g、麻油 500g，一次内服。

（5）马铃薯捣烂取汁 250mL，灌服，每天 1～2 次。

（6）蜂蜜 50g、食用植物油 100g、水 150g，混合，喂服。

（7）虎杖（或大黄）100g，芒硝 50g，水煎灌服。

（8）滑石末 150g，白糖 250g。香油煎服，食下即通。

18. 猪中暑

（1）香薷 30g，黄芩 45g，黄连 30g，甘草 15g，柴胡 25g，当归 30g，连翘 30g，栀子 30g，天花粉 30g，粉碎，过筛后混匀，即得。猪每天用量为 30～60g。

（2）鲜西瓜蒂 15g，马齿苋 250g，绿豆芽 200g，珍珠菜 12g，共捣碎，加酸菜水

1.5L 调匀，一日分 3～4 次内服。

（3）生绿豆 200g 捣浆，加入白糖 200g，一次喂服。

（4）陈醋 20～50mL，一次灌服。

（5）藿香正气水 20～30mL，或仁丹 20～30 粒，加水适量灌服。

（6）甘草、滑石各 50g，绿豆水为引，内服。

（7）大青叶 25g，香薷 30g，水煎灌服。

（8）食醋 500mL，白糖 250g，用水调匀灌服。

（9）远志（研末）5g，冰片 0.5g，混合吹入鼻孔内。

19. 猪发霉饲料中毒

（1）防风 15g，甘草 30g，绿豆汤 500mL，白糖 60g，同煎灌服。

（2）绿豆、甘草各 30g，水煎喂服。

（3）绿豆 150g，金银花 20g，甘草 10g，明矾 10g，冰片 3g，共研末，开水调服。

（4）新鲜石灰水（10%～20% 上清液）250g，大蒜头 2 个，雄黄 50g，鸡蛋清 2 个，碳酸氢钠 75g，灌服。将大蒜捣烂冲溶，加上雄黄、碳酸氢钠、鸡蛋清，倒入石灰水，灌服，每天 3 次。

20. 猪蓝耳病

（1）生石膏 50g，生地黄 18g，牡丹皮 10g，赤芍 10g，玄参 15g，黄芩 15g，连翘 10g，银花藤 20g，板蓝根 15g；如有高热加水牛角 30g，麦冬 15g，丹参 10g，加水 2 000mL，浸泡 30min，煎沸 10min 后，自然放凉。大猪每次 100mL，每天 3～6 次，小猪每次 20～50mL，每天 3 次，患猪可保基本存活。

（2）石膏 50g，知母 20g，黄芩 20g，栀子 20g，生地黄 20g，连翘 20g，桔梗 20g，赤芍 20g，玄参 20g，黄连 10g，丹皮 10g，银花 20g，大青叶 30g，甘草 10g，便秘者加大黄 25g，芒硝 40g。以上为 50kg 体重病猪一天的用量。将石膏先煎 30min，其他药物用水浸泡 30min，水量以刚好漫过药物为宜，然后将两者混合后煮沸，再用小火煎 20min，滤出药渣重煎一次。将两次煎的药水加入饮水中，让猪自由饮用，对小病猪也可灌服，用药疗程一般为 4～5d。

21. 猪风湿症

（1）五加皮 30g，黄酒 250mL，先把五加皮煎好，混合掺料喂之或洗患肢。

（2）钩藤根 100g，两面针根 100g，水煎内服，共 3～5 剂。

22. 猪湿疹

（1）雄黄 50g，猪苦胆 5 个，混合涂患部。

（2）地肤子、蛇床子各 15g，水煎洗患部。

（3）新鲜灶心土 150g，研极细末，擦敷患处。

（4）丝瓜叶捣烂取汁擦患部，直到局部皮肤发红为止，每隔 2d 擦一次，连续 2～3 次。

（5）马齿苋适量煎汁洗患部，每天 2 次，洗后用鲜马齿苋捣烂，醋调敷患部，治阴囊湿疹。

（6）双花40g，苍术15g，连翘、苦参、大黄、茯苓、茵陈各20g，元胡30g，生甘草15g，共研为末，开水冲调灌服或拌饲料喂饲。治疗急性湿疹。

（7）生地黄、苦参各20g，当归、白芍、萆薢、茯苓、白藓皮各15g，地肤皮30g，甘草10g，共研为末，开水冲调灌服或拌饲料饲喂。治疗慢性湿疹。

（二）禽病验方

1. 鸡瘟

（1）苍术60g，石决明30g，混合喂鸡，每天1次，每次6～9g。

（2）猪苦胆浸绿豆7～8d，每只鸡喂3～5粒，可预防。

（3）龙胆草末2mg，雄黄0.5mg，大蒜汁2mL，加少量水煎15min，拌料喂鸡，连续3d。

（4）采一定量的大叶青叶片，并取适量的板蓝根根部切片，将二者按照5%和7%的比例放入锅中大火煮开（即50kg水中放入2.5kg大叶青和3.5kg板蓝根）。后转小火煎制25～30min。将煎制好的药水直接喂鸡，连喂2d。

（5）土黄连20%（重量比，下同），山豆根30%，绿豆40%，小苏打5%，雄黄5%，拌匀、研碎。拌料饲喂，成鸡每天2～3g，小鸡减半。

2. 鸡白痢

（1）山楂烧焦粉碎，再把蒜捣成泥，拌匀后按1%～2%比例拌入饲料，任其采食，连喂3～5d。

（2）新鲜马齿苋适量，捣烂取汁，拌料喂服。

（3）醋500g，加水1 500g，供鸡饮用，有一定的预防作用。

（4）白头翁90g，金银花60g，桑枝90g，水煎供鸡自饮。

3. 禽霍乱

（1）野菊花25g，开水浸泡后加石膏5g，灌服。

（2）紫花地丁2份，薄荷1份，研为细末，每次2g，一日3次，连喂2～3d。

（3）仙人掌30g去刺捣碎，拌入饲料内喂鸡，以上为10只鸡用量，每10d喂1次。

（4）龙胆草、地丁草、紫草、鱼腥草、仙鹤草、甘草各等份，共研为末，加两倍量的面粉糊，搓成黄豆粒大药丸。

（5）黄连、黄芩、黄柏、栀子各20g，薄荷、菊花、石膏、柴胡、连翘各30g。煎药液拌食饲喂。

（6）大蒜、大青叶、益母草适量。用水煎后，把捣碎的大蒜泥连同药渣一起，拌料饲喂，每天2剂，早晚各1剂，连喂3～5d。

（7）雄黄、白矾、甘草各30g，双花、连翘各15g，茵陈50g，粉碎研末拌入饲料投喂，鸡、鸭均为每次0.5g，每天2次，连用5～7d。

（8）茵陈 100g，半枝莲 100g，白花蛇舌草 200g，大青叶 100g，藿香 50g，当归 50g，生地黄 150g，车前子 50g，赤芍 50g，甘草 50g，以上为 100 只鸡 3d 用量。水煎取汁，分 3～6 次饮服或拌入饲料。病重不食者灌少量药汁。

4. 禽副伤寒

（1）新鲜马齿苋适量，捣烂取汁，拌料喂服，连续使用。

（2）20% 大蒜浸出液，拌料喂服，或用滴管滴服，小鸡每只每次 0.5～1mL，中鸡或成鸡每只每次 2～6mL，每天 2～3 次，连喂数日。

（3）马齿苋 96g，地锦草 60g，车前草 50g，加水 3 000mL 煎汁，可作为 500 只雏鸡 1d 的喂量。

5. 鸡痘

（1）鱼腥草被碾碎拌料。每只成年鸡每天使用 1g，持续 5d。

（2）甘草 100g，明矾 100g，龙胆草 50g，水煎服。

（3）紫草 100g，龙胆草 50g，明矾 100g，水 5 000mL（先泡紫草约 20min），水煎，供 100 只鸡一天用量，早、晚各 1 次，喂服。

6. 鸡感冒（鸡流感）

（1）蒲公英、桉树叶各 30g，鱼腥草 12g，加水煎汁，取汁拌饲料，每天 2 次，连喂 2～3d。

（2）生姜 500g 捣烂，加水 50kg 煮开，再拌入六曲 100g，搅拌均匀，可供 1 000 只雏鸡喂 3～4d。

（3）干艾叶 500g，加适量水，煮 15～30min，兑水 100～125kg，给鸡群饮用，连用 5～6d。

（4）甘草晒干，切块、粉碎，按照 0.5% 比例拌料，连用 4～5d。

（5）桔梗晒干，切块、粉碎，按照 0.5%～1% 的比例拌料，连用 4～5d。

7. 鸡软嗉病（消化不良）

（1）绿茶 30g 煮水，或供 1 000 只雏鸡饮用，每天 2 次。

（2）5%～10% 碳酸氢钠溶液适量喂服。

（3）用手压迫嗉囊排出内容物，灌服 0.1%～0.2% 的高锰酸钾溶液，反复数次。

（4）将蒜头切成米粒大小，每只鸡灌 5～10 粒，再服香油 1～2mL，每天 1 次，连服 2d。

8. 鸡中暑

（1）甘草 30g 煎汁，冲滑石粉 6g，供 20 只鸡服用。

（2）大青叶 1 份，忍冬藤 1 份，苦参 1 份，淡竹叶半份，鱼腥草 1 份，车前草 1 份，甘草半份，混合水煎，取药液拌料或作饮水喂鸡，成鸡用量按每天混合干药 2～3g 计算。

（3）金银花、野菊花、薄荷、甘草各等份，混合水煎，取液拌料或作饮水喂鸡，混合均匀，成鸡每只每天 2～3g。

9. 鸭瘟

（1）将菖蒲头切碎，按每只鸭 10g 拌入饲料中饲喂，连喂 3d。

（2）大蒜 4 瓣，生油 6g，共捣溶灌服。

（3）大蒜头 1 个，硫黄 6g，共捣溶混合饲料喂给。

（4）党参、甘草、巴豆、车前子、朱砂、白蜡、桑螵蛸、乌药、枳壳各 12.5g、郁金、良姜、桂枝、川芎各 25g，神曲 200g，滑石 250g，肉桂 150g，蜈蚣 3 条，全虫 3 只，加水 5kg 熬煮 1～1.5h，再倒入小麦 5kg 熬煮至干，拌白酒 0.5kg 喂 100 只成鸭。

10. 鸭霍乱

（1）苦木 0.3g，穿心莲 0.6g，旱莲草 1.2g，以上水煎调入饲料中饲喂。

（2）明矾 30g，雄黄 45g，甘草 18g，共研末拌料喂，每只 4～6g。

（3）穿心莲、金银花各 60g，花椒叶、石菖蒲各 30g，均研粉，按每只雏鸭 4g、成鸭 6g 剂量拌料饲喂。

11. 鸭白痢

（1）苦瓜叶捣烂，与大米粉拌成绿豆状喂饲。

（2）枫树叶 1kg，密蒙花 250g，共捣溶冲开水 1kg 内服。以上药为 100 只鸭的用量。

（3）葫芦草芽、番桃木嫩叶各 250g，共捣溶冲开水 500mL 待温后连渣喂给。上药为 10 只鸭的用量。

12. 鸭中毒

（1）用冬瓜刨丝生喂。严重病例用针刺鸭的趾静脉放血数滴，2～3h 可愈。或用金银花、生地、甘草、槐花各 5～10g 水煎喂给。也可用绿豆糖水，每 100 只鸭用白糖 0.5～1kg，加绿豆 0.6kg 饮服。

（2）葱头 2 个，薄荷 15g，豆豉 25g 加水煎汁灌服，每天 3 次，每次 10～20mL。

（3）用喉症丸或喉痛解毒丸喂鸭，每只每次 8～10 粒，每天 2 粒。

13. 鸭病毒性肝炎

（1）每 100 只雏鸭用：羌活、防风各 12g，钩藤、苍术、薄荷、独活、陈皮、生姜各 10g，前胡、金银花各 6g，麦芽、酒曲各 30g，山楂 15g，水煎拌饭粒喂服。

（2）每 100 只雏鸭用：六一散 30g，酒曲 1 块，夏枯草、甘草、金银花各 15g，陈皮、黄柏各 7g，淡竹叶、当归、贯众、党参、大黄、黄芩各 10g，水煎喂服。

（三）羊病验方

1. 羊传染性口疮

（1）大黄、甘草各 20g，加水煎成浓汁洗涤患部，再用大黄炭研末涂撒烂处.

（2）向日葵秆内芯 30g 烧炭研末，用麻油调稀涂于患部，一日数次。

（3）百草霜（锅底灰）调入麻油涂抹。

2. 羊传染性角膜炎

（1）柏树枝和明矾熬水，用纱布过滤，待凉后洗眼。

（2）硼砂、硇砂、朱砂各 2～3g，研细过罗点眼。

3. 羔羊痢疾

（1）白头翁 2 份，龙胆草末 1 份，混合研末，每天 1 次，每次 3g。

（2）大蒜汁 5mL，白酒 5mL，醋 30mL，混合，一次灌服，每天 2 次，连服数日。

（3）车前草、鲜竹叶、马齿苋、鱼腥草各 16g，水煎服。

4. 羊痘

蘑菇 30g，白糖 3g，加水 5 000mL，加温水浸泡 3～4h。上述量可灌大羊 5 只，小羊 10 只。

5. 羊疥癣病

（1）百草霜、食盐、桐油各 60g，调匀涂擦患处。

（2）狼毒 500g，硫黄（煅）90g，白胡椒（炒）45g，混合研成细末，每 30g 细末加 500g 植物油涂用。

（3）苦参 6 份，花椒 1 份，加水煎汁洗患部，每次洗 2～3 遍，隔 7d 一次。

6. 羊肺炎

（1）鲜鱼腥草 90g，煎成汁内服。

（2）蒲公英 20g，石韦 8g，浮萍 12g，水煎 2 次得混合汁 300mL，加白糖 50g，候温一次灌服。

7. 羊肚胀

（1）生姜（捣碎）20g，棉籽油 100mL，混合煮开，晾冷去沫，一次灌服。

（2）醋 20mL，松节油 3mL，酒精 10mL，混合，一次灌服。

（3）鲜花椒或茴香少许，放入口腔让其咀嚼。

8. 母羊乳腺炎

（1）新鲜蒲公英 100g，通草 6g，共捣碎，开水冲调，一次灌服。

（2）马齿 70g，赤小豆 60g，冬瓜皮 50g，水煎适量，一次灌服。

（3）丝瓜络 50g，野菊花 30g，大蓟 25g，水煎适量，一次灌服。

9. 母羊缺乳

（1）王不留行 20g，炙山甲 15g，研末，加鲫鱼 250g 煮汤，适当调药，一次灌服。

（2）红小豆 250g，糯米 150g，白糖 150g，加水煮成稀粥，一次灌服，每天 1 剂，产后连服 5d。

（3）生花生仁 65g，干地龙 10g，共研末，用益母草 100g 煮水冲调，一次灌服。

（四）牛、马病验方

1. 破伤风

（1）小茴香、大茴香各 120g，煎灌。

（2）辣椒蒂 250g，煎服。

（3）蛴螬 50～100g，焙干为末，黄酒 500g，冲服。

第五章 中药材在中兽药中的应用

2. 流行性感冒

（1）苇根、茅根、葱根各250g，水煎服。

（2）苍术120g，升麻120g，研末，冲服。

（3）柴胡60～120g研末，加生姜30g，开水冲服。

3. 口蹄炎

（1）辣椒120g，蒜2头，捣碎灌服。

（2）芒硝、石膏各250g，煎服。

（3）大黄、白及、黄柏、白蔹、雄黄各等份，研细末，用蛋清调敷患处。

4. 马拉稀（急性肠卡他性炎症）

（1）灶心土、白酒各125g，开水冲服。

（2）柿霜30g，黄酒250g，水煎灌服。

（3）高粱炒开花250～500g，石榴皮30g，研末，开水冲服。

5. 马冷痛（痉挛疝）

（1）胡椒6g，研末，白酒125g，冲服。

（2）葱白500g，水煎加白酒60g，灌服。

（3）皂角烧焦研成细末吹入鼻内，打喷嚏见效。

6. 马胃扩张

（1）莱菔子（炒焦研细）60g，麻油500g，混合灌服。

（2）醋500g，硼砂30g，加水适量，灌服（治马气滞性胃扩张）。

（3）生山楂250g，甘草130g，共烧成灰，加水1 000g，一次灌服（治食带性胃扩张）。

7. 马肠臌气（风气疝）

（1）头发60g，麻油250g，炸焦后候温灌服。

（2）皂角15g，红糖15g，将皂角研细末，用红糖做成丸送入肛门内。

（3）香附90g，莱菔子120g，食醋1 000g，将药放入醋内烧开20min，去渣一次内服。

8. 荨麻疹

（1）地肤子125g，蒲公英60g，红糖60g，水煎内服。

（2）苍耳子（炒黑）60g，苍术30g，水煎内服。

（3）蝉蜕（焙焦为末）30g，一次灌服。

9. 鼻出血

（1）小蓟1 000g，水煎灌服，每天1次。

（2）生藕500g，捣碎，冷水冲服。

（3）生地、侧柏叶各125g，水煎灌服。

10. 支气管炎（咳嗽）

（1）生姜（捣汁）125g，蜜250g，开水调灌。

（2）石膏 125g，白矾 15g，水煎灌服。

（3）白及（研末）60g，蜜 125g，温水调服。

11. 中暑

（1）滑石 180g，甘草 30g，研末，冲服。

（2）食醋 500g，白糖 300g，开水冲调灌服。

（3）茯神 40g，朱砂 12g，雄黄 20g，共研末，冷水调服。

12. 乳腺炎

（1）蒲公英 250g，煎水内服。

（2）漏芦 250g，研末，开水冲服。

（3）牛蒡子叶 150g，水煎灌服。

（五）兔病验方

1. 兔感冒

（1）大蒜捣烂，加 2 倍水浸泡半天，取汁洗兔鼻，每天数次，连用 3d。

（2）葱白 10g，生姜 3g，食盐 2g 水煎，一次灌服。

（3）桑枝或桑根 20g，水煎，一次灌服。

（4）用新鲜柳树枝 1 条，一端在火上烤，取另一端流出液汁 10mL，与 250g 加热溶化的明矾调和，冷却后即成粉状，再加入少量冰片，用芦苇管或塑料管将上述药粉少许吹入病兔鼻中，每天 3 次。

2. 兔副伤寒病

（1）板蓝根、火炭灰、番桃叶各适量，煎服。

（2）大青叶、白头翁、白荷叶各 10g，煎服。

（3）大蒜汁每天 3 次，每次 5mL，连服 7d。

（4）黄连 1g，黄芩 5g，黄柏 3g，马齿苋 150g，煎汁内服。

3. 兔痢疾

（1）白头翁 2g，水煎内服。

（2）山楂（半生半熟）10g，茶叶 3g，生姜 3g，水煎拌入饲料中喂服。

（3）浓茶煎汁，每天 4 次喂服，治愈为止。

（4）柿蒂 2～3 个，加水煎汁内服，日服 2 次，每次 20mL，连服 3～5d。

4. 兔疥癣

（1）豆油 100mL，雄黄 20g，将豆油加热至沸，加入雄黄搅拌均匀，备用，每天涂擦患部 1 次，连用 3～5 次。

（2）硫黄 25 份，猪油 100 份，调和均匀，每周 1 次，涂擦患部。

（3）烟叶 60g，醋 5 000mL，水煎涂擦患处。

（4）棉籽油炸辣椒，把辣椒炸成黑色取出。用油涂患部，每天 2 次。

5. 兔肺炎

（1）苍耳子 2g，桑白皮 6g，茄子蒂 12g，水煎灌服或自饮。
（2）威灵仙根 9g，鱼腥草 15g，水煎灌服。

6. 兔食滞

（1）虎杖根 30g，水煎服。
（2）鸡内金半个，水煎服。
（3）干麦芽 6g，水煎服。
（4）山楂、槟榔、神曲、麦芽各 3g，共研末，混合灌服，每次 2g。

7. 兔拉稀

（1）穿心莲、金银花、香附各 3g，水煎灌服。
（2）防风 5～10g，甘草 5g，加水煎浓汁，加绿豆 25g，喂兔，每天 2 次，连用 2d（用于吃腐败饲料引起的拉稀）。
（3）酒曲 5～10g，炒后研细，每天 2 次，连用 2～3d。
（4）百草霜 30～50g，分 2 次拌料喂兔。

8. 兔眼炎

（1）蒲公英 30g，加水煎，头煎内服，二煎用上清液洗眼。
（2）野菊花 15g，煎汤，头煎内服，二煎用上清液洗眼。
（3）藤黄 15g，水煎外洗。

9. 兔尿路感染

（1）金钱草、车前草、玉米须各 10～30g，研末，喂服。
（2）新鲜车前草代料喂服。
（3）蒲公英、马齿苋、凤尾草各 9g，水煎喂服，每天 1 剂，连服 2～3d。

10. 兔中毒

（1）甘草 1 份，绿豆 2 份，加水煎服，每次服 50mL，每天 1 次，连服 2～3 次，对各种中毒均有效。
（2）甘草、大黄各 3～5g，明矾 3g，水煎冷服，对各种农药中毒有效。
（3）野百合花或叶为末，用冷水冲调，每次 15g，治有机磷中毒。

（六）猫病验方

1. 食欲不振
乌药 3～5g 煎服（注：《本草备要》谓乌药疗猫犬百病）。

2. 偶被人踏伤
苏木 5～10g 煎服。

3. 癫病
用蜈蚣 1 条，焙干研末，分 2～3 次内服。

4. 虱

（1）桃树叶捣烂，开水泡洗。

（2）樟脑涂擦。

（3）百部根煎汁洗。

5. 癫猫

桃树叶捣烂，遍擦周身，短时间后洗去，如此 2～3 次。

6. 小猫叫不绝声

陈皮研末，涂于小猫鼻上。

（七）犬病验方

1. 食即呕吐

熟地 8g，当归 8g，山萸肉 12g，五味子 8g，玄参 12g，麦冬 12g，茯苓 8g，车前子 20g，煎服。

2. 喉疮

（1）金银花 16g，蒲公英 4g，当归 12g，玄参 4g，煎服。

（2）茶叶 40g 煎汁，趁热温敷患部。

3. 疥癣

（1）蛇蜕 30g，烧灰拌食饲喂。

（2）硫黄 40g（一次量），研末拌食饲喂。

（3）百部汁涂擦。

4. 食物中毒

乌药 50g，麻油 1 碗，煎服。

5. 小犬狂吠

以麻油少许（3～5mL）灌入鼻中。

6. 犬蝇

用麻油涂布。

7. 食欲不振

苍术、泽泻、甘草、麦芽、厚朴、地肤子、神曲、枳实、木香各 5～8g，炼蜜为丸，灌服。

参考文献

衡智洲，2010. 秦巴山区中药材种植技术 [M]. 杨凌：西北农林科技大学出版社.

姜性坚，2015. 药用菌栽培新技术 [M]. 长沙：湖南科学技术出版社.

王璐琪，王升，郭兰萍，2021. 优质中药材种植全攻略 [M]. 北京：中国农业出版社.

王志芬，刘喜民，宋玉丽，2021. 山东中药农业生物资源 [M]. 济南：山东科学技术出版社.